U0323712

中国铁皮石斛
病虫害及防控

赵桂华　蒋继宏　赵　楠◎著

中国林业出版社

图书在版编目(CIP)数据

中国铁皮石斛病虫害及防控 / 赵桂华, 蒋继宏, 赵楠著.
-- 北京 : 中国林业出版社, 2016.7
ISBN 978-7-5038-8641-6

Ⅰ. ①中… Ⅱ. ①赵… ②蒋… ③赵… Ⅲ. ①石斛－病虫害防治 Ⅳ. ①S435.672

中国版本图书馆CIP数据核字(2016)第175762号

中国林业出版社·生态保护出版中心
策划、责任编辑：刘家玲

出版发行	中国林业出版社	
	(北京西城区德内大街刘海胡同 7 号　100009)	
网　　址	www.lycb.forestry.gov.cn	
电　　话	(010) 83143519	
印　　刷	北京卡乐富印刷有限公司	
版　　次	2016 年 9 月第 1 版	
印　　次	2016 年 9 月第 1 次	
开　　本	787mm×1092mm　1/16	
印　　张	12.5	
字　　数	400 千字	
定　　价	200.00 元	

Foreword ◀ 序 ▶

　　石斛是我国传统名贵中药，应用历史悠久。东汉末年我国第一部药学专著《神农本草经》谓其"味甘平，主伤中，除痹，下气，补五脏虚劳，羸瘦，强阴。久服厚肠胃，轻身延年。"对其性味、功能与主治范围作了论述，历代本草都有记载和论述。

　　铁皮石斛是中药石斛中的珍品，具有滋阴清热、生津益胃、润肺止咳、润喉明目、延年益寿的功效。现代药理学研究表明，铁皮石斛具有提高人体免疫功能、降低血糖、抑制肿瘤、抗疲劳、抗氧化、护肝等作用。中医在萎缩性胃炎、糖尿病、肿瘤、咽喉炎、白内障等疾病上进行了大量临床应用证明，其功效确切显著，深受消费者青睐。正因为如此，《中华人民共和国药典》（2010年版）将铁皮石斛单独作为单一种收载。

　　铁皮石斛是附生植物，生长在悬崖峭壁的岩石上或树干上，生长量小，本身自然繁殖率低。由于长期无节制的采挖，导致资源严重被破坏，铁皮石斛已成为濒危的药用植物，已被列为国家二级重点保护的野生药材品种。

　　为保证铁皮石斛药材的可持续利用，人工栽培是一个有效途径，20世纪80年代，浙江省率先实现了铁皮石斛产业化，从而推动了铁皮石斛产业化的发展，尤其是铁皮石斛种植业在全国许多地区发展起来。铁皮石斛产业化的发展，对于保证药材的可持续利用，保护野生资源和生态环境，以及发展山区经济都具有很大意义。

科技是实现产业化的保证，正是由于铁皮石斛种子繁殖技术的应用，提供大量种苗，才有今天种植业的发展。铁皮石斛种植，尤其设施栽培，病虫害发生和危害日趋严重，加之农药使用不规范或滥用带来药材质量下降，严重影响了用药安全。而对病虫害防控研究甚少，造成病虫害防治的盲目性和随意性。拜读赵桂华教授等撰写的《中国铁皮石斛病虫害及防控》一书，甚为兴奋，此书为铁皮石斛病虫害防治提供了理论依据和控制措施。

赵桂华教授等长期从事植物保护教学和科研，特别是对植物病害的研究，专业基础深厚，工作作风扎实，为了解病虫害的发生规律，不辞辛劳，深入铁皮石斛基地实地考察，收集大量病虫标本，带回实验室进行研究与鉴定，均为第一手材料；发现了一些铁皮石斛新病害和新病原菌，并对病害提供防控措施。整书内容材料翔实、图文并茂、深入浅出，是一部科学性与实用性相结合的专著，是对我国铁皮石斛病虫害发生发展规律及防控措施系统研究的最新成果，必将受到石斛界朋友的欢迎，对铁皮石斛种植业水平的提高，保证铁皮石斛药材"安全有效，质量可控"起到积极推动作用。

拜读之余，欣然为序。

张治国

浙江省医学科学院 研究员

2016 年春节于杭州

Preface ◀ 前 言 ▶

　　铁皮石斛病虫害的研究历史虽然较长，但仍有许多问题没有被解决。为了进一步认识和防控铁皮石斛病虫害，更好地将一些研究应用于生产，降低由病虫害造成的损失，著者在对铁皮石斛病虫害多年研究经验积累的基础上，将研究数据资料和经验加以整理，撰写成这本书，期望能得到读者的认同。

　　在过去的 8 年里，著者对我国的一部分铁皮石斛栽培区进行实地考察，采集标本、室内外试验、病原菌和昆虫鉴定。其中一些病害为铁皮石斛的新病害，有些病原菌和菌根菌为铁皮石斛上发现的新真菌种和新记录种，仍在研究阶段。有些病害虽然以前没有参考文献记载，但它们是铁皮石斛上重要病害的病原菌和菌根真菌；部分大型担子菌是铁皮石斛根部潜在的菌根真菌，均被收录在本书中，供参考。

　　本书由赵桂华和蒋继宏撰写全文，赵楠负责图片处理、资料收集和文字校对。全书力求做到专业用词规范、图文并茂、图片精美、文字精确、语句通顺、深入浅出，科学性和知识性强，使读者提高识别铁皮石斛病虫害的能力。

　　在《中国铁皮石斛病虫害及防控》的研究和撰写过程中，得到了江苏农林职业技术学院、江苏师范大学江苏省药食植物生物技术国家重点实验室培育点和浙江医学科学院张治国研究员的支持和帮

助，部分试验在句容市润泰生物科技有限公司的铁皮石斛栽培基地完成，值此出版之际，表示诚挚的感谢；愿以此书的出版勉作回报。

　　本书是第一部较为完整地收集我国主要铁皮石斛病虫害的参考书。希望本书的出版能起到抛砖引玉的作用，因为著者深知，虽然自己从事了几十年植物保护学的教学和研究工作，但经验和教训都是极为有限的，与这门学科相比、与他人相比，著者的知识都是微不足道的。此外，在编写过程中，虽然查阅了大量资料，但仍不够全面，可能有些资料、数据和信息会遗漏，书中缺点和错误在所难免，诚恳地期待着同行专家和读者对本书提出宝贵意见。

著　者

2016 年 2 月

Statement ◀ 说　明 ▶

1．本书是关于我国铁皮石斛病虫害研究的初步总结，全书分为3篇9章，包括前言、绪论、专论和参考文献4部分。

2．前言部分概略地叙述了铁皮石斛基本概况、病虫害的危害性、研究材料来源和方法。

3．专论分别描述了每一种病害、虫害的分布、危害状、病原菌和有害生物鉴定、发生规律和防治措施。

4．每一种病害症状和病菌形态描述均由作者观察和测量所得。全书共有症状和病原菌图203张，昆虫和有害动物图片27张，图片编号以章为单位，如第一章为：图1-1、图1-2……

5．本书使用的病虫害图片由作者自己拍摄。

6．参考文献按照作者姓名字母顺序排列，中文文献和英文文献先后分别列出。中国作者按照汉语拼音字母顺序排列，其它国家的作者按拉丁化后的姓名字母顺序排列。引用同一作者的多篇研究论文、专著，按出版时间先后排列。

7．文献引证中的人名一律用英语或拉丁化的英语拼音。我国作者发表的中文文献，姓名一律用汉语。

8．专著中引用的植物和真菌均附有拉丁学名。植物学名以《拉汉英种子植物名称》第2版（2006，科学出版社），石斛属植物学名以《石斛兰——资源·生产·应用》(2007，中国林业出版社)；真菌名称（包括现在的正确名称和异名）以《真菌索引》（Index fungorum）和《真菌名词及名称》(1976，科学出版社)；昆虫名称以《拉英汉昆虫名称》(1983，科学出版社)为准。

9．每一种生物物种名后面均附有拉丁学名，对个别物种，如有异名也一并附上；若异名太多，均归纳为多个属、种及以下分类单位。规范使用病原菌的拉丁学名，若中文名称有差异，应以拉丁学名为准。

10．病害的国内分布以省（自治区）、县或具体的山、农场为单位。

◀目 录▶ Contents

绪　论

一、铁皮石斛概况

石斛属（*Dendrobium*）是兰科（Orchidaceae）植物的最大属之一，属名 *Dendrobium*，为希腊语 dendron（树木）与 bios（生活）两词结合而成，意为附生在树上。石斛属植物的原产地主要分布于亚洲地区的热带和亚热带、大洋洲和太平洋岛屿，北至印度、缅甸、中国及日本，南至印度尼西亚、巴布亚新几内亚、澳大利亚和新西兰，分布于海拔 800～1500m 的地区。全世界约有 1000 种，中国有 81 个原生种和变种（江泽慧等，2007）。我国的铁皮石斛自然分布于秦岭、淮河以南的云南、广西、广东、贵州、台湾等省（吉占和，1980），大多数种类都集中在北纬 15°30′～25°12′之间，向北种类逐渐减少，最北界不超过北纬 34°24′；附生于海拔 100～3000m 的大树、岩石和悬崖峭壁上，喜温暖湿润气候和半阴半阳的环境，生长适温18～30℃。野生铁皮石斛耐寒性强，而人工栽培的铁皮石斛耐寒性相对较差，一旦气温超过-5℃，容易被冻伤或冻死。2016 年 1 月 22～26 日长江流域以南地区出现了 1955 年有气象记录以来的最低温度，达到-10～-14℃，部分棚栽铁皮石斛遭受较严重的冻害。

石斛是石斛属植物的总称，而铁皮石斛（*Dendrobium officinale* Kimura et Migo，异名：*D. cadidum* Wall. ex Lindl.）又是石斛属的一个种，为多年生草本的国家二级重点保护野生植物，集药用与观赏于一体，由于其特殊的药用价值和保健功用备受人们青睐。

目前，我国已种植的石斛属植物有铁皮石斛、金钗石斛（*D. nobile* Lindl.）、霍山石斛（*D. huoshanense* C. Z. Tang et S. J. Cheng）、齿瓣石斛（*D. devonianum* Paxt.）、兜唇石斛 [*D. aphyllum* (Roxb.) C. E. Fischer]、鼓槌石斛（*D. chrysotoxum* Lindl.）、流苏石斛（*D. fimbriatum* Hook.）、环草石斛（*D. loddigesii* Rolfe）等。2013 年全国种植面积 5478.1hm²，产量 24744.3 t，产值 715316 万元（白燕冰等，2013）；2015 年全国铁皮石斛栽培面积 6000hm²，提供鲜条 3 万 t；其它石斛栽培面积约 5 万亩，基本形成了"北人参、南石斛"的中药材产业格局。目前市场上流通的铁皮石斛，基本都是人工栽培的产品。

铁皮石斛对人体的保健功效众所周知，随着现代生物技术的不断发展和研究的不断深入，铁皮石斛中化学成分已被明确（聂少平和蔡海兰，2012；吕圭源等，2013；陈晓梅等，2013）；通过现代波谱技术，鉴定出铁皮石斛中苯类及其衍生物共 27 个，酚类化合物 12 个，木脂素类化合物 4 个，内酯类化合物 2 个，二氢黄酮类化合物 2 个，其它类型化合物 16 个。联苄类化合物具有抗肿瘤活性。主要氨基酸是天冬氨酸、谷氨酸、甘氨酸、缬氨酸和亮氨酸，占总氨基酸的 53.0%。这些化学活性物质能增强免疫功能，具有滋阴养血、促进消化、护肝利胆、抗风湿、降低血糖血脂、抗肿瘤、保护视力、滋养肌肤、抗衰老功效。但宜食用的人群是不同的。

二、病害与生态环境

不论是人工栽培的铁皮石斛，还是处于自然野生状态的铁皮石斛，都不可避免地会遭受病原微生物、昆虫及有害动物的危害，但是，由于野生铁皮石斛生长在悬崖峭壁或大树上，不受任何人为因素的干扰，锤炼了对自然环境的适应性，哪怕是在极度干旱或极度低温、高温状态下，仍能维持生命活力，故它的抗逆性明显高于人工种植的铁皮石斛。人工栽培的铁皮石斛受到人为干扰因素较多，与野生铁皮石斛相比较，抗逆性较差，所以，病虫害发生较普遍也属于正常现象，如何避免或减少病虫害的发生、降低经济损失，这就是人们需要研究的问题。

各种植物病害发生都有共同的特点。在温度和湿度有利于病原菌生长繁殖，而不利于铁皮石斛生长的时候，易对铁皮石斛造成危害，有时会导致病害的爆发性流行。在大多数的情况下，满足病原菌生长的温度和湿度，往往也是铁皮石斛生长的较适宜条件，关键是如何通过一些农艺技术措施，创造对铁皮石斛生长有利的环境，是管理者需要注意的问题；各地区的地理条件不同，管理措施也有差异，应灵活掌握。通过几年的实践，找出本地区的病虫害控制措施。对于每一种病害，都应该了解它的分布、危害程度、寄主范围、病原菌形态特征、病害症状特点、发生发展规律，只有在充分了解了上述内容的基础上，才能做到有效防控。

三、病害识别

根据病害发生的主要因素不同，将铁皮石斛病害分为侵染性病害和非侵染性病害两大类，侵染性病害主要有真菌性病害、细菌性病害，但以真菌性病害最多；虽然也有铁皮石斛病毒病害的报道，但著者未采到过这类病害标本；而非侵染性病害主要由营养缺乏、气象条件、环境污染等因素引起。关于病原真菌的分类地位，本书采用安斯沃思（G. C. Ainsworth, 1973）系统，将真菌界分为 5 个亚门，每一种病原真菌均按照这个系统，给予明确的分类地位、准确的形态描述，以及病原菌的拉丁学名和异名。

在病害症状描述方面，在国内，虽然对铁皮石斛的病害种类报道较多，但对病害症状和病原菌的形态描述过于简单或无任何描述，有的只是简单的症状描述，或者只说病原菌是真菌、细菌或病毒，究竟是哪一种病原菌，没有明确。每一大类病原生物都有很多种类，如不同的真菌，可引起相同的症状；而在不同的植物上，同一种真菌也可引起不同的症状，这就给病害准确诊断带来困难，特别是对于那些没有坚实的植物保护（以下简称植保）专业理论知识的人员更是如此。植物病害的研究，由于限于专业性太强的原因，网上的一些报道，大多为互相转载，甚至出现错误。也就是说，鉴定任何一种病害必须要经过病原菌的分离培养和致病性实验，仅凭感觉和经验有时会误诊。

在多年的研究中，著者发现在铁皮石斛上有一些从未报道过的病原菌及由一些新病原菌引起的新病害，并作了详细介绍。随着铁皮石斛栽培面积不断扩大，病害种类也在逐年增加，一些新病原菌和新病害也会不断被发现。

每一种植物病害的发生都有它的特殊性，表现的症状各异，一种病原真菌可为害植物的不同部位，但总有一种症状类型是主要的。如由翠雀小核菌（*Sclerotium delphinii* Welch）引起的铁皮石斛病害，可为害根、茎秆和叶片，根据病原菌危害的植物器官，传统病害分类都是把它放在根部病害中。根据著者的研究与观察，在铁皮石斛上，首先在叶片上出现白色菌丝、叶片坏死，一部分菌丝扩展到基质表面；其次是茎秆出现溃疡病直至病斑扩大、环割整个茎秆导致上部死亡；最后可致根部腐烂，植株死亡。在这种情况下，如果对病原菌的生物学特性和危害特点不熟悉，仅凭一种症状，可能被分到叶部病害类型中。本专著还是按照传统的病害分类法，放在根部病害里加以讨论。

四、虫害识别

一种昆虫对植物的危害部位相对固定，为害叶片的不会为害根，为害根的也不会取食茎秆和叶片。大多数的昆虫个体相对较大，幼虫的活动范围有限制，使得昆虫识别比病害识别相对更容易。由于在铁皮石斛上昆虫种类较少，研究资料缺乏，为了便于理解，在写作中引用了农林业昆虫和有害动物的例证。

五、病虫害防治原则

铁皮石斛的病虫害防控以"预防为主，利用农业、生物、物理和化学的方法，对病害进行综合控制"。防控的前提是对于病虫害进行正确鉴定，了解病原菌及昆虫的生物学特性。市场出售的一些农药，并不是对所有的病虫害都有效，而是对病原种类有选择性，不同病原菌对生物农药和化学农药的敏感程度有较大差异，这就充分体现了正确选用农药的重要性。多年来，著者通过对几种铁皮石斛病害的研究证明，多菌灵农药对引起铁皮石斛根腐病的镰刀菌（*Fusarium* spp.）敏感性极佳，而对白绢病菌（*Sclerotium delphinii*）和茎腐病菌 [*Lasiodiplodia theobromae* (Pat.) Griff. Maubl. = *Botryodiplodia theobromae* Pat.] 则无效。哈茨木霉（*Trichoderma harzianum* Rifai）对白绢病菌和茎腐病菌效果很好。只要掌握病害与病原菌基本特性的相关知识，病害是可以控制的。

目前，铁皮石斛在我国栽培面积仍然在不断扩大，但在大规模栽培的过程中，病虫害是制约铁皮石斛产业发展的一个重要因素。在一些地区，根腐病的发生会造成铁皮石斛的成片死亡，经济损失较大，需加强对病害综合防治措施的研究，解决生产中存在的问题。

六、真菌与铁皮石斛的关系

真菌与植物营养根形成的共生体，被称为菌根。从19世纪中期至今的研究发现，自然界97%的植物都具有菌根，特别是兰科植物。铁皮石斛从种子萌发到开花结果都离不开真菌和其它微生物的参与，二者之间形成一种互利互惠的关系，这是它们进化到高级阶段的结果。也就是说，如果没有菌根，则铁皮石斛种子也不能正常萌发或萌发率极低，植株也不能正常生长发育。此外，要想让铁皮石斛生长旺盛，除了自然感染的菌根菌以外，人工筛选一些具有明显促生效果的菌根真菌接种于植株根部也是一种很好的措施，这是今后研究的方向。铁皮石斛的菌根多数属于外生菌根和内外生菌根，由接合菌、担子菌和半知菌感染形成。

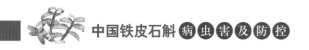
七、研究材料来源

主要根据著者在过去 8 年（2007–2015）对我国部分铁皮石斛人工栽培产区的实地考察、采样、室内外试验和鉴定的研究结果，但有些病害的分布、寄主范围参考了其它发表材料。实地考察的地方有：浙江省义乌市福堂镇浙江森宇控股集团铁皮石斛栽培基地、乐清市大荆镇、江山市，福建省邵武市光泽县，云南省龙陵县，贵州省独山县，江西省鹰潭市，海南省五指山市，江苏省泰州市、靖江市、南京市、丹阳市、句容市、常州市、宜兴市，山东省临沂市、济宁市等地区的多家铁皮石斛基地，这只是极少部分地区，仍有许多地区有待实地考察，病害种类也远不止本书所描述的种类。

八、病害研究方法

野外研究基于实地考察，在每一个铁皮石斛栽培基地都详细记录病害发生的生态环境、症状、子实体或霉状物的有无，对每一种病害生境、症状和危害程度进行拍照，做好现场记录。本书症状图片和病原菌图片均基于作者室内外考察与室内研究。

采集标本分别进行编号带回实验室放在 4±1℃ 冷藏箱暂时保存。病原菌分离是将经过材料表面消毒处理后剪成小块或小段在马铃薯、蔗糖和琼脂（PDA）培养基上培养和菌株纯化。对于那些分离得率较高的菌株，分别进行致病性试验，以确定主要病原菌种类。

铁皮石斛病害的病原菌主要是半知菌亚门丝孢纲、腔孢纲和担子菌亚门冬孢菌纲锈菌目的真菌，由于它们的分类地位不同，培养方法有差异。丝孢纲的真菌要用载玻片培养法观察分生孢子梗和分生孢子，培养时间短，观察效果好；大多数的腔孢纲真菌，在培养过程中形成分生孢子盘或分生孢子器时间较长，而且产生的是子实体，需要做临时玻片在显微镜下观察；锈菌目真菌不能人工培养，只能从病组织上直接挑取孢子做成临时玻片观察。

症状图片均为实地实物拍摄，使用 Zeiss Imager A1 型德国蔡斯光学显微镜拍摄、测量（*n*=30）病原菌的子实体结构、分生孢子梗、分生孢子以及其它真菌孢子的形态图。所有的研究菌种都保存在江苏农林职业技术学院生物工程技术中心和江苏师范大学江苏省药食植物生物技术国家重点实验室培育点的微生物菌种保存室。

第一篇
铁皮石斛病害

第一章

铁皮石斛病害诊断技术

铁皮石斛在生长发育的过程中会受到真菌、细菌、病毒等有害生物的危害，为了更好地预防和控制各种病害，栽培管理者需要对铁皮石斛病害的主要症状类型、危害、诊断、病原菌类型和鉴定技术，以及病虫害发生之间的关系进行必要的了解。

第一节 病害类型

铁皮石斛上常见的病害有叶斑病、茎腐病和根腐病3种类型。凡是发生在叶片上的病害统称为叶斑病；根据病斑颜色又被分为黑斑病、炭疽病、疫病、叶枯病、煤污病、花叶病等，出现不同形状、大小的坏死病斑；茎部腐烂病主要发生在植株的中下部位，靠近地表的茎部发生最严重，出现褐色至黑色水渍坏死；而根腐病引起根部组织腐烂，会引起整株植物死亡，经济损失大。

一、病害与病原菌

1. 病害基本概念

铁皮石斛和其它植物一样，在生长发育、产品贮藏和运输过程中，常常受到一些有害生物或其它不良因素的影响，在生理上、组织上和形态上会发生不正常的变化，严重时会导致植物死亡或产品腐烂，造成一定的经济损失，这种情况被称为植物病害或产品败坏；而一些被冰雹砸伤、昆虫和鼠类咬伤不属于植物病害的范畴。

2. 病害和病原类型

引起植物生病的直接原因，被称为病原。根据病原类型，植物病害被分为侵染性病原和非侵染性病原两大类。

（1）侵染性病害

由侵染性病原引起的病害被称为侵染性病害，病株之间会相互传染。植物病害的病原类型包括：

①动物界的线虫：主要指为害植物根部的寄生性线虫，这类线虫的寄生性为专性寄生。

②植物界的寄生性种子植物：包含桑寄生、槲寄生和菟丝子，属于专性寄生。

③菌物界的真菌：包括专性寄生、兼性腐生和兼性寄生的各种植物病原菌。

④原核生物界的细菌：是引起植物病害的兼性寄生细菌。

⑤非细胞形态的病毒、类病毒和支原体，属于专性寄生物。

（2）非侵染性病害

由非侵染性因素引起的植物异常现象被称为非侵染性病害，病株之间不会相互传染。包括：

①营养元素：缺乏各种大量元素和微量元素。

②气象因素：温度过高和过低，水分过多和过少，特别是一些极端天气造成的危害。

③环境因素：含土壤、水体、空气、汽车尾气以及生物和化学因素的污染。

④ pH 因素：将栽培基质和灌溉水源的 pH 调节到铁皮石斛生长的范围，否则，铁皮石斛生长会受到影响。

二、病害发生规律

任何一种铁皮石斛病害的大发生或爆发流行，必须具备下列 4 个因素，缺一不可。

1. 寄主

被病原物寄生的植物称为寄主。在病害发生时，必须具备大量的易感病植物。

2. 病原

侵染性病害的发生并不是一开始就很严重的，它是由一种致病力强的病原物存在，通过逐年积累达到一定的群体数量，或是由于极端天气因素导致一些植物病原菌发生了基因突变，产生了新变种、新生理小种；或外来病原物的出现，才能造成病害流行。

3. 环境条件

任何病害的发生均与温度、湿度有密切关系，同时对病原菌的生长发育和繁殖有利，特别是极端温度造成的铁皮石斛生长衰弱，是病害发生的一个重要因素。

4. 人为因素

随着交通运输、旅游观光、植物组织引进与交换以及国际贸易增多，一些病原菌会随人类携带的各种物品进行传播，且传播速度快。

第二节 诊断技术

掌握植物病害诊断技术，有助于经营管理者及时对铁皮石斛生长期间出现的不正常现象加以判断，有目的采用各种控制措施阻止或控制病害的发生，降低经济损失。

一、诊断步骤

为了准确、有效地诊断和鉴定铁皮石斛病害，须具有植物病理学和真菌学、细菌学、病毒学和线虫学等学科的基础知识，同时掌握植物病害诊断的基本方法，才能做出较准确的诊断。

1. 病害鉴定注意事项

在可能的情况下，鉴定者应对病害发生地点进行调查，获得第一手资料。仅靠铁皮石斛管理者送到实验室的标本，不能反映病害发生的严重程度，有时标本不新鲜或症状不典型，难以给予准确结论。再者，由于病害标本采集时间过长，加之寄送标本的途中时间长，鉴定者收到的标本污染严重，更给鉴定增加了一些不确定因素。清晰、典型的症状照片是非常必要的。另外，也无法知道罹病铁皮石斛生长的环境条件，包括一些气象因素。

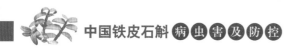

2. 必要的用具

病害诊断者需要准备一些必要的工具和材料，如放大镜、照相机、采集袋和记录本，便于现场调查使用。

3. 现场查看

在查看发病现场后，可向栽培者了解铁皮石斛病害的发生过程，发病前后的处理方法、种苗来自何处、当地最近的气候变化，以及昆虫的活动、危害情况等。

对于严重生病的植株应注意各器官上的异常表现，如根、茎和叶片上是否有子实体和菌丝生长，病斑的大小、形状和颜色，是否有异味等。如果地上部分有黄化现象，可进一步检查根部是否有腐烂。

4. 实验室鉴定

对于现场无法确定的病害，应将标本带回实验室进一步观察和检查。用显微镜检查时，如组织切口处有云雾状液体涌出，是细菌病害的可能性较大。如保湿能产生真菌的孢子堆、子实体，或黏液状的细菌溢出，需要进一步分离培养、纯化；确定是否是病原菌需要进行接种试验。

二、症状识别

植物病害的症状分为病状和病症两部分，病状是指植物在受到病原菌的危害后，用肉眼或借助于放大镜能够看到一些不正常变化或现象，如叶斑病、溃疡病、枯萎病、腐烂病等；在其上形成病原菌繁殖器官被称为病症，如各种粉状物、小黑点等。

1. 叶部病害

铁皮石斛病原真菌、细菌和病毒引起的叶部病害的症状明显不同，下面分别介绍。

（1）真菌病原会引起铁皮石斛叶斑病（图 1-1、图 1-2）、叶尖枯死病、叶缘坏死病、茎秆溃疡病、腐烂病和根部腐烂病，有黑色、红褐色、淡黄色等。主要病原菌有黑线炭疽菌 [*Colletotrichum dematium* (Pers.) Grove]、灰霉菌（*Botrytis cinerea* Persoon）、细极链格孢菌 [*Alternaria tenuissima* (Kunze) Wiltshire]、白绢病（*Sclerotium rolfsii* Sacc.）等。

图 1-1　铁皮石斛黑斑病

图 1-2　铁皮石斛叶斑病

（2）细菌病原引起叶斑病，中间黑色或褐色，病斑周围有晕圈，对照阳光观察更为明显。主要有假单胞杆菌（*Pseudomonas* sp.）和黄单胞杆菌（*Xanthomonas* sp.）等。

（3）病毒主要引起花叶病，在叶片上出现褪绿的斑点，但在铁皮石斛和其它石斛上罕见。

2. 茎秆病害

（1）铁皮石斛茎秆上出现最多的症状是溃疡病或腐烂病，病斑大小不一；症状表现为茎秆开裂（图1-3）和茎基部组织腐烂（图1-4），水渍状，微有腐烂气味。可可球二孢 [*Lasiodiplodia theobromae* (Pat.) Griffon & Maubl.] 和镰刀菌（*Fusarium* spp.）都可引起溃疡病。

（2）梢头枯死，大多发生在夏、秋季节，开始表现为顶梢 1 ~ 2 片叶逐渐变黄色，顶芽枯死（图1-5），最终造成整个梢头死亡，有时在其上会有许多黑色霉状物。如链格孢 [*Alternaria alternata* (Fr.) Keissl.]。

图1-3　茎秆开裂型溃疡病

图1-4　铁皮石斛茎秆腐烂产生霉菌

图1-5　枯梢初期症状

3. 根部病害

由于受到侵染性和非侵染性因素的影响，铁皮石斛根发生的腐烂现象，被称为根腐病（图1-6）。任何一家铁皮石斛栽培园区，一旦发生根腐病，所有的发病植株几乎无法挽回，给栽培者造成很大经济损失。引起铁皮石斛根腐病的瓜果腐霉 [*Pythium aphanidermatum* (Edson) Fitzp.]、烟草疫霉（*Phytophthora nicotianae* Breda de Haan）、茄丝核菌（*Rhizoctonia solani* Sacc.）、尖孢镰刀菌（*Fusarium oxysporum* Schl.）、翠雀小核菌（*Sclerotium delphinii* Welch）和小菌核菌（*Sclerotium rolfsii* Sacc.）为主要病原物。造成毁灭性根腐病的主要是铁皮石斛白绢病。铁皮石斛的根腐病原细菌相对较少。

图1-6　部分根已腐烂（箭头指的无表皮根）

三、病症识别

1. 霉状物

铁皮石斛病害发生的后期，在茎秆（图1-7）、叶片（图1-8）和根上都会产生霉状物，有黑色、灰色、黄色和白色4种类型，主要是半知菌和锈菌产生的，这些霉状物和粉状物都是病原菌的繁殖器官（孢子和菌丝），通过风、雨水、昆虫、动物携带，人类活动和种苗调运传播。

图1-7　铁皮石斛茎秆开裂腐烂产生黑色霉菌

图1-8　灰霉病后期症状

2. 子实体

子实体意指由真菌产生繁殖器官，大小不一，形状各异，小的直径仅有 0.05～0.1cm，大的可达 20cm 以上，出现在发病后期。但是在铁皮石斛病害上出现的子实体，如铁皮石斛炭疽病的分生孢子盘就是一个扁平的小黑点，在天气潮湿的条件下会产生乳白色的分生孢子堆。小黑点状的子实体主要发生在半知菌亚门和子囊菌亚门的真菌中。在培养过程中，铁皮石斛灰霉病菌产生黑色（图 1-9），而白绢病菌产生菜籽状（图 1-10）子实体。在铁皮石斛栽培基质（松树皮）上，夏、秋季经常会看到一些大型蘑菇（图 1-11 和图 1-12），这是大型子实体，这些蘑菇有可能是促进铁皮石斛生长的菌根真菌。

图 1-9　铁皮石斛茎腐病原镰刀菌的黑色子实体

图 1-10　铁皮石斛白绢病菌产生的菌核

图 1-11　松乳菇（*Lactarius deliciosus*）
　　　　的子实体

图 1-12　黄色鬼伞（*Leucocoprinus birnbaumii*）
　　　　的子实体

3. 黏液状

不论在铁皮石斛的叶片，还是在茎秆上发生细菌病害，病斑均为黑色或深褐色、水渍状，有时带有微弱臭味。在阴雨潮湿的天气，会在病斑上有一小团黏液状物体，乳白色至淡黄色，这是细菌液，是从病斑内部溢出的，在显微镜下观察全部为细菌个体。这些细菌黏液主要靠昆虫、动物携带，雨水溅散、人和苗木调运传播。

四、病原菌形态识别

1. 真菌菌落

在真菌的分离培养和纯化培养的过程中，由于真菌种类繁多，菌落的形状、颜色、生长速度和大小各异；有些菌落具有轮纹（图 1-13），常见的菌落颜色有白色（图 1-14）、红色（图 1-15）、黑色等；共同的特征是所有菌落表面都是绒毛状或粉末状的，有别于细菌菌落的黏液状。

图 1-13　具有轮纹的菌落

图 1-14　菌根真菌的菌落

图 1-15　镰刀菌的菌落

2. 细菌

培养细菌常用培养基为牛肉汁蛋白胨培养基和 PDA 培养基，在其上的细菌菌落表面光滑，黏液状（图 1-16）；不同种类的细菌颜色有白色、黄色、红色等；天气潮湿的季节，在病斑表面会有黏液状的细菌溢，即病症；分裂繁殖；有球状、杆状和螺旋状三大类，但是，植物病原细菌的菌体为杆状（图 1-17），多为革兰氏染色阴性，少数为阳性；兼性寄生，可引起铁皮石斛的叶斑病和根腐病。

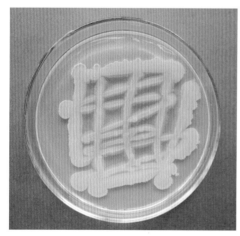
图 1-16　细菌菌落

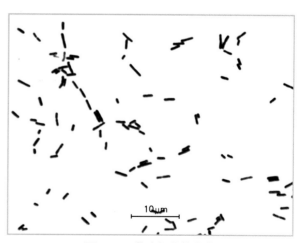
图 1-17　芽孢杆菌的菌体

3. 病毒

病毒是由蛋白质组成的非细胞形态的生物。用肉眼看不见，只能借助于电子显微镜或光学显微镜才能看到；有球形、杆状和纤维状 3 种；以蛋白质复制方式进行繁殖，可引起铁皮石斛花叶病，昆虫可传播病毒病害。

五、病原菌鉴定技术

要想准确地确定一种由真菌和细菌引起的病害，必须经过病原菌的分离、培养和纯化，致病性实验，形态及分子鉴定。

1. 病原菌的分离培养与纯化

在野外发现铁皮石斛病害后，要想确定是由哪一种病原菌引起的，首先就要对病原菌进行分离培养。把采集到具有典型症状的病害标本带回实验室后，常用的分离方法有组织分离法，也有的直接用病原菌的子实体或孢子进行分离的；在 25 ± 2 ℃，相对湿度（RH）70%～80%（黑暗）培养一段时间后会长出各种菌落，一般认为出现相同菌落较多的菌株，很可能是病原菌，但仍需要进行致病性试验才能证实。

在分离得到的各种菌落中，选取出现数量较多的菌落，用挑针挑取菌落边缘菌丝少许，转移到另一个 PDA 或其它培养基的平板上，真菌放在 25 ± 2 ℃下培养，细菌为 28 ± 2 ℃，当菌落的形状、颜色和生长速度一致，可转移到试管内保存菌种；否则，就要继续纯化。实践证明，炭疽菌属（Colletotrichum Corda 1831）、镰刀菌属（Fusarium Link 1809）、黏束孢属（Graphium Corda 1837）、葡萄穗霉属（Stachybotrys Corda 1837）、刺黑乌霉菌（Memnoniella Höhn. 1923）等比较难纯化，有时看上去菌落是纯的，但在培养过程中仍会出现一些不同形状的菌落，需要进一步纯化。

2. 致病性试验

为了证明分离到的真菌是否为该病害的病原菌，需要进行接种试验。将培养好的真菌接种到健康铁皮石斛，模仿自然界的发病条件，经过 2～3 周，甚至更长时间的观察，如果是病原，在铁皮石斛上会产生与原来相似的病斑，再分离又能得到相同病原菌，即符合柯赫法则（Koch postulates）；但对照植株不表现症状，或有少数植株产生病斑，是由于自然感染造成的，属于正常现象。

柯赫法则又被称为证病律，是伟大的德国细菌学家罗伯特·柯赫（Robert Koch，1843-1910年）提出的一套科学验证方法，用以验证了细菌与病害的关系，被后人奉为传染病病原鉴定的金科玉律。它为病原微生物学系统研究方法的建立奠定了基础，使其成为一门独立的学科。它作为一种研究方法，虽然受到现代研究方法的冲击，但还是植物病害研究不可缺少的环节；对人们建立严谨的思考习惯还是极有意义的。柯赫法则内容包括：

①在每一病例中都出现相同的微生物，且在健康者体内不存在；

②要从寄主分离出的微生物，并在培养基中得到纯培养（pure culture）；

③用这种微生物的纯培养接种健康而敏感的寄主，同样的病害会重复发生；

④从试验发病的寄主中能再度分离培养出这种微生物来。

如果进行了上述 4 个步骤，并得到确实的证明，就可以确认该生物即为该病害的病原物。

3. 形态学观察和测量

根据植物病原真菌产生孢子的快慢不同，培养方法也有差异，分为两大类。

（1）产生孢子快：在人工培养基上较短的时间（1～2 天）内产生孢子的真菌，如半知菌亚门和接合菌亚门的真菌；如果是半知菌亚门丛梗孢目的真菌可采用载玻片培养法培养。

（2）产生孢子慢：在人工培养基上需要 2～3 周，甚至更长时间才能产生子实体和孢子，如半知菌亚门腔孢纲和子囊菌亚门的一些真菌；也有少数真菌就不产生任何孢子。观察病原菌的有性世代就更困难了。对于不产生孢子或难以产生孢子的真菌可采用 DNA 测序进行鉴定。

（3）形态测量：可把在人工培养基上培养的真菌子实体做成石蜡切片和徒手切片的永久玻片或临时玻片；用德国蔡斯光学显微镜(ZESS Imager A1)或其它类型显微镜观察，测量子实体、分生孢子梗、分生孢子的大小（n=30）、形状、颜色，并进行显微照相。

4. 分子鉴定

（1）DNA 的提取。提取步骤为：

a. 真菌纯化培养后收集菌体 轻微离心，而将其菌体收集在微管（microtube）底部。

b. 使用 Pipette Tip 尖端按压收集有菌体的微管底部 10 次左右，进行菌体的物理破碎。

c. 加入 400μL 的提取液 1，用 WH-861 旋涡混合器剧烈振荡 5s（3000r/min）。若菌体仍滞留于微管底部，用手指轻弹微管使其悬浮。

d. 轻微离心，加入 80μL 的提取液 2，剧烈振荡 5s。添加提取液 2 后产生白色沉淀，剧烈振荡后微管中的溶液呈白浊状态。若菌体仍滞留于微管底部，用手指轻弹微管使其悬浮。

e. 轻微离心。加入 150μL 的提取液 3，剧烈振荡 5s。若菌体仍滞留于微管底部，用手指轻弹微管使其悬浮。

f. 轻微离心 2s 以内，于 50℃温浴 15min。

g. 12000r/min 4℃ 离心 15min。

h. 取上层水相移至新的 1.5mL 微管中。上层水相约 400μL（注意尽量不要混入水相以外的物质）。

i. 添加等量的异丙醇（浓度≥ 99.7%），轻柔混匀（注：长时间存放可能会有夹杂物沉淀，应尽量迅速进入下一步操作）。

j. 12000r/min 4℃ 离心 10min。

k. 弃上清（注意不要吸取沉淀）。

l. 加入 1mL70 % 乙醇，清洗沉淀。

m. 12000r/min 4℃ 离心 3min。

n. 弃上清（注意不要吸取沉淀）。

o. 沉淀干燥，加入适量 TE Buffer（约 20μL）溶解沉淀。

（2）PCR 扩增及纯化。采用通用引物 ITS1（5' – TCCGTAGGTGAAC-CTGCGG – 3'）和 ITS4（5' – TCCTCCGCTT ATT-GATATGC – 3'）扩增整个 ITS 序列。PCR 体系如下：10* Buffer 3μL，Primer F/R（10P）各 1μL，d NTP 1μL，Taq 1μL，PCR product 0.5～1μL，dd H$_2$O 达 30μL。PCR 循环条件：整个反应过程为 94℃，30s；58℃，30s；72℃，1min；72℃，3min；共 30 个循环；4℃暂时保存。PCR 扩增产物用 1.0 % 琼脂糖凝胶电泳进行回收纯化。

（3）测序。在 0.2mL 离心管中配置如下体系：dd H$_2$O 达 5μL，primer（3.2p 单引物）1μL， template 0.3 ~ 0.5μL，BDT 3.11μL，PCR 循环条件为 96℃，10s；50℃，5s；60℃，3min；60℃，3min；共 35 个循环；4℃暂时保存。清洗沉淀并上机反应，测序仪采用 ABI 3730XL。测序结果通过 NCBI 的 Blast 检索系统进行序列同源性比对（赵桂华和李德伟，2012）。

根据以上对子实体和孢子形态描述和测量结果，结合 DNA 测序结果，与已发表的种类进行比对，如果形态特征相符，即为同一种病原真菌。

第三节　侵染性病原

侵染性病原的最大特点就是能够相互传染，不论在任何时候，都可以随着带病植物材料或其它方式进行远距离传播，如何控制，首先要了解侵染性病原的基本生物学特性，才能做到有的放矢地防治病害。

一、真菌

1. 真菌分类与形态特征

真菌一词来源于"拉丁文"Fungus，原意是蘑菇，是具有细胞核和细胞壁的异养生物。真菌是生物界中很大的一个类群，世界上已被描述的真菌约有 1 万余属 52.2 万多个种、亚种、变种和专化型。著名真菌学家戴芳澜教授估计中国大约有 4 万种。按照 Answorth（1973）分类系统，将真菌门分为 5 个亚门，主要特征如下：

（1）鞭毛菌亚门：营养体丝状无隔膜（图 1-18），多核，有性繁殖产生卵孢子，无性繁殖产生游动孢子，属于低等真菌。一些种类是农林业上的重要病原菌，主要引起叶片、茎秆(干)和根部病害；如瓜果腐霉 [*Pythium aphanidermatum*（Edson）Fitzp.] 和烟草疫霉菌（*Phytophthora nicotianae* Breda de Haan）寄主广泛，它们能引起铁皮石斛根腐病，是一种重要的根腐病原菌。

（2）接合菌亚门：营养体丝状，大多数种类无隔膜，多核；少数种类有隔膜，单核，有性繁殖产生接合孢子，无性繁殖产生孢囊孢子，属于低等真菌。一些种类能引起种子和食品霉烂，而另一些是铁皮石斛的菌根真菌。

匍枝根霉（*Rhizopus nigricans* Ehrenberg）亦称黑根霉，是最常见的一种真菌，分布广泛，常生长在面包和食品上，或混杂于培养基中，也可引起瓜果蔬菜运输、贮藏和铁皮石斛果荚霉烂（图 1-19）；大量的研究证明，在铁皮石斛裸露健康根上存在大量的匍枝根霉，可能是菌根真菌。菌丝体分泌出果胶酶，分解寄主的细胞壁，感染部位很快会腐烂形成黑斑。人们经常利用该真菌的糖化作用，比如甜酒菌曲和安徽徽州的毛豆腐中的主要菌种就是匍枝根霉。

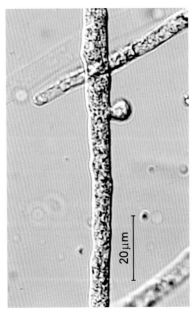

20μm

图 1-18　瓜果腐霉菌的无隔菌丝

小被孢霉（*Mortierella minutissima* V. Tiegh.）是一种铁皮石斛菌根真菌，也可生长在其它植物上。

（3）子囊菌亚门：营养体丝状，单核，有隔膜，又被称有隔菌丝（septate hypha）（图1-20），属于高等真菌；有性繁殖产生子囊壳和子囊孢子，如球毛壳（*Chaetomium globosum* Kunze）（图1-21和图1-22）；无性繁殖产生分生孢子。很多种类是植物的重要病原菌，引起铁皮石斛病害子囊菌并不多，少部分是药用真菌，如名贵中草药冬虫夏草 [*Ophiocordyceps sinensis* (Berk.) G.H. Sung, J.M. Sung, Hywel-Jones & Spatafora 2007，异名：*Cordyceps sinensis* (Berk.) Sacc. 1878] 就是一个很好实证。

（4）担子菌亚门：营养体丝状，双核，有隔膜，有性繁殖产生担子孢子，无性繁殖产生分生孢子，但不发达，属于高等真菌。部分是重要农林植物的病原菌，可引起铁皮石斛和其它石斛的锈病（图1-23）。而另一部分是具有食用和药用价值的大型真菌，如银耳、金针菇、竹荪、牛肝菌、灵

图1-19　匍枝根霉引起的石斛蒴果腐烂

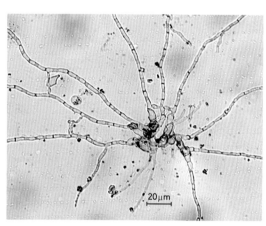

图1-20　胶孢炭疽菌的有隔菌丝

图1-21　球毛壳的子囊壳

图1-22　球毛壳的子囊和子囊孢子

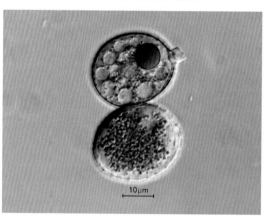

图1-23　锈菌的夏孢子

芝等，豹斑毒伞、马鞍、鬼笔蕈等有毒；如石斛小菇（*Mycena dendrobii* L. Fan & S.X. Guo）和紫萁小菇（*M. osmundicola* Lange）都是铁皮石斛的菌根真菌。

（5）半知菌亚门：营养体丝状，单核，有隔膜，不产生有性世代或有性世代还未被发现，无性繁殖产生分生孢子，属于高等真菌。本亚门约有 300 属是农作物和森林病害的病原菌，其中部分是引起铁皮石斛叶片、茎秆和根部病害的病原菌，如炭疽菌（*Colletotrichum* sp.）（图 1-24）、镰刀菌（*Fusarium* spp.）、交链孢（*Alternaria* sp.）（图 1-25）、小核菌（*Sclerotium* sp.）等。而白僵菌 [*Beauveria bassiana* (Bals.) Vuill]、金龟子绿僵菌 [*Metarhizium anisopliae* (Metsch.) Sorokin]、哈茨木霉（*Trichoderma harzianum* Rifai）和绿色木霉（*Trichoderma viride* Pers.）是一类真菌性杀虫、杀菌剂，在铁皮石斛栽培中使用广泛。

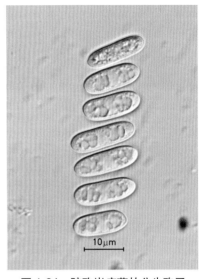

图 1-24 胶孢炭疽菌的分生孢子

2. 寄生性

真菌都是异养的，但不同种类的真菌寄生性各异，在铁皮石斛上，从专性腐生、兼性腐生、兼性寄生到专性寄生的种类都有，而植物病原细菌都是兼性寄生菌，并能引起不同的植物病害。同样，在铁皮石斛叶斑病、茎腐病、根腐病，甚至在菌根真菌的种类中都体现出它们的寄生性。

3. 致病性

病原物在寄生过程中所具有的破坏寄主，并引起病害的特性，被称为病原物的致病性。一般情况下，寄生性较强的病原物，致病性相对较弱；反之，致病性较强。铁皮石斛灰霉病菌的寄生性较弱，只有当铁皮石斛受到冻害时才能大面积发生，而铁皮石斛上的锈菌是一种专性寄生菌，对铁皮石斛的破坏性相对较小，在病害大流行时也会引起落叶，但不会引起石斛死亡。

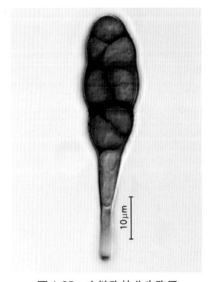

图 1-25 交链孢的分生孢子

4. 传播途径

真菌的传播方式多种多样，有主动传播和被动传播。当真菌的子囊孢子和担子孢子成熟时，有主动弹射到空中随气流进行远距离传播的能力，可达几公里至几百公里，甚至数千公里远。绝大多数的真菌主要靠动物、昆虫、人类活动以及带病植物种苗的远距离运输传播。

二、细菌

1. 分类与形态特征

细菌（bacteria）是一类单细胞、有细胞壁、无细胞核的原核生物（prokaryota），包括真细菌（eubacteria）和古生菌（archaea）两大类群。菌体有圆球状、杆状和螺旋状三种形状，植物病原细菌都是杆状的；靠分裂繁殖；绝大多数细菌的直径在 0.5 ～ 5μm 之间，革兰氏染色阴性或阳性；是在自然界分布最广、个体数量最多的有机体。

细菌广泛分布于土壤和水体中，或与其它生物共生。人体身上也带有相当多的细菌。据估计，人体内及皮肤表面上的细菌细胞总数约是人体细胞总数的十倍。此外，也有部分种类分布在极端的环境中，例如温泉，甚至是放射性废弃物中，它们被称为嗜极生物，其中最著名的种类之一是海栖热袍菌（*Thermotoga maritime* Robert *et al.* 1986），它是科学家在意大利的一座海底火山中发现的。然而，细菌的种类是如此之多，科学家研究过并命名的种类只占其中的小部分。

细菌的营养方式有自养及异养两种，其中，异养的腐生细菌是生态系中重要的分解者，使碳循环能顺利进行，也是大自然物质循环的主要参与者。部分细菌有固氮作用，使氮元素得以转换为生物能利用的形式。人类也时常利用细菌制作乳酪及酸奶、制造抗生素、废水处理等。少数细菌可引起植物病害，而另一部能固氮促进植物生长，极少部分是人类疾病的病原菌。

有些细菌是微生物农药和生物菌肥的重要组成，有少数细菌及其代谢产物具有杀菌、杀虫和促生的功能，大多数的细菌以腐生的方式生活在各种基质上，分解有机质。

（1）杀虫细菌：这一类细菌实际上是昆虫的病原菌，昆虫被细菌感染后，慢慢生病而死亡。如苏云金芽孢杆菌（*Bacillus thuringiensis*，简称 Bt）就是使用最成功的例子。

（2）杀菌细菌：枯草芽孢杆菌 [*Bacillus subtilis* (Ehrenberg) Cohn] 和荧光假单胞杆菌（*Pseudomonas fluorescens*）的有毒菌株能防治多种病害，是国内应用最广泛的 2 种制剂。

（3）促生细菌：内生细菌可与铁皮石斛的根共生，促进铁皮石斛的生长。研究发现荧光假单胞菌的某些菌株是菌根促生细菌的主要类群。芽孢杆菌属（*Bacillus*）、微杆菌属（*Microbacterium*）和肠杆菌属（*Enterobacter*）有促进美花石斛（*Dendrobium loddigesii* Rolfe）试管苗和 2 年生铁皮石斛植株的生长作用。

2. 寄生性

植物病原细菌都是兼性寄生菌，无专性寄生菌，一旦发生，对植物的危害较大。

3. 致病性

卡特兰假单胞（*Pseudomonas cattleyae*）引起的铁皮石斛叶斑病的病原菌，对铁皮石斛的破坏性较强。

4. 传播途径

细菌个体之间有胶质，它的传播不像真菌那样，可以通过气流或风传播。在天气潮湿的条件下，病原细菌会从病斑中溢出，在病斑表面形成一团乳白色、灰白色、淡黄色的细菌黏液团，鉴于这种情况，细菌的传播主要靠大雨时水滴的溅散进行短距离传播，动物、昆虫、人类活动以及带病植物种苗的远距离运输传播。

三、病毒

1. 分类与形态特征

病毒（virus）是 1886 年在荷兰工作的德国人麦尔（Mayer）在患有花叶病的烟草植株的叶片上发现的，它由一个核酸分子（DNA 或 RNA）与蛋白质构成的非细胞形态的、靠寄生生活的生命体。病毒是颗粒很小、以纳米为测量单位、结构简单、寄生性严格、以复制进行繁殖的一类非细胞型微生物。病毒是比细菌还小、没有细胞结构、只能在活细胞中增殖的微生物，由蛋白质和核酸组成。多数要在电子显微镜下才能观察到。

从遗传物质方面可分为DNA病毒、RNA病毒、蛋白质病毒三类；从病毒结构上分为真病毒（Euvirus，简称病毒）和亚病毒（Subvirus，包括类病毒、拟病毒、朊病毒）；从寄主类型上可分为噬菌体（细菌病毒）、植物病毒（如烟草花叶病毒）、动物病毒（如昆虫病毒、禽流感病毒、天花病毒、HIV等）。植物病毒形状有球状、螺旋状和纤维状三种类型。

在病毒大家庭中，无论是烟草花叶病毒的发现，还是后来对病毒的深入研究，它都是病毒学工作者的主要研究对象，起着与众不同的作用。与农业和林业关系较密切的有昆虫病毒和植物病害病毒，如石斛花叶病毒病罕见。

2. 寄生性

所有的植物病毒都是专性寄生物，只能生活在活的寄主细胞内，当寄主植物死亡时，病毒也随之死亡。

3. 致病性

由于病毒属于专性寄生物，对植物的致病能力较强，由于病毒属于系统侵染病害，对铁皮石斛的危害主要表现在花叶，植株生长缓慢，比正常的植株要矮小。

4. 传播途径

病毒是非细胞形态的，很小；植物病毒主要通过植物材料接触、嫁接、刺吸式口器的昆虫和带病种苗调运，以及人类携带植物病株进行传播。

第四节　病虫害发生之间的关系

不论是农林业，还是铁皮石斛的栽培管理，病虫害的发生是影响产品产量和质量的一个重要因素。有时病害与虫害的发生之间会存在一定的关系，要想有效地防治病虫害，首先要了解二者之间关系，做到有目的针对某种昆虫或病害进行防治，一旦发生，应该先弄清防治对象。病害与病害和虫害与病害，它们之间存在下列5种关系。

一、叶斑病与茎秆溃疡病

铁皮石斛叶斑病由多种病原真菌和细菌引起，是一类常见的病害。但是，病害的发生会导致植株生长衰弱，一些弱寄生菌除了为害叶片外，也会趁机侵染铁皮石斛茎秆，引起溃疡病，严重时可使茎秆腐烂。叶斑病的发生对茎秆生长有影响，而溃疡病的发生对叶片发育同样存在影响，这两类病害的发生在某种程度上存在一定联系。

二、炭疽病与灰霉病

铁皮石斛炭疽病由黑线炭疽菌 [*Colletotrichum dematium* (Pers.) Grove] 引起，也叫叶斑病、黑斑病，大多数情况下的症状是一个黑色病斑，该病害的发生会影响生长，特别在发生严重

19

时导致叶片枯萎死亡，在没有典型炭疽病病斑的死亡叶片上，伴随而来就是灰霉病（*Botrytis cinerea*）的大发生，产生灰色霉层，这是由于灰霉菌的弱寄生性所决定的。

三、黏菌与煤污病

黏菌（slime molds）的营养体为一团裸露的原生质体，多核，无叶绿素，它是能够做变形虫式运动的一类生物，它介于动物和真菌之间，是一群类似真菌的生物，会形成具有细胞壁的孢子，但是，生活史中没有菌丝的出现，而有一段黏黏的营养生长期，因而得名黏菌。

夏季高温潮湿的天气，在铁皮石斛栽培基质上和植株上都会看到成片的黑色霉状物，被大家称为煤污病，它是由黏菌引起的，也叫黏菌病。防治病害的关键需使用化学药剂及时控制黏菌的生长，根据作者的观察，不同地区铁皮石斛上的黏菌种类有差异，故防治措施也须加以调整。

四、蚜虫与煤污病

在春秋季节，铁皮石斛容易受到蚜虫和蚧壳虫危害。蚜虫属于刺吸式口气的昆虫，以口针刺入石斛组织内吸收液体，同时还会分泌一些蜜露，肉眼看上去叶片表面有发亮液体，一些腐生的煤污病菌（*Capnodium* spp.）就是利用这些蜜露作为营养来供菌丝生长和子实体形成，完成生活史。所以，防治的关键首先要控制蚜虫和蚧壳虫，昆虫没有了，煤污病自然就会消失。

五、食根害虫与根腐病

（1）在铁皮石斛根部常见的地下害虫有独角仙（*Allomyrina dichotoma* Linnaeus）（又称双叉犀金龟）、铜绿金龟子（*Anomala corpulenta* Motschulsky）、大黑金龟子（*Holotrichia diomphalia* Bates）等，它们的幼虫取食铁皮石斛的根，造成的伤口，水分和养分的上下运输受到一定影响，致使植株生长衰弱，容易引起叶斑病和茎秆溃疡病；此外，地下害虫把铁皮石斛幼苗的根咬断后，造成幼苗的枯萎死亡，又称枯萎病。

（2）尖孢镰刀菌（*Fusarium oxysporum* Schl.）、茄丝核菌（*Rhizoctonia solani* Sacc.）、瓜果腐霉 [*Pythium aphanidermatum* (Edson) Fitzp.] 是根际周围的常见的弱寄生机会主义病原菌，它们一旦遇到昆虫危害造成的伤口，就会侵入根部引起根腐病的大发生。在这种情况下，一种根腐病的发生往往是由1种或2种及以上的病原菌引起的，但只有1种为主要病原，其它为次要病原，故在病害诊断时，要综合分析，通过分离培养、致病性试验和鉴定，找出病害发生的主要病原菌，才能有目的地进行防治。

第二章

铁皮石斛的非侵染性病害

由植物的营养失调、气象因子和环境因素引起的病害被称为非传染性病害（或非生物性病害，或生理性病害），例如，植物由营养元素不足引起的缺素症；土壤中盐分过多，碱的含量大所引起的盐碱害；极端天气造成的灼伤和冻害；农药施用量不当造成的药害；工业废水、生活污水和汽车尾气排放造成的生态环境及城市空气污染都会导致铁皮石斛生长不良，表现出不同类型的症状。

一、营养失调

为什么人工栽培铁皮石斛，如果不使用有机肥或化学元素，植株就会生长得很慢，并伴有叶片变黄、植株矮小等病态；而野生状态的铁皮石斛却不存在这种现象？这是因为，在野生铁皮石斛的根上和根际周围有许多菌根真菌和细菌（或共生菌），为野生铁皮石斛的生长提供水分和养分；试管苗（或组培苗）的根部是无菌的，在刚栽培到基质中时，在短期内没有微生物与营养根共生；有些栽培者，为了防止栽培后发生病害，事先把栽培基质进行发酵、灭菌处理，把一些对铁皮石斛吸取养分有利的大部分菌根真菌和促生细菌都杀死了，不能通过菌根菌从自然界吸收一些微量元素，故在大面积栽培铁皮石斛时需要人工施肥。

供铁皮石斛生长的必需营养元素有大量元素碳、氢、氧、氮、磷、钾 6 种元素；中量元素钙、镁、硫、硅 4 种元素；微量元素铁、硼、锰、铜、锌、钼和氯 7 种元素。不论缺少哪一种元素，植株都会表现出一定的症状，常见的有黄化（图 2-1 ～图 2-3）、白化（图 2-4）、斑点、变红、变紫，叶片边缘和顶梢枯死，叶片变小（图 2-5）。如果在铁皮石斛上遇到类似症状，可根据症状查找相关资料，使用某种元素进行防治试验，如果使用后，症状消失，即为缺乏某种元素。

图 2-1　铁皮石斛黄化症状

图 2-2　铁皮石斛下部叶片黄化症状

图 2-3　铁皮石斛嫩枝黄化症状

图 2-4　铁皮石斛白化病

图 2-5　铁皮石斛缺锌症状

　　植株在生长发育过程中需要一定的环境条件，如遇到不适宜或超出植物适应范围的环境条件，会导致植物生理活动降低或失调，表现为失绿、矮化，严重的部分植物器官甚至死亡。为了便于病害诊断，下面介绍一些常见的植物缺素症所表现出的症状。

　　(1) 缺氮：主要表现为植株矮小，发育不良，分枝少、失绿、变色、花小和组织坏死。在强酸性基质中易发生缺氮症。

　　(2) 缺磷：铁皮石斛生长受抑制，植株矮化，叶片变成深绿色，灰暗无光泽，具有紫色素，最后枯死脱落。病状一般先从老叶上出现。

　　(3) 缺钾：铁皮石斛叶片常出现棕色斑点，皱缩，叶缘卷曲，最后焦枯。

　　(4) 缺铁：主要引起失绿、白化和黄叶等。缺铁首先表现为枝条上部的嫩叶黄化，下部老叶仍保持绿色，逐渐向下扩展到基部叶片。

（5）缺镁：症状同缺铁症相似。区别在于缺镁时，常从植株下部叶片开始褪绿，出现黄化，渐向上部叶片蔓延。此外，镁与钙有相互拮抗作用，当钙元素过多对铁皮石斛有害时，可适当增加镁元素起缓冲作用。

（6）缺硼：引起植株矮化、芽畸形、丛生；硼中毒表现为叶片白化干枯、生长点死亡。

（7）缺锌：引起新枝条节间缩短，叶片小而黄。

（8）缺钙：植株根系生长受抑，嫩芽枯死，嫩叶扭曲，叶缘、叶尖白化，提早落叶。

（9）缺锰：引起叶脉间变成枯黄色，叶缘及叶尖向下卷曲。症状由上向下扩展。一般发生在碱性基质中。锰毒会引起叶脉间黄化或变褐。

（10）缺硫：铁皮石斛叶脉发黄，叶肉组织仍保持绿色，从叶片基部开始，逐渐出现红色枯斑，幼叶表现更明显。

二、气候因素

1. 高温灼伤

铁皮石斛是一种耐荫植物，在生长季节需要散射光，应避免阳光直射，故在石斛栽培区需用 60% ～ 75% 黑色遮阳网，否则，铁皮石斛会被高温时的强光灼伤，其症状表现为重者叶片先变黑，并逐渐变为淡黄色，干枯，有的叶尖端枯死，轻者在叶片上出现坏死斑点，周围叶色变浅色。

铁皮石斛较适合的生长温度为 20 ～ 26℃，气温超过 35℃时，设施栽培的铁皮石斛生长较慢；当气温高于 40℃时，停止生长，变黄（斯金平等，2014），这时大棚内的温度可达 50℃以上，严重影响铁皮石斛生长和产品质量。

防治措施：降低棚内温度可采取棚外喷撒水的方法，是经济有效的控制高温手段。方法是棚外安装水管，每隔 3 ～ 4m 安装 1 个雾喷头。

组培苗高温致死原因有 2 种情况，一是在夏季，当铁皮石斛组培室的控温系统失灵时，组培室的温度高达 45℃以上，组培幼苗被高温致死（图 2-6）；二是铁皮石斛组培苗在运输途中因温度过高导致死亡（图 2-7）。

图 2-6　被高温致死的铁皮石斛组培苗

图 2-7　铁皮石斛组培苗在运输过程中死亡

2. 低温

低温冻害常发生在严冬和初春。在铁皮石斛栽培过程中，冬季管理是一个很重要的环节，特别是遇到冬季的极端寒流，在某些地区的铁皮石斛都会被冻伤（图2-8），叶片或叶缘产生水渍状斑，变浅色或深黑色，整株叶片枯死（图2-9），解冻后叶片变软下垂，似开水烫过一样，会导致灰霉病（*Botrytis cinerea* Persoon）、枝状枝孢 [*Cladosporium cladosporioides* (Fresen.) G. A. de Vries] 和黑霉病 [*Alternaria tenuissima* (Kunze) Wiltshire]（图2-10 a，b）的大面积发生；以及可可球二孢 [*Lasiodiplodia theobromae* (Pat.) Griffon & Maubl.] 和尖孢镰刀菌（*Fusarium oxysporum* Schl.）茎秆病害的发生。此时，需要及时喷施杀菌剂控制灰霉菌的分生孢子蔓延传播。

极端低温天气的发生会造成铁皮石斛严重被冻伤。2016年1月22~25日，在我国华东和华南地区的山东、江苏、上海、浙江、福建、江西、广东、广西等铁皮石斛栽培区，遭受到有

图2-8 铁皮石斛冻害

图2-9 严重被冻伤叶片死亡

图2-10 被冻伤死亡的叶片上出现黑色霉层

a. 冻死症状；b. 叶片上的黑色霉层

气象记录以来的最低温度；广东部分地区出现了降雪，气温降到 0℃ 以下，是 1955 年有气象记录以来的最低温度；江苏和浙江部分地区在-10～-14℃之间，达到了铁皮石斛忍耐极值以下，在防寒措施不佳的地区，铁皮石斛严重被冻伤。解决冻害问题首先从品种着手，然后再考虑栽培设施。造成冻害的原因有：

（1）南北方的铁皮石斛种质耐寒性的差异。栽培铁皮石斛要充分考虑种质和地域问题。若在亚热带以北的地区栽培，要选择耐寒种质，如果盲目将云南、广东、福建等地的栽培种引种到江苏乃至以北地区栽培，在冬季很可能会发生冻害，甚至全部死亡，造成绝产。栽培实践证明，云南的紫皮石斛在江苏不能过冬，棚内温度一旦达到 0℃ 左右，即可死亡。故栽培前要充分论证铁皮石斛南方的种质引种到北方的问题。即使是在同一个地区，还要考虑到海拔高度问题。

（2）冬季的管理不当造成铁皮石斛幼苗冻害。在 9 月份以后栽培当年生幼苗，特别是进入 11 月份以后，水分管理极为重要。在不下雨的天气情况下，保持每天都要打开大棚门通风，上午 9 点左右打开门，下午 4 点左右关上，保证棚内没有潮湿的雾气，夜间不产生太多的水蒸气凝结水落到铁皮石斛幼苗上。当气温达到 0℃ 及以下时，一旦冷凝水落到幼苗上，易被冻伤，反复几次叶片和嫩茎变成水渍状，然后死亡，接下来就是伴随着灰霉病（*Botrytis cinerea*）的大发生，整个棚内到处是灰霉菌的分生孢子。

（3）防冻措施

①在冬季来临之前，喷施 1000 倍的磷酸二氢钾（mono-potassium phosphate，MKP）可提高铁皮石斛的抗冻能力，每隔 7～10 天喷洒 1 次，连喷 2～3 次。

②大棚选择无滴塑料膜覆盖，冬季可减少雾滴落到幼苗和较大的铁皮石斛上，避免冻害发生。

3. 水分过少

干燥的栽培基质会使铁皮石斛发生萎蔫现象，生长发育受到抑制，严重缺水会造成植株死亡。虽然铁皮石斛耐干旱能力较强，但长期干旱缺水也会使叶尖及叶缘变褐色坏死。

4. 水分过多

基质水分过多，通气性差，常使根部窒息，引起根部腐烂。根系受到损害后，便引起地上部分叶片发黄，花色变浅、落叶、落花，茎干生长受阻。水分过多时，铁皮石斛根的生理机能减弱，根表面的细胞受伤，甚至死亡，一些根部病原菌就会趁机侵入根部，引起根腐病的大发生（图 2-11）；同时在叶片上也会产生一些病斑，应注意合理浇水。

5. 通风不良

无论是露地栽培，还是温室大棚栽培，铁皮石斛的栽植密度或花盆摆放密度都应合理，适宜的株行距有利于通风、透气、透光，改善环境条件，提高植物生长势，并造成不

图 2-11 水分过多引起的部分根腐烂
（箭头所指的根）

腐烂的根

利于病菌生长的条件，减少病害的发生。

若过密，不但温室通风不良，湿度较高，叶缘易形成水膜；气流过大时，植株相互摩擦产生的伤口，一些弱寄生菌趁机侵入引起病害。尤其在昼夜温差大时，易在花瓣上凝结露水，诱发灰霉病、炭疽病和细菌性病害的发生。

三、化学因素

1. 肥害

肥害是指由化肥和高浓度的有机肥、叶面肥造成的危害。在铁皮石斛栽培过程中，合理使用有机肥和叶面肥是保证铁皮石斛生长和提高产量的主要手段，但有一种现象需要注意，常有因为施用化肥过多而引起的植株黄叶死亡，小苗根部被烧死现象（图2-12）。铁皮石斛不耐高浓度的肥料，在施肥上要以薄肥勤施为原则。施肥过重、过浓，容易导致叶片枯黄症状。一旦出现肥害，要马上停止施肥，用大量水浇植株和基质。

图 2-12　铁皮石斛肥害

2. 药害

在进行铁皮石斛病虫害防治时，正确选用和使用农药是防治的关键技术。因喷施药物的浓度过高，而引起的叶片出现叶尖变为淡黄色枯死，嫩叶比老叶表现得更明显（图2-13），有时也会出现坏死的斑点，严重时整个植株死亡现象也是常见症状，有时难与侵染性病原引起的叶斑病区分开来。故在喷药时，一定要根据农药说明书使用的合适浓度，从而达到既能防治病虫害，又不至于伤害植株的目的。药害症状与叶面肥喷施不当造成的肥害症状类似。防治方法与肥害相同。

3. pH 值

铁皮石斛对基质酸碱度（pH）要求比较严格，若酸碱度不适宜，易导致植株不能正常吸收一些有用的元素，会表现出各种缺素症，并诱发一些侵染性病害的发生。因为微碱性环境有利于病原细菌的生长发育，而微酸性

图 2-13　铁皮石斛药害

有利于病原真菌的生长，基质的 pH 偏酸，有利于镰刀菌（*Fusarium* spp.）根腐病的发生，所以，在调节基质 pH 时，应以石斛生长的最适 pH 为主，一般 pH 值在 6.5～7.0 之间。如果用于铁皮石斛日常喷淋的水的 pH 值超过 7.5，植株高生长也会相应受到抑制。

四、环境污染因素

为了保证铁皮石斛的正常生长和产品质量，有机栽培地的选址是相对比较严格的，应该远离各种污染源，不论哪一种污染因素都会给铁皮石斛栽培区的选择带来一定影响。污染源种类包括下列几种：

1. 化学物质污染

包括农药和化肥的污染。中国是一个农业大国，每年农林作物病、虫、草害受害面积大约 2 亿 hm^2（次），每年需要生产和使用农药约 25 万吨（有效成分）的实物量，以人工和飞机喷洒农药的不同方式施用在我国的神州大地上，加之每年约 50 亿吨的表土流失，大量的农药、化肥的污水随表土四处横流，汪洋大海、江河湖泊也就成了一个天然的大污水池，各地之间出现了"污水资源共享"现象。就连珠穆朗玛峰上的积雪都已受到不同程度的污染；地上害虫变成立刻被杀死（被称为三步倒），地下害虫难以幸免农药毒害。我国单位面积平均化学农药用量比世界平均水平高 2.5～5.0 倍。每年仅因蔬菜农药残留超标导致的中毒事故就达 10 万人次。我国每年遭受农药残留污染的作物面积达 12 亿亩，其中污染严重的比率达 40%，破坏了生物多样性（邱德文，2014）。

在农药污水源中，一是有机质、植物营养物及病原微生物含量高；二是农药、化肥含量高。据有关资料显示，在 1 亿 hm^2 耕地和 220 万 hm^2 草原上，每年使用农药 110.49 万吨。使 2/3 水体出现了不同程度富营养化，造成藻类以及其它生物异常繁殖，引起水体透明度和溶解氧的变化，从而致使水质恶化，这种现象都给铁皮石斛栽培地的选择带来困难。

2. 生活污染源

主要是城市生活中使用的各种洗涤剂和生活污水、垃圾、粪便等，多为无机盐类，生活污水中含氮、磷、硫多，致病细菌多。据调查，1998 年中国生活污水排放量 184 亿吨。中国每年约有 1/3 的工业废水和相当一部分的生活污水未经处理就排入水域，全国有监测的 1200 多条河流中，有 850 多条受到污染，90% 以上的城市水域遭到不同程度的污染，致使许多河段鱼虾种类减少，符合国家一级和二级水质标准的河流逐渐减少。污染正由浅层表水向深层底下发展，地下水和近海域海水也正在受到不同程度的污染，人们能够饮用和使用的清洁水也正在不知不觉地减少。

3. 空气污染

空气污染（又被称为大气污染），是指空气中含有一种或多种污染物，它们的存在量、性质及时间会伤害到人类、植物及动物的生命，造成一定影响。

大气是由一定比例的氮气、氧气、二氧化碳、水蒸气和固体杂质微粒组成的混合物。就干燥空气而言，按体积计算，在标准状态下，氮气占 78.08%，氧气占 20.94%，稀有气体占 0.93%，二氧化碳占 0.03%，而其它气体及杂质体积均为 0.02%。各种自然变化（如雾霾）往往会引起大气成分的变化。随着现代工业和交通运输的发展，向大气中持续排放的物质数量越

来越多，种类越来越复杂；汽车尾气也是近些年来新增的大气污染源。

总之，所有的污染类型都会严重影响铁皮石斛栽培基地的选择和植株生长，常引起叶缘、叶尖枯死，叶脉间组织变褐，严重时叶片脱落，甚至使植物死亡。所以，在某些地区的非传染性病害比以往更为严重，应引起我们的注意。

五、非侵染性病害与侵染性病害识别技术

一般来说，在诊断铁皮石斛病害时，首先要排除昆虫危害、鼠害和机械损伤，再根据病害症状特点和发生环境确定是非侵染性病害，还是侵染性病害。由于在二者之间存在着互为因果的复杂关系，有时给病害诊断带来一定困难。多种病害涉及非侵染性和侵染性多种因素，确定其中主要致病因素需要做许多工作。

1. 非侵染性病害的特征

（1）非侵染性病害在田间具有一定的分布规律，往往是大面积的成片发生，如冻害、水灾、水污染等；没有先出现发病中心，也没有从点到面扩展的过程。

（2）植株间不互相传染。

（3）病株只表现病状，无病症；有些病株在死亡后也出现腐生真菌的繁殖器官。

2. 侵染性病害的特征

（1）侵染性病害的发病特点与非侵染性病害区别在于有一个发病中心，在病害发展期有一个从少到多的逐渐扩大的过程。

（2）病株之间会相互传染。

（3）后期在病斑上会产生病症，即病原菌的繁殖器官。确定一种侵染性病害需要进行采集标本、分离培养，接种试验，病原菌鉴定等步骤，比较复杂，只有专业技术人员才能进行病害的准确鉴定。

铁皮石斛生长不良是一些弱寄生菌的侵染对象。从表面上看，一些病害是侵染性病原引起的，但实际上却与一些环境因素有关，这就必须做深入细致的调查工作，甚至通过试验来证明。

不同病原真菌可引起相同的病害症状，有时同一种病原真菌在不同植物上引起的症状各异，这就给病害识别增加了困难。

第三章

病害专论

我国在石斛植物上记载的病原真菌有 24 种、细菌 5 种、病毒 3 种和根结线虫 1 种，有些种类是近几年作者发现的新病害和新病原菌；它们可引起叶斑病、白绢病、枯萎病、煤污病、黏菌病等。梁忠纪（2003）是我国最早报道铁皮石斛病害的研究者。

2007-2015 年，作者对分别对浙江、福建、云南和江苏不同地区的铁皮石斛病害进行了调查，并对根、茎和叶片上主要病害的病原菌进行了分离培养和形态鉴定，发现了一些在铁皮石斛上从未报道的病原菌，如黑线炭疽菌 [*Colletotrichum dematium* (Pers.) Grove]、枝状枝孢 [*Cladosporium cladosporioides* (Fresen.) G. A. de Vries]、花椒鞘锈菌（*Coleosporium zanthoxyli* Dietel & P. Syd.）、褐发网菌（*Stemonitis fusca* Roth）等，由它们引起的铁皮石斛病害是新病害，属于我国首次报道。

每一种铁皮石斛病害的发生都与环境条件和病原菌致病性的强弱有密切关系。不但在根部、茎秆和叶片上的症状类型各有特点，而且病原菌种类上也有很大差异。一种病原菌的危害时间的先后却表现出不同的症状类型，如翠雀小核菌病害；根部病原菌种类复杂，诊断困难，有的病害由 1 种或 2 种及以上病原菌复合侵染引起，但只有一种病原菌是主要的，其它为次要病原菌；在各种类型的病害发生之间存在相互关系，如根部病害和茎基部病害的发生，首先表现出叶部症状，植株的生长势下降可导致一些弱寄生病原菌的侵染危害，这给病害的正确诊断和有效防控带来一定困难。

由于不同的病原菌对拮抗微生物的耐性和对化学药剂的敏感性有差异，故正确鉴定病原菌是病害有效控制的前提。充分利用有益微生物预防和控制病原菌的危害是今后发展的方向。

第一节　叶部病害

一、链格孢黑斑病（*Alternaria* black spot）

1. 分布与危害

（1）分布：链格孢属（*Alternaria* Nees 1816）的真菌是全球分布最广的半知菌类真菌之一，不受季节和地域的限制，遍布自然界的各种环境中，大多数种类是有机质和土壤中的腐生菌，少数是植物病原菌和内生菌。铁皮石斛黑斑病由细极链格孢菌 [*Alternaria tenuissima* (Kunze) Wiltshire] 引起，在我国各地的铁皮石斛栽培区均有分布，是铁皮石斛的新病害。

（2）危害：链格孢属的部分种类可以兼性腐生在植物上，引起铁皮石斛及多种经济植物病害。当植物生长衰弱时，一些链格孢菌可引起植物的叶斑病、枯萎病和腐烂病，造成不同程度的经济损失。

在铁皮石斛上，细极链格孢菌为害的叶片，造成提前落叶，影响有效成分的积累和产品质量。该病原菌可产生真菌毒素（ATC-toxin）（Nutsugah et al., 1994），某些动物癌症的发生与该毒素有关（Thomma, 2003），是人和动物的条件致病菌，这对石斛产品的安全性构成了潜在威胁。

2. 症状与诊断

（1）症状：在长江以南的亚热带地区，该病害发生于 4 月下旬或 5 月初（张敬泽和郑小军，2004），热带地区的病害发生时间会更早。仅为害叶片，未见为害嫩梢和茎秆。从当年栽培的小苗到多年生植株叶片均可被害，引起黑褐色病斑。当年长出的新叶比老叶更易被感染，说明该病原菌的寄生性相对较强。

病斑在叶片上零星分布，病斑初约为 1mm 大小的褪色病斑，后逐渐扩大，颜色变深，发生严重时，在病斑密集

图 3-1　铁皮石斛黑斑病症状

区，几个小病斑可以汇合成一个黑色、不规则形状的大病斑，可达 3～5cm（图 3-1），后期受害严重植株叶片全部脱落。张敬泽和郑小军（2004）观察发现，在移植 9 天的苗上就能见到针尖大小的病斑，15 天后病斑直径达 2.8±0.52mm，病株率 30%～50%。

（2）诊断技术：

①根据该病害仅为害叶片，不为害嫩梢和茎秆的特点，在日常管理过程中，只要看到叶片上出现褪色的斑点，并逐渐变黑，保湿培养后，在病斑上能形成黑色的霉层，可诊断为由细极链格孢引起黑斑病，并采取相应的防治措施。

②其它真菌和细菌也能引起黑斑病，主要区别还要通过光学显微镜检查，观察到病原菌的形态后，才能确认是否是细极链格孢引起的病害。

3. 病原

细极链格孢 *Alternaria tenuissima*（Kunze）Wiltshire, Trans. Br. Mycol. Soc. 18(2): 157（1933）

（1）异名（Synonymy）：

Alternaria godetiae（Neerg.）Neerg., Aarsberetn. J. E. Ohlens Enkes plantepatol. Lab. 1 April 1944-31 Juli 1945: 14（1945）

Alternaria tenuissima var. *alliicola* T.Y. Zhang, Mycotaxon 72: 450（1999）

Alternaria tenuissima var. *godetiae* Neerg., Trans. Br. mycol. Soc. 18（2）：157（1933）

Alternaria tenuissima（Kunze）Wiltshire, Trans. Br. mycol. Soc. 18（2）：157（1933）var. *tenuissima*

Alternaria tenuissima var. *verruculosa* S. Chowdhury, Proc. natn. Acad. Sci. India, Sect. B, Biol. Sci. 36（3）: 301（1966）

Clasterosporium tenuissimum（Kunze）Sacc., Syll. fung.（Abellini）4: 393（1886）

Helminthosporium tenuissimum Kunze, in Nees & Nees, Nova Acta Acad. Caes. Leop.-Carol. Nat. Cur. Dresden 9: 242（1818）

Macrosporium tenuissimum（Kunze）Fr., Syst. mycol.（Lundae）3（2）: 374（1832）

（2）分类地位：细极链格孢隶属于半知菌亚门（Denteromycotina）丝孢纲（Hyphomycetes）丝孢目（Hyphomycetales）暗孢科（Dematiaceae）交链孢属（*Alternaria* Nees 1816）。

目前，链格孢属共有 701 个种及其种以下的分类单位；我国记载了 128 个链格孢种和变种，2 个专化型，寄生在 57 科 44 属 228 种植物上（戴芳澜，1979；张天宇，2003；徐梅卿，2008），但未见在石斛属（*Dendrobium*）植物上记载的链格孢菌。细极链格孢的种以下分类单位包括 1 个亚种，40 个变种和 27 个专化型。

（3）形态描述：菌落初为白色，绒毛状，渐变为淡褐色，褐色至深褐色（图 3-2），有时具有轮纹，气生菌丝少，在灰黑色轮纹上产生大量的分生孢子。在 25±2℃的 PDA 培养基上，7 天菌落平均直径为 1.8cm。

分生孢子梗单生(图 3-3)或丛生(图 3-4)，分枝或不分枝，直或弯曲，或多或少圆柱形，有分隔，基部无色至淡褐色，上部褐色至深褐色，光滑，其上有 1 至多个分生孢子痕，大小为 41～84μm×3.8～6μm，少数可长达 115μm。

图 3-2　细极链格孢菌落形态

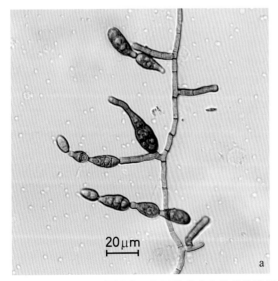

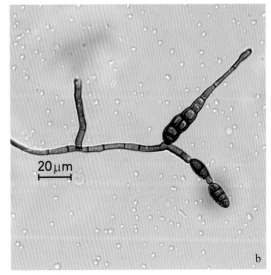

图 3-3　人工培养产生的分生孢子梗和单生、串生的分生孢子（a、b）

分生孢子呈链状生长；从菌落边缘向内，分生孢子链分枝增多，一般的分生孢子链长为5～13个分生孢子，大多数链长为2～5个孢子，偶尔也产生1～2个分生孢子。链与链之间相互交叉重叠，纵横交错，3～4个串生的分生孢子链长61.4～116μm，5～7个串生的链长128.5～195μm。

分生孢子直或弯曲，倒棍棒形至长卵圆形，黑褐色，通常光滑，有时有小瘤，大小为21.6～78.2μm×7.2～17.6μm，平均49.1μm×14.8μm；孢身大小为23.0～41.5μm×8.5～12.0μm，平均33.0μm×10.4μm（张天宇，2003）；极少数的分生孢子可长达95μm（Ellis，1971）；横隔3～9个，纵隔1～7个，多为1～4个纵或斜隔膜；喙无色透明，柱形，顶端钝圆，通常较短，有的喙长可达分生孢子的一半，大小为2.9～42.7μm × 2.5～5.3μm。典型的分生孢子中部有1～2个较宽的、颜色较深的隔膜，隔膜处缢缩。自然界产生的分生孢子要比人工培养的分生孢子更大（图3-5）。分生孢子可从任何一个细胞萌发芽管（图3-6），后渐变成分生孢子梗，继续产生分生孢子进行传播危害。

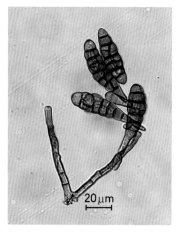

图3-4 自然条件下产生的分生孢子梗和分生孢子

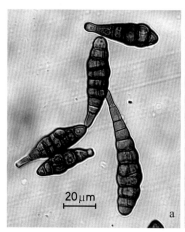

图3-5 分生孢子形态
a. 自然条件下产生的分生孢子；b. 人工培养产生的分生孢子

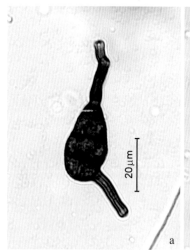

图3-6 分生孢子萌发
a、b. 单芽管；c. 2个芽管

由于链格孢属真菌的绝大多数种类有性世代不明或缺失，造成鉴定和分类的困难。传统的分类主要是以分生孢子和产孢结构形态为根据的，而形态特征受营养基质和温、湿、光、pH等条件的影响，变异幅度大，难以准确鉴定到种，因而导致了大量的模糊种名和该属真菌分类的混乱状况。由于分子生物技术的应用，一些分类地位模糊的种类，现已属于某个种的异名。

4. 发病规律

（1）传播：该病原菌隶属于半知菌亚门丝孢纲，能在病斑表面产生大量黑色的分生孢子，可随气流进行传播。可以通过病株、种苗调运及人类活动进行远距离的传播。

（2）越冬：病原菌以菌丝在病株残体上越冬，是翌年的初次侵染来源。

（3）侵染：该病原菌是兼性腐生菌，寄生性相对较强，在绝大多数情况下，菌株通过管理期间造成的伤口，以及昆虫或其它动物咬伤造成的伤口进行侵染，极少数的菌株也能进行直接侵染。

（4）温湿度：根据病原菌生长的生物学特性，在4～5月份，当温度达到25±2℃，相对湿度（RH）达到75%以上，病害发展较快；当温度低于15℃或高于35℃时，病害停止发展。病害一年有2个高峰期，分别在4～6月和9～10月。

5. 防治措施

（1）农业技术防治：清除越冬病株、病叶，带出棚内进行处理，防止进一步传播侵染周围健康植株；任何病害的发生都与自然界的湿度有关，因此，冬季注意大棚的通风，降低空气相对湿度，是减轻病害发生的有效措施。

（2）生物防治：有真菌、细菌、病毒和抗生素类实验报道（高芬和吴元华，2008），也取得一定效果，但应用的甚少，不作介绍。

（3）化学防治：

①预防：可选用代森锰锌800倍液进行喷雾，每隔7～10天喷1次，连续3次。

②治疗：发病初期用可杀得（美国产）6000倍液或80%万佳生800倍液，世高（瑞士产）6000倍液（张敬泽等，2005），25%咪鲜胺乳油，10%苯醚甲环唑水分散粒剂800～1000倍，50%多菌灵1000倍液喷雾（萧凤回等，2008），64%恶霜灵1000倍液（桑维钧等，2007），每周1次，连续3次。

二、黑线炭疽病（*Dendrobium* anthracnose）

1. 分布与危害

（1）分布：由炭疽菌属（*Colletotrichum* Corda 1831）真菌引起的病害统称为炭疽病，又称黑斑病、褐腐病、斑点病等，是一类普遍发生的植物病害；通常出现在春季和夏季，也是铁皮石斛（*Dendrobium officinale* Kimura et Migo）常见真菌病害之一。铁皮石斛炭疽病由黑线炭疽菌 [*Colletotrichum dematium* (Pers.) Grove] 引起，分布于整个铁皮石斛栽培区，是一种热带和亚热带地区的植物致病菌，但在铁皮石斛上属于首次报道。

（2）危害：黑线炭疽菌寄主范围广泛，可为害118个属植物（Sutton，1980）。在我国，除了为害铁皮石斛以外，还为害当归 [*Angelica sinensis* (Oliv.) Diels]（卞静，2014）、鸢尾（*Iris tectorum* Maim.）（张中义等，2004）、八角金盘 [*Fatsia japonica* (Thunb.) Decne. et Planch.]、

大豆（*Glycine max* Merr.）、棉（*Gossypium* L.）、洋麻（*Hibiscus cannabinus* L.）、德国鸢尾（*Iris germanica* L.）、番茄（*Lycopersicum esculentum* Mill.）、草木犀 [*Melilotus officinalis* (L.) Dest.]、缅桂（白兰）（*Michelia alba* DC.）、乐昌含笑（*Micxhelia chapensis* Danchy）、鹤顶兰 [*Phaius tankervilliae* (Aiton) BL.]、梨（*Pyrus* sp.）、蓖麻（*Ricinus communis* L.）、茄（*Solanum melogena* L.）（兰建强，2012）。

2. 症状与诊断

（1）症状：该病在叶上出现淡黄色、黑褐色的斑点（图 3-7），呈圆形、近圆形，长 2.0～3.5mm。先从下面老叶开始，逐渐向上部蔓延为害，这是因为新叶的生理活性强，故较老叶抗病；在叶片上，虽然能产生分生孢子盘和分生孢子堆，但不常见。

（2）诊断技术：

①该铁皮石斛炭疽病仅为害叶片，病斑呈深褐色至黑色，病斑较小，圆形、近圆形。由于在后期的病斑上罕见同心轮纹，故与其它病原菌引起的叶斑病易混淆。判断是否是炭疽病，一定要进行病原菌的鉴定。因为不同病原菌可引起相同的症状，甚至同一种病原菌在不同的寄主上或在相同寄主的不同器官上引起的病斑形状、颜色和大小均有差异。

②由黑线炭疽菌（*C. dematium*）引起的铁皮石斛炭疽病，与胶孢炭疽菌（*C. gloeosporioides* Penz.）引起的炭疽病症状相似（董诗韬，2005；曾宋君和刘东明，2003；宁沛恩，2012），难以区分，需要认真鉴定病原菌。

图 3-7　铁皮石斛的黑线炭疽病症状

3. 病原

黑线炭疽菌 *Colletotrichum dematium* (Pers.) Grove, J. Bot., Lond. 56: 341 (1918)（吴文平，1995；Sutton,1980）

有性世代：*Glomerella cingulata* (Stoneman) Spauld. & H. Schrenk，in Schrenk & Spaulding, Science, N.Y. 17: 751 (1903)

（1）异名（Synonymy）：

Sphaeria dematium Pers., Syn. meth. fung. (Göttingen) 1: 88 (1801)

Exosporium dematium (Pers.) Link, in Willdenow, Sp. pl., Edn 4 6 (2) : 122 (1825)

Vermicularia dematium (Pers.) Fr., Syst. mycol. (Lundae) 3 (1) : 255 (1829)

Vermicularia dematium (Pers.) Fr., Syst. mycol. (Lundae) 3 (1) : 255 (1829) var. *dematium*

Vermicularia dematium (Pers.) Fr., Syst. mycol. (Lundae) 3 (1) : 255 (1829) f. *dematium*

Lasiella dematium (Pers.) Quél., Mém. Soc. Émul. Montbéliard, Sér. 2 5: 518 (1875)

Colletotrichum dematium (Pers.) Grove, J. Bot., Lond. 56: 341 (1918) f. *dematium*

Colletotrichum dematium (Pers.) Grove, J. Bot., Lond. 56: 341 (1918) var. *dematium*

炭疽菌属（*Colletotrichum* Corda）记录了 808 个种、变种和专化型。其中，黑线炭疽菌

（*Colletotrichum dematium*）的异名有 7 属 26 种 12 变种 3 专化型（含上面的异名），其中包括：炭疽孢属（*Colletotrichum*）10 种、1 变种和 2 专化型，丛刺盘孢属（*Vermicularia*）11 种、5 变种和 4 个专化型，球果菌属（*Sphaeria*）2 种，刺杯毛孢属（*Dinemasporium*）、外生孢属（*Exosporium*）、*Lasiella* 属、*Ellisiellina* 属各 1 种。

（2）分类地位：束状炭疽菌（*Colletotrichum dematium*）隶属于半知菌亚门腔孢纲（Coelomycetes）黑盘孢目（Melanconiales）炭疽菌属（*Colletotrichum* Corda 1831）。

J. A. von Arx（1957，1970）对炭疽菌种进行了校正，他按照传统的形态分类原则，孢子萌发后产生的附着胞是炭疽菌的鉴别特征之一，并指出炭疽菌属（*Colletotrichum*）是炭疽菌唯一合法的属名，而 *Colletotrichum* 又是子囊菌亚门小丛壳属（*Glomerella*）的唯一分生孢子阶段。把原来的近千种炭疽菌，简化为 20 个形态种、9 个专化型和 3 个型（邵力平等，1984）。

（3）形态描述：在 PDA 培养基上，菌落初为白色，后变灰褐色至黑褐色，具绒毛状气生菌丝，分生孢子堆白色；日平均生长量为 1.2cm；分生孢子梗具分枝，浅褐色；产孢细胞近瓶梗状，无色，顶端产生分生孢子；分生孢子镰刀形，单胞，无色，顶端尖，内有多个小脂肪球（图 3-8），大小为 22.7～27.5μm×3.6～4.8μm，平均 25μm×3.9μm。

分生孢子萌发后会产生不同形状的附着胞。

① 在一根菌丝顶端单生，近椭圆形，基部平齐、壁厚，顶端钝圆，壁稍薄（图 3-9）；

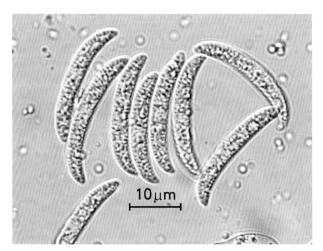

图 3-8　黑线炭疽菌的分生孢子形态

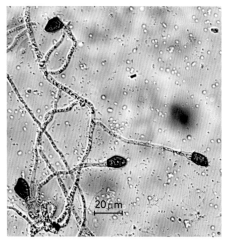

图 3-9　单生的附着胞

② 在一根菌丝上可产生 2～3 个椭圆形和棍棒状的附着胞（图 3-10）；

③ 在椭圆形附着胞下面有 4 个大小不等细胞（图 3-11）；

④ 附着胞为双细胞，基部有 1 个厚壁无色细胞（图 3-12a）；

⑤ 附着胞有发芽缝（图 3-12b）；

⑥ 附着胞萌发后再产生附着胞，基部有 1 个深褐色细胞，菌丝无色（图 3-12c）；

⑦ 附着胞萌发再产生褐色至深褐色的附着胞（图 3-12d）；大小为（7.8～）10.6～18.5（～20.5）μm×6.0～14.1μm，平均 13.8μm×9.2μm。

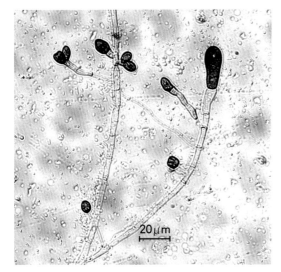

图 3-10　大小不等的附着胞

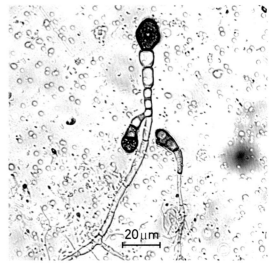

图 3-11　附着胞下面有多个大小不等的无色细胞

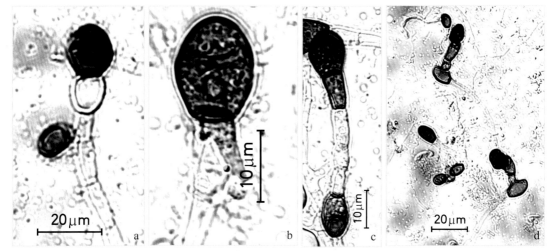

图 3-12　不同形态的附着胞

a. 附着胞有分隔，下面有无色厚壁细胞；b. 附着胞有发芽缝；c. 菌丝两端产生附着胞，上面附着胞为 2 个大小不等细胞，大细胞具发芽缝，小细胞是一个深褐色圆柱形细胞，下面的附着胞内有 1 个褐色球形体；d. 附着胞萌发后产生分隔，上面再产生附着胞

黑线炭疽菌的近似种是产弯孢的辣椒炭疽菌（*C. capsici* Butl. & Bisby）、葱炭疽菌 [*C. circinans* (Berk.) Vogl] 和豆类炭疽菌 [*C. truncatum* (Sehw.) Andrus & Moore]（吴文平和张志铭，1994）。分子测序结果与辣椒炭疽菌极其相似。

在铁皮石斛上，我国学者报道了炭疽病病原菌有 3 个种，即胶孢炭疽菌 [*Colletotrichum gloeosporioides* (Penz.) Penz. & Sacc.]、蝴蝶兰炭疽菌（*Colletotrichum phalaenopsidis* Sawada）（邱道寿等，2011；宁玲，宋国敏，2008；张继鹏，邢梦玉，2007）和辣椒炭疽病 [*Colletotrichum capsici* (Syd. & P. Syd.) E.J. Butler & Bisby]（宁沛恩，2012）；但是，作者没有分离到这 3 种炭疽菌，也就说明，在我国的兰科植物上有 4 种炭疽菌属的真菌都可以引起炭疽病。

4. 发病规律

（1）传播：

①主要通过病株的调运；以及在病斑表面有分生孢子堆时，昆虫和动物在病斑上爬行，分生孢子会黏在它们的身体上进行传播。

②棚内浇水时，靠水滴的溅散进行近距离传播。盆栽铁皮石斛放置过密，叶子相互摩擦会交叉传染。

（2）越冬：病原菌以菌丝体在病株残体和病叶片上越冬，是翌年的初次侵染来源。

（3）侵染：该病原菌是兼性腐生菌，对铁皮石斛具有较强的侵染能力，可直接穿透表皮侵入组织，也可从植株伤口、气孔、皮孔进行侵染。日常管理时把植株碰伤或昆虫为害造成的伤口也为病原菌的侵入提供了机会。在生长季节，病菌有再次侵染现象，以5~6月份发生较重，夏季高温超过35℃病害发生有所减轻。种植过密也有利于病害的发生。

黑线炭疽菌具有潜伏侵染特点，当植株生长衰弱时发病重，运输期间或刚移栽的幼苗易发病。当铁皮石斛生长旺盛时，菌丝侵染健康的叶片，但不发病，而是潜伏在叶片组织内，以内生菌的形式存在，当铁皮石斛遇到寒流冻害、药害、日灼、肥力不足等情况时，抵抗力减弱，潜伏菌丝开始活动而引起病害。

（4）温湿度：病菌生长最适温度为26±2℃，低于5℃或最高35℃则停止生长；分生孢子产生最适温度为28~30℃，适宜pH值为5~6。发病较适温为22~28℃，相对湿度85%~95%（席刚俊等，2010），湿度大，病部湿润，叶片上的有水滴或水膜是病原菌产生大量分生孢子的重要条件，因此连续阴雨或浇水过多发病重。

发病期在热带地区，老叶在1~5月开始发病期，新叶则从8月份开始发病。在温带地区，4月开始发病，6~10月为发病高峰期，梅雨季节发病较重。栽植过密、通风不良和环境闷热时植株易发此病。

5. 防治措施

铁皮石斛炭疽病的防治并不难，主要是了解发病原因，才能确定最有效的防治措施。

（1）农业技术防治

①清除病株：清除栽培畦内的病株、病叶，保持环境清洁，初发病时剪去受感染的铁皮石斛叶片或茎秆，及时带出栽培地烧毁，消除翌年病害的初次侵染。

②喷水降温：夏季温度过高会影响铁皮石斛生长发育，生长衰弱的植株易发病，因此，夏季超过35℃时，应及时喷水降温，同时进行大棚通风，以保证铁皮石斛的正常生长。

③选用生长健壮、无病的种苗，可减少病害的发生。组培苗的培养时间过长，叶片会枯黄，栽培后容易发生病害。

（2）生物防治：在发病前或初期可喷洒：

① 1g含10^{11}活芽孢枯草芽孢杆菌（*Bacillus subtilis*）可湿性粉剂喷洒，用量为750~850g/hm²（吉沐祥等，2012）。

②地衣芽孢杆菌（*Bacillus licheniformis*）80亿个/mL水剂，1500倍喷雾。

（3）化学防治：

①在发病前用65%代森锌600~800倍液，75%白菌清800倍液加0.2%浓度的洗衣粉，喷雾2~3次，每周喷1次，可有效预防多种病害发生。

②发病初期喷 50% 多菌灵和 70% 甲基托布津 600 ～ 800 倍液，喷雾 2 ～ 3 次，效果很好。

③发病后，喷洒咪鲜胺 1000 倍液，65% 代森锰锌 500 ～ 600 倍液，每周 1 次，连喷 2 ～ 3 次。

④新芽、新叶萌发后，可用 75% 百菌清 +70% 托布津（1:1）800 倍液，80% 炭疽福美 600 倍液、50% 苯来特可湿性粉剂 800 倍、20% 三环唑 800 倍，隔 7 ～ 10 天喷 1 次，连喷 3 ～ 4 次。

三、枝孢菌叶斑病（*Cladosporium* leaf spot）

1. 分布与危害

（1）分布：铁皮石斛的枝孢菌叶斑病由枝状枝孢 [*Cladosporium cladosporioides* (Fresen.) G. A. de Vries] 引起，该菌分布于世界五大洲的 72 个国家（张忠义，2003），是一个常见的世界性种（Ellis，1971）；我国各地皆有分布，是长江以南的铁皮石斛栽培区的常见病原菌。

（2）危害：枝孢属（*Cladosporium* Link 1815）真菌可为害 250 属的植物（李天飞和张中义，1992），而枝状枝孢可寄生或腐生在 90 种植物 / 基物上（张中义，2003），常以次生病原菌的形式侵染不同的植物，引起植物的坏死性斑点病，属于局部侵染性病害，而非系统性侵染；一般不侵染根部，病害发展缓慢，病株死亡率低，较易防治；在某些特殊年份，可造成严重病害流行和损失。

枝状枝孢仅为害铁皮石斛的叶片，未见茎秆受害现象。此外，牡丹枝孢（*C. paeoniae* Passerini）引起牡丹（*Paeonia suffruticosa* Andr.）和芍药（*Paeonia lactiflora* Pall.）的红斑病，严重发生时可导致叶片枯死（蓝莹等，1984；Meuli，1937；Freeman，1940）；多主枝孢菌 [*C. herbarum* (Pers.) Link ex Fries] 除了为害多种植物外，还能寄生人畜引起疾病（张中义，2003）。

2. 症状与诊断

（1）症状：该病害在春季发生严重，病害发生初期在叶片上形成约为 1mm 大小的褪色斑（图 3-13），后逐渐扩大，颜色变深，边缘明显，有的病斑边缘带有红褐色；圆形至近圆形，中间稍凹陷，黑色（图 3-14），在病害发生的后期，天气潮湿的时候，枝孢菌的菌丝穿

图 3-13 初期症状（箭头）

图 3-14 后期症状

透铁皮石斛叶表皮，在病部形成橄榄色的霉层，又称叶霉病，在实验室保湿也会产生同样的病症。

（2）诊断技术：

①病害发生的初期不易被发现，只有在病斑表现明显，并产生橄榄色的霉层时，才能确定是枝状枝孢引起的。

②在铁皮石斛上多种病原菌都能引起叶斑病，病害发生初期和中期，仅凭肉眼看到的症状难以区分枝状枝孢与其它真菌引起的叶斑病，识别的主要方法一是观察后期在病斑上产生的霉状物，二是需要借助于光学显微镜观察病原菌的形态特征。

3. 病原

枝状枝孢 *Cladosporium cladosporioides* (Fresen.) G. A. de Vries, Contrib. Knowledge of the Genus *Cladosporium* Link ex Fries: 57 (1952)

（1）异名（Synonymy）：

异名包括4属9种及以下分类单位。

Penicillium cladosporioides Fresen., Beitr. Mykol. 1: 22 (1850)

Hormodendrum cladosporioides (Fresen.) Sacc., Michelia 2 (no. 6): 148 (1880)

Cladosporium cladosporioides (Fresen.) G.A. de Vries, Contrib. Knowledge of the Genus

Cladosporium Link ex Fries: 57 (1952) f. *cladosporioides*

Monilia humicola Oudem., Arch. néerl. Sci., Sér. 2 7: 286 (1902)

Monilia humicola Oudem., Arch. néerl. Sci., Sér. 2 7: 286 (1902) var. *humicola*

Monilia humicola var. *brunnea* A.L. Sm., Trans. Br. mycol. Soc. 3 (2): 120 (1909)

Cladosporium pisicola W.C. Snyder [as 'pisicolum'], Phytopathology 24: 899 (1934)

Cladosporium cladosporioides f. *pisicola* (W.C. Snyder) G.A. de Vries, Contrib. Knowledge of the Genus *Cladosporium* Link ex Fries: 61 (1953)

（2）分类地位：枝状枝孢隶属于半知菌亚门（Deuteromycotina）丝孢纲（Hyphomycetes）丛梗孢目暗色孢科（Dematiaceae）枝孢霉属（*Cladosporium* Link 1815）。

本属共记载779个种及以下分类单位；我国共记载116种和变种（张中义，2003），寄生、弱寄生或腐生在各种基质上。

（3）形态描述：在25±2℃的PDA上培养10天，菌落粉状，橄榄绿色，反面黑绿色，平铺，平均日生长量2mm。菌丝褐色，有分隔，直径4.8～13.3μm。分生孢子梗多侧生在菌丝上（图3-15a），不分枝，分隔处不缢缩，直立，淡褐色，具孢痕，

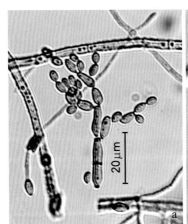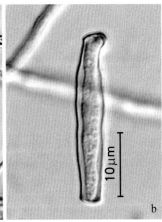

图3-15 枝状枝孢分生孢子梗和产孢细胞的形态
a. 分生孢子梗和分生孢子；b. 枝孢（产孢细胞）

80.2 ~ 340.8μm × 2.6 ~ 5.5μm。枝孢 0 ~ 1 个隔膜（图 3-15 a，b），15.2 ~ 26.1μm × 2.9 ~ 5.8μm。分生孢子顶生或侧生，形成分枝的孢子链、椭圆形、圆柱形或近球形，淡褐色，大多数为单细胞（图 3-16），极少数为双细胞 3.5 ~ 15.5μm × 2.7 ~ 5.6μm。

枝状枝孢与瓜枝孢（*Cladosporium cucumerinum* Ell. et Arth.）和球状枝孢（*C. sphaerospermum*）相似，但瓜枝孢的孢子较长，5.4 ~ 22μm，寄生于葫芦科（Cucurbitaceae）植物上，球枝孢的分生孢子球状，3 ~ 4.5μm，均与本种易于区别（张中义，2003）。

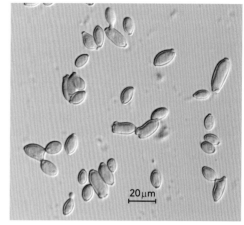

图 3-16　分生孢子

4. 发病规律

（1）传播：主要通过种苗调运，带病植株，以及日常管理和小型有害生物携带，以及气流进行近距离和远距离传播。

（2）越冬：病原菌在病株及落叶上以菌丝越冬，少数情况下可以分生孢子越冬，是翌年的初次侵染来源。

（3）侵入：该病原菌属于兼性寄生菌，寄生性相对较弱，在大多数的情况下，通过人工管理和昆虫、小型动物咬伤造成的伤口和自然孔口侵入，罕见直接侵入。

（4）温湿度：病害在春季温度达到 20℃左右，相对湿度（RH）在 80% 以上时，病斑开始扩展，一直持续至 6 月初，温度超过 35℃以上病斑扩张较慢，甚至停止。所以，病害防治重点是在春天。

5. 防治措施

（1）农业技术防治：

①在日常管理中，一旦发现病株要及时剪除病叶片，在病斑上出现橄榄绿色（霉状）分生孢子粉时，小心把病叶片摘除，放在塑料袋中带出栽培地进行处理。

②病害的发生都与温湿度有关，春季管理要注意棚内空气流通，可减轻病害发生。

（2）生物防治：哈茨木霉（*Trichoderma harzianum*）菌株 T-2 和枯草芽孢杆菌（*Bacillus subtilis*）菌剂进行喷洒预防，使用浓度参见产品说明书。

（3）化学防治：在发病初期，喷 80% 多菌灵可湿性粉剂（WP）1000 倍，连续 3 次，能有效地防治此病的发生。

四、铁皮石斛锈病（*Dendrobium officinale* Rust）

1. 分布与危害

（1）分布：铁皮石斛锈病由花椒鞘锈菌（*Coleosporium zanthoxyli* Dietel & P. Syd.）引起，在我国属于首次发现，该锈菌为铁皮石斛上的新病原菌。到目前为止，国内仅在云南西部、西南部及龙陵地区发现，其它地区未见报道。

（2）危害：该病原菌除了为害铁皮石斛外，还为害球花石斛（*Dendronium thyrsiflorum* Rchb. f.）、大苞鞘石斛（*Dendronium wardianum* Warner.）和花椒（*Zanthoxylum bungeanum* Maxim）。

2. 症状与诊断

（1）症状：铁皮石斛锈病仅为害叶片。锈病发生初期是在叶片正面出现褪色、圆形的黄斑，后逐渐扩大，7天左右在叶片背面出现黄色或橘黄色的夏孢子堆，散生，大的夏孢子堆常常形成同心环状，圆形，破皮外露，黄色或淡黄色，粉状（游崇娟，2012），直径2.4～5.2mm（图3-17至图3-20）；有些昆虫喜食夏孢子堆（图3-17）。每年9月下旬开始形成冬孢子，此时，在一株铁皮石斛叶片上，可同时看到夏孢子阶段和冬孢子阶段。冬孢子堆生于夏孢子堆的位置，通常呈圆环状，表皮下生，突起，垫状，红褐色；后期出现橙红色、蜡质状、散生或排成环状冬孢子堆（图3-18）。

图3-17 铁皮石斛锈病夏孢子阶段

图3-18 铁皮石斛锈病冬孢子的初期阶段

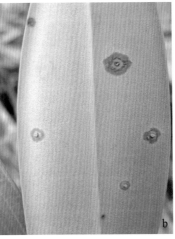

图3-19 球花石斛（*Dendronium thyrsiflorum* Rchb. f.）夏孢子阶段
a. 叶片正面的黄色斑点；b. 叶片背面的夏孢子堆形状

图3-20 大苞鞘石斛（*Dendronium wardianum* Warner.）夏孢子阶段

（2）诊断技术：

①夏孢子阶段的识别：在铁皮石斛管理过程中，如果在每年的初夏，发现叶片正面出现黄色病斑，应检查一下叶片背面是否有黄色或橘黄色的粉状物，即夏孢子阶段。

②冬孢子阶段的识别：在晚秋至初冬季节，叶片背面出现橘红色、表面光滑和环状排列的

冬孢子堆。

如出现上述两种情况，说明铁皮石斛发生了锈病，应采取相应的方法进行防治。

3. 病原

花椒鞘锈菌 *Coleosporium zanthoxyli* Dietel & P. Syd. [as 'xanthoxyli'], in Dietel, *Hedwigia* 37: 217 (1898)

（1）分类地位：隶属于担子菌亚门（Basidiomycotina）冬孢菌纲（Teliomycetes）锈菌目（Uredinales）鞘锈菌科（Coleosporaceae）鞘锈菌属（*Coleosporium* Lév. 1847）。

（2）形态特征：性孢子和锈孢子阶段未知。

夏孢子堆无包被，生在寄主组织中，成熟时突破表皮外漏，粉末状；夏孢子串生，多为宽椭圆或近圆形（图3-12），黄褐色；未成熟的夏孢子无色（图3-21b）；表面有粗瘤或环纹，在赤道线上有2~4个发芽孔，大小为23.4~35μm×19.4~24.2μm，平均29.9μm×22.2μm。冬孢子堆蜡质状，红褐色；冬孢子无柄，单细胞，壁无色，倒棍棒形、棒状或柱状，红褐色（图3-22），顶部

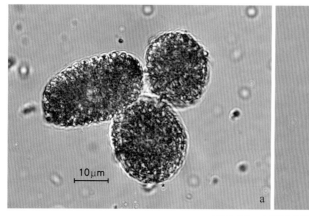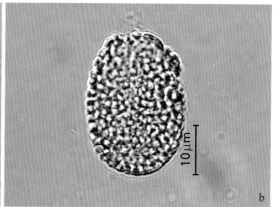

图3-21　夏孢子形态学
a. 成熟的夏孢子；b. 未成熟的夏孢子

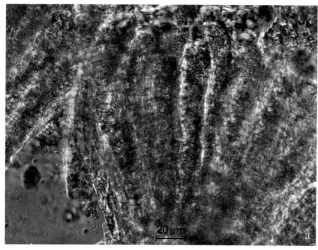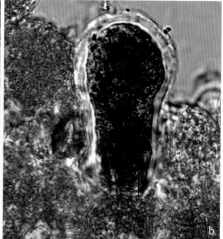

图3-22　棍棒状冬孢子形态
a. 冬孢子排列；b. 冬孢子及胶质鞘

具有无色透明胶质鞘，厚度为 15.4μm，底部有足细胞，大小为 129.9～169.9μm×15～24.3μm，平均 146.4μm×18.3μm，壁厚 18～22μm。冬孢子不经休眠会直接萌发成内生担子，内担子常具 2～3 横隔或具一斜隔，自担子上会生出小梗，顶部着生黄褐色、圆形至长椭圆形的担孢子。

4. 发病规律

（1）传播途径：目前还未知该锈菌的转主寄主，故无法从源头上控制传播来源；防止有病种苗的调运是控制病害的有效方法。

（2）越冬：从目前观察看，病原菌主要在病叶上以冬孢子阶段越冬，也可以菌丝在铁皮石斛叶鞘和茎秆内越冬。

（3）侵入：在温暖地区，冬孢子形成后可以不经过休眠期，直接产生担子和担孢子，侵染周围健康的铁皮石斛，有再次侵染。担孢子可从叶背气孔侵入和直接侵入，潜伏期 2～3 周，常在寒流袭来的春节前后看到当年发生的锈病。冬孢子形成后可以不经过休眠期，直接产生担子和担孢子，进一步侵染健康植株。

（4）温湿度：温湿度是影响锈病发生的重要因素，当温度在 25～30℃，相对湿度在 80% 以上时是锈病发生较快的时期。此时，对健康的铁皮石斛应加强预防工作。

5. 防治措施

（1）农业技术防治：

①在秋季和冬季清除病叶，带出栽培基地烧毁或深埋。

②加强种苗期间的病害预防，使种苗生长健康，如发现病苗，及时拔出销毁。

（2）生物防治：在夏孢子阶段，有两种情况具备成为生物防治的可能性。一是有些昆虫喜食夏孢子堆，可利用某些益虫；二是在叶锈病夏孢子堆中出现最多的是镰刀菌（*Fusarium* sp.）和芽枝状枝孢（*Cladosporium* sp.），它们是该锈菌的重寄生菌，值得关注和研究利用。

（3）化学防治：在叶片上发现病斑时，及时用 10% 丙硫唑悬浮剂 600 倍液、50% 粉锈宁可湿性粉剂 800 倍液喷洒叶片，5～7 天喷一次，连喷 3 次。

五、紫皮石斛锈病（*Dendrobium devonianum* rust）

1. 分布与危害

（1）分布：紫皮石斛（又称齿瓣石斛，*Dendrobium devonianum* Paxt.）锈病由鸡矢藤鞘锈菌（*Coleosporium paederiae* Dietel）引起，是近十多年来，在云南地区的紫皮石斛上发生较重的一种病害。2005 年报道了在德宏州陇川县石斛基地发现了由柄锈菌（*Puccinia* sp.）引起的锈病（胡永亮等，2013）；2012 年至今，该病害分别在我国云南（陇川、瑞丽、芒市、龙陵县等）、广西、贵州、西藏东南部发现；在缅甸、越南、老挝、泰国等东南亚国家均有分布（马国祥等，1996；李满飞等，1991；胡永亮等，2013）。鸡矢藤鞘锈菌引起的紫皮石斛锈病属于首次报道，该锈菌是紫皮石斛上新发现的锈菌。

（2）危害：紫皮石斛锈病仅为害叶片，嫩叶更易受害，从顶梢向下的第二片嫩叶上都有夏孢子堆产生；随着时间的延长，危害逐渐加重，最终造成提前落叶，影响有效成分的积累，给生产造成较大的经济损失。此外，还能为害鸡矢藤 [*Paederia scandens* (Lour.) Merr.]。

2. 症状与诊断

（1）症状：该病原菌属于专性寄生菌。在云南地区，几乎全年都能看到夏孢子阶段仅为害叶片。夏孢子堆从每年3月份开始大量出现，为害当年新叶，再次侵染现象明显。由于该锈菌专性寄生菌不会立刻引起叶片死亡。

病害开始发生的时候，叶片正面病斑初为淡黄色，随着时间的延长，在叶背面出现散生、圆形、粉状、橘黄色夏孢子堆（图3-23和图3-24），大小为1～6mm；发生严重时，几个小夏孢子堆可汇合成大的夏孢子堆，隆起夏孢子堆周围有淡黄色晕圈。10月以后，在夏孢子堆的周围出现一圈红色的冬孢子堆，冬孢子堆与中间夏孢子堆的距离为2～3mm，冬孢子堆单生或几个汇合在一起成环状排列，表面光滑、蜡状、近圆形或不规则形（图3-24），单个冬孢子堆1～2mm。被害严重的植株形

图3-23　紫皮石斛锈病症状

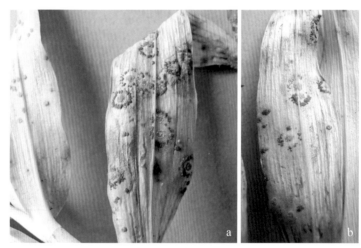

图3-24　紫皮石斛锈病夏孢子堆和冬孢子堆
a. 橘黄色夏孢子堆（左）和红色环形蜡状冬孢子堆（右）；b. 夏孢子堆向冬孢子堆转变，由橘黄色渐变为淡红色

成大型枯斑，提前落叶，叶片枯死脱落，影响石斛多糖和其它物质的积累，产品质量下降。

（2）诊断技术：

①夏孢子阶段的识别：在初夏期间的铁皮石斛管理过程中，如果叶片正面出现黄色病斑，应检查叶片背面是否有黄色或橘黄色的粉状物的夏孢子堆，如有，就是锈病，否则，就是其它的病害。

②冬孢子阶段的识别：到晚秋叶片背面出现橘红色、表面光滑、呈环状排列的冬孢子堆。如出现上述任何一种情况，都说明铁皮石斛发生了锈病，应采取相应的防治方法。

3. 病原

鸡矢藤鞘锈菌 *Coleosporium paederiae* Dietel, Annls mycol. 7（4）：355（1909）

（1）分类地位：隶属于担子菌亚门（Basidiomycotina）冬孢菌纲（Teliomycetes）锈菌目（Uredinales）鞘锈菌科（Coleosporaceae）鞘锈菌属（*Coleosporium* Lév. 1847）。

（2）形态特征：性孢子和锈孢子阶段未知（游崇娟，2012）。夏孢子堆叶背生，圆形或近圆形，粉状，黄色；夏孢子多为椭圆形或长椭圆形（图3-25），大小为20.1～34.5μm×13.5～28.7μm，平均26.7μm×18.8μm；表面具疣突，高0.5～0.8μm，宽0.3～0.5μm；夏孢子芽孔位于两端。冬孢子堆散生于叶背，表皮下生，表面蜡质状，光滑，垫状，红褐色（图3-26），表面蜡质状，大小为3～5mm。冬孢子倒棍棒形，未成熟的黄褐色，成熟的红褐色，单层排列（图3-27），大小为33.3～53.8μm×7.9～11.6μm，平均38.6μm×9.6μm；冬孢子外面的胶质鞘厚17～20μm。

关于紫皮石斛锈病的病原菌，胡永亮等（2013）报道为柄锈菌（*Puccinia* sp.），作者没有采到柄锈菌的标本。

4. 发病规律

病原菌在田间病株、落叶中的菌丝和冬孢子越冬，成为次年初次侵染的来源，直接侵染当年新嫩叶，有再次侵染。在云南，常年都能见到锈病的发生；在25℃以上，相对湿度超过80%，造成病害流行。其它流行条件参见铁皮石斛锈病。

5. 防治措施

（1）农业技术防治：

①冬季、春季清理紫皮石斛地里的病株和枯枝落叶，带出去烧掉或深埋。

②降低栽培密度，适当通风，会降低病害的发生。

③有条件的基层植保机构应加强该病害和其它病害的预测预报。

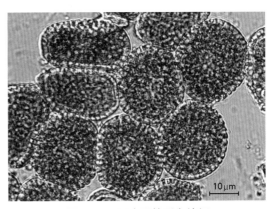

图3-25 夏孢子的形态特征

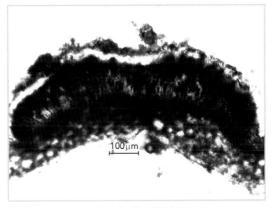

图3-26 冬孢子堆形态特征

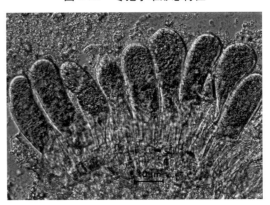

图3-27 未成熟的冬孢子形态特征

（2）化学防治：防治石斛锈病的最佳药剂为43%戊唑醇悬浮剂（SC），其次为10%苯醚甲环唑颗粒剂（WG）和15%三唑酮可湿性粉剂（WP）的800～1000倍液喷洒，防效可达70%以上（胡永亮等，2013）。为确保防治效果，宜在发病初期喷施药剂。

六、灰霉病（*Botrytis cinerea* disease）

1. 分布与危害

（1）分布：由灰葡萄孢（*Botrytis cinerea* Pers.）引起的植物病害，被称为灰霉病，是一种世界性病害。灰葡萄孢广泛分布于自然界的各种基物上，是温带和亚热带地区植物叶部和嫩梢病原真菌，为兼性寄生菌。我国各地均有分布。

（2）危害：灰葡萄孢能引起140余种草本和木本植物的灰霉病（邓叔群，1964；戴芳澜，1979；魏景超，1979；徐梅卿和何平勋，2008；Ellis，1971；Domsch *et al.*，2007；Serfert *et al.*，2011），该病菌的经济重要性表现在它能引起葡萄、草莓、甘蓝、温室蔬菜、瓜果、花卉等生产上的灰霉病和茎腐病，森林苗圃里的枯梢病和雪霉病，以及木本植物的溃疡病（陈其焕，1988），可给农业生产造成减产20%～25%，严重时可达40%以上（李战国，2007）。

在铁皮石斛及其它石斛上，虽然灰霉病发生普遍，但真正对病害症状特征、病原菌形态和生物学特性，以及发生规律与预防、防治的详细描述甚少。在正常情况下，有时也会引起轻微的叶片、花和果实腐烂，在腐烂的组织上产生分生孢子梗和分子孢子。灰葡萄孢是一种常见的弱寄生真菌，在铁皮石斛栽培管理不好或受到冻害时会造成较严重的危害。

2. 症状与诊断

（1）症状：灰葡萄孢菌能为害叶片和当年新嫩芽。

①在叶片上，初发病时，病斑小而色浅，在温湿度适合的情况下，病斑逐渐扩大，发展速度较快，水渍状，严重时会造成整个叶片死亡，2～3天后，在死亡病斑上产生灰色菌丝层，呈灰霉状，故被称为灰霉病（图3-28和图3-29），灰葡萄孢还会蔓延到栽培基质上（图3-28）。在一般情况下，下面老叶比嫩叶更易感染该病原菌。在铁皮石斛被冻伤后，灰霉病会大发生。

图3-28　铁皮石斛灰霉病菌已蔓延到基质上

图3-29　铁皮石斛叶片上长满了灰霉菌分生孢子梗和分生孢子

②为害嫩芽从基部开始。初期为水渍状的溃疡斑迅速扩展，环割嫩茎，致使整个新嫩芽死亡，呈现深褐色至黑色（图3-30）。

（2）诊断技术：

①灰霉病主要为害叶片、花和嫩梢，扩展速度较快，特别是在铁皮石斛冬季被冻伤后，灰霉病出现爆发性流行。

②在铁皮石斛坏死的叶片和嫩梢上，会形成一层灰色或灰褐色的绒毛状的菌丝层，这是灰霉菌的菌丝、分生孢子梗和分生孢子，在塑料大棚内常见到这种现象。

图3-30 引起嫩梢死亡症状

3. 病原

灰葡萄孢 *Botrytis cinerea* Pers., Ann. Bot. (Usteri)，1: 32（1794）（Ellis，1971；Domsch Klaus *et al.*，2007；徐梅卿和何平勋，2008）

有性世代：富克尔葡萄孢盘菌 *Botryotinia fuckeliana*（de Bary）Whetzel，Mycologia,37（6）：679（1945）

（1）异名（Synonymy）：

Botrytis cinerea var. *dianthi* Voglino

Botrytis cinerea f. *douglasii* Tubeuf

Botrytis cinerea Pers. Ann. Bot.（Usteri）1: 32（1794）var. *cinerea*

Botrytis cinerea Pers., var. *cinerea*

Botrytis cinerea Pers., Ann. Bot.（Usteri）1: 32（1794）f. *cinerea*

Botrytis cinerea Pers., Ann. Bot.（Usteri）1: 32（1794）subsp. *cinerea*

Polyactis schlerotiophila Klotzsch, Klotzschii Herb. Viv. Mycol.: no. 1668（1873）

Botrytis cinerea subsp. *sclerotiophila*（Klotzsch）Sacc., Michelia 2（no. 7）：358（1881）

Botrytis cinerea var. *sclerotiophila*（Klotzsch）Sacc., Syll. fung.（Abellini）4: 129（1886）

Botrytis cinerea f. *punicae* Voglino, Annals R. Accad. Agric. Torino 51: 251（1909）

Botrytis cinerea f. *ocymi* Voglino, Annals R. Accad. Agric. Torino 51: 250（1909）

Botrytis cinerea f. *lini* J. F. H. Beyma, Phytopath. Z. 1: 453（1929）

Botrytis cinerea f. *narcissicola* Kleb., Z. Bot. 23: 262（1930）

Botrytis cinerea f. *primulae-sinensis* Kleb., Z. Bot. 23: 262（1930）

Botrytis cinerea f. *pruni-trilobae* Kleb., Z. Bot. 23: 263（1930）

Botrytis cinerea f. *syringae* Kleb., Z. Bot. 23: 263（1930）

Botrytis cinerea f. *vitis* Kleb., Z. Bot. 23: 263（1930）

Botrytis cinerea f. *gentianae-asclepiadeae* Săvul & Sandu, Hedwigia 73: 108（1933）

Botrytis cinerea f. *theoblaldiae* Morquer, Bulletin Soc. Hist. nat. Toulouse 65(4): 603-617（1933）

Botrytis cinerea f. *veratri* Săvul & Sandu, Hedwigia 73: 108（1933）

Botrytis cinerea f. *erythronii* Săvul & Sandu, Hedwigia 75: 212（1935）

Botrytis cinerea f. *coffeae* Hendr., Publ. I.N.E.A.C., Scr. sci. 19: 10 (1939)

Botrytis cinerea 异名有 2 个属。在 *Botrytis* 属中，包括 1 个亚种，2 个变种，14 个专化型；以及 *Polyactis schlerotiophila*。

（2）分类地位：隶属于真菌界(Kingdom Fungi) 真菌门(Eumycota) 半知菌亚门(Deuteromycotina) 丝孢纲 (Hyphomycetes) 丝孢目 (Moniliales) 丝孢科 (Hyphomycetaceae) 葡萄孢属 (*Botrytis* P. Micheli 1729)。

（3）灰葡萄孢的由来：灰葡萄孢 (*Botrytis cinerea*) 中的 "botrytis" 来自古希腊字 botrys (βότρυζ)，意思是葡萄 + 新拉丁后缀 -*itis* 被称为疾病，它是一种腐生营养真菌，能引起许多植物病害，但是，葡萄灰霉病是最著名的病害。在葡萄栽培过程中引起葡萄枝条的腐烂，产生灰色霉层，被称为灰霉病 (grey mould)。

根据真菌索引记载，葡萄孢属 (*Botrytis* Pers. ex Fr.) 有 415 个种、亚种、变种和专化型，而灰葡萄孢 (*B. cinerea* Pers.) 是该属的一个种，有性世代为富克尔葡萄孢盘菌 [*Botryotinia fuckeliana* (de Bary) Whetzel]，罕见。

（4）形态鉴定：在自然界和 PDA 培养基上未见到灰葡萄孢的有性态。该菌在 PDA 培养基上（25℃ ± 1℃，RH 70%，黑暗）初为白色，渐变为淡黄色至灰褐色（图 3-31 a），日生长量为 2.1cm，能产生黑色小菌核（图 3-31 b），0.4 ～ 1.3mm。肉眼可见在菌落表面有许多小球状物，即分生孢子梗顶端的分生孢子团。

分生孢子梗生于菌丝上，在分生孢子梗基部与菌丝之间会产生横隔膜，群生或单生，(135 ～) 270 ～ 1500μm×12.5 ～ 22.5μm，不分枝或分枝，直立，有横隔，分枝处稍有缢缩现象，分生孢子梗顶端细胞膨大，其上着生小梗（图 3-32 a、b），无色或淡色；分生孢子着生于分生孢子梗分枝顶端膨大的小梗上，聚生呈葡萄状，单细胞，无色至淡褐色，成堆时淡黄色，圆形、椭圆形、卵圆形等多种形状（图 3-33 a ～ j）；有的基部宽，烧瓶状（图 3-33 a）；部分孢子常具有突起的脐（图 3-33 c），表面光滑，9.6 ～ 18.7μm×6.6 ～ 10.4μm，平均 12.5μm×7.8μm。在同一根分生孢子梗上产生的分生孢子形状相似（图 3-34）；有的分生孢子表面有 2 ～ 3 条裂缝（图 3-35 a、b）；极少数分生孢子双细胞，两个细胞等大或不等大（图 3-36 a、b），

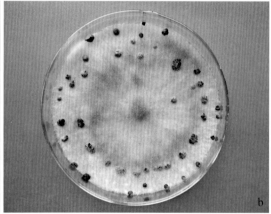

图 3-31 灰葡萄孢菌落形态
a. 初期菌落；b. 菌落上的黑色菌核

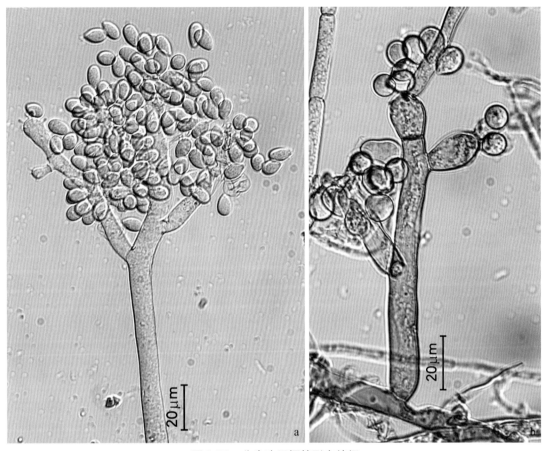

图 3-32　分生孢子梗的形态特征

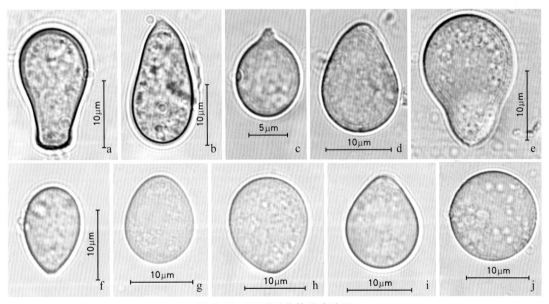

图 3-33　不同形状的分生孢子

a. 分生孢子基部宽，烧瓶状；b. 基部较尖；c. 突起呈脐状；d～i. 基部钝圆；j. 圆形

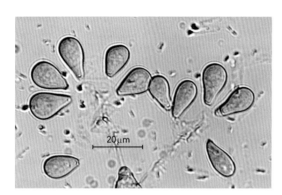
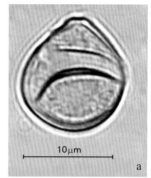
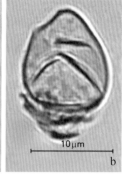

图 3-34　在同一根分生孢子梗上产生的
　　　　分生孢子形状相似

图 3-35　分生孢子表面的裂缝

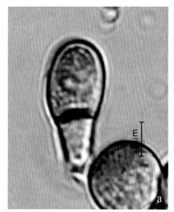
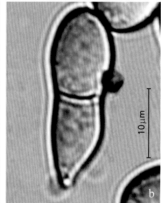
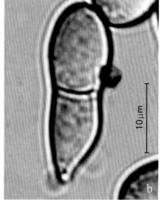
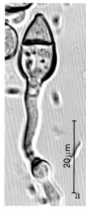
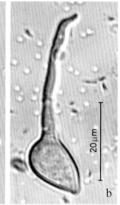

图 3-36　双细胞的分生孢子

图 3-37　分生孢子萌发

大小为 20 ~ 27μm×8.6 ~ 9.4μm。有的分生孢子萌发时会产生分隔，变成双细胞，芽管可在孢子顶端中间或顶端侧面（图 3-37 a、b）；分生孢子长 / 宽比为 1.55。

以上分生孢子大小和形态特征与资料记载的灰葡萄孢相似（邓叔群，1964；戴芳澜，1979；魏景超，1979；徐梅卿和何平勋，2008；Ellis,1971；Domsch et al., 2007；Serfert et al., 2011），但是，该种具有极少数双细胞的分生孢子，以及在分生孢子萌发时产生分隔成为双细胞，这些与传统的记载有所区别，仍需认真研究。

葡萄孢属（Botrytis Pers. ex Fr.）的一些种都有倒卵形的分生孢子，可以明显区别灰葡萄孢（Botrytis cinerea），例如水仙葡萄孢（ B. narcissicola Kleb.）有稍大一些的分生孢子 8 ~ 16μm×7.5 ~ 1.2μm 和 2 ~ 3mm 的小菌核；拳卷灰葡萄孢（B. convoluta Whetzel & Drayton）具有特别大的分生孢子（可达 16μm×18μm）和脑状菌核，生长在鸢尾（Iris sp.）植物上；大蒜盲种葡萄孢 [B. porri (F. H. Beyma) Buchuw] 有较宽的分生孢子 11 ~ 14μm×7 ~ 10μm 和特别大、不规则菌核（可达 40μm）（Domsch Klaus et al., 2007）。

4. 发病规律

（1）越冬：以病株残体或菌核的形式在栽培地里越冬。

（2）传播：在温湿度都满足灰葡萄孢生长、繁殖要求时，可在病株残体上形成大量分生孢子，通过气流传播，也可以通过种苗调运、交换，昆虫以及人们携带有病的铁皮石斛进行远距离传播。一般情况下，老叶片比嫩叶片更容易感染病害。

（3）侵入：灰霉病菌是一种弱寄生菌，主要从自然孔口、寄主细胞受伤、机械损伤、动物咬伤处侵入，少数情况下可直接侵入铁皮石斛组织。

近期研究证明，灰葡萄孢真菌携带的线粒体病毒（mitovirus1，BcMV1）和核糖核酸病毒（RNA virus1，BpRV1）与灰葡萄孢致病力的衰退有密切关系，BcMV1可以通过灰葡萄孢的分生孢子进行垂直传染或通过菌丝的融合进行水平传染，被成功传染 BcMV1 dsRNA 的菌株会在生长速度和致病力上出现明显的衰退（吴明德，2012）。

（4）温湿度：该病发生与温湿度的关系密切。分生孢子萌芽的温度范围为 1 ～ 30℃，适宜温度为 18℃。分生孢子只能在有游离水或至少 90% 的相对湿度条件下萌发，在 15 ～ 20℃ 的适宜温度下，侵染时间约 15h，温度降低，侵染时间延长。低温高湿易发病，严重时导致作物减产甚至绝收。

温暖、湿润是灰霉病流行的主要条件。适宜发病气温是 20℃ 左右，相对湿度 90% 以上。春季的温室大棚的病害发生严重。

5. 防治措施

（1）农业技术防治：

①结合日常管理，清除栽培大棚内外的病残株，为防止病菌分生孢子飞散，把病株或其它带有灰霉菌的部位集中起来烧毁或深埋，减少初次侵染来源，同时防止管理过程中的病害传播。

②控制大棚的温、湿度是保护地栽培重要管理措施，保持凉爽干燥，有利于控制病原菌；尤其是早春、初冬低温高湿季节；要注意通风，防止湿气滞留在植株上，浇水时最好在晴天上午进行，保持叶片干燥。

（2）生物防治：

①在发病前或发病初期使用 3 亿 CFU/g（CFU 是菌落形成单位）哈茨木霉菌 300 倍液喷雾进行预防，每隔 5 ～ 7 天喷施一次，喷洒 2 次。

②使用地衣芽孢杆菌 [Bacillus licheniformis（Weigmann）Chester] 制剂防治，它分泌的多种蛋白质能较好地抑制灰霉病的发生（唐丽娟等，2005）；对灰霉病的田间防效与腐霉利相当，可达 60 % 以上（童蕴慧等，2001）。

③实验证明，枯草芽孢杆菌（Bacillus subtilis）对灰霉菌丝生长有明显抑制作用，能引起细胞壁破裂，原生质外漏，造成菌丝断裂。大棚防效可高达85.3%，优于50%速克灵（2000倍）的防治效果（童蕴慧等，2001；陈琪等，2004）。

④枯草芽孢杆菌、假单胞杆菌（Pseudomonas sp.）和土壤放射杆菌（Agrobacterium radiobacter）（沈伯葵等,1985），对灰霉病菌有较好的抑制作用。

⑤粉红黏帚霉（Gliocladium roseum）是一种灰葡萄孢的寄生菌，在生物防治上应用的多为孢子制剂，是一种利用孢子与营养基质及固体基质填充剂混合固定制成的颗粒状制剂，它具有制作简单、成本低廉、性质稳定、易于保存等优点（童蕴慧等，2001）。

⑥哈茨木霉（Trichoderma harzianum）是一种土壤真菌，可以寄生于多种植物病原真菌（重寄生）。利用哈茨木霉制剂 3 亿 CFU/g 可湿性粉剂，可在发病前或发病初期使用。使用浓度为苗床喷施 3g/m²；蘸根稀释 80 倍，与栽培基质混合 20 ～ 30g/m³，灌根稀释 500 ～ 800 倍，用量 100 ～ 200g/667m²，600 ～ 1000 倍液喷雾。禁止与杀菌剂农药混用，随配随用为佳。

⑦可以利用真菌病毒防治多种灰霉病（Wu et al., 2010）。

（3）化学防治：

①在初期发病时，要及时进行药剂防治，轮换用药或混合用药，以利延缓灰葡萄孢病菌抗药性的发生。

②在病害发生初期或发生中期，可选用50%速克灵可湿性粉剂1500倍液，50%扑海因可湿性粉剂1200倍液，50%农利灵（乙烯菌核利）可湿性粉剂1000倍液，50%苯菌灵可湿性粉剂1000倍液，40%嘧霉百菌清500～800倍液，40%施佳乐600～800倍液，50%灰霉速净600倍液；每隔7～10天左右喷1次，连续防治2～3次。

③41%聚砒·嘧霉胺是一种强效杀菌剂，为当前防治灰霉病、枯萎病和立枯病活性最高的杀菌剂。叶面喷施800～1000倍。与其它农药混用，显著提高药效。随配随用，按照使用浓度配制。

④具有封闭条件的温室大棚，可以使用45%百菌清烟雾剂或10%速克灵烟雾剂，每次每667m² 用量2250g；3%噻菌灵烟雾剂100m³ 用量50g，于傍晚使用，封闭大棚，次日打开棚门通风。

⑤组培苗栽培后用50%嘧菌环胺或速克灵或扑海因1000倍液喷洒幼苗。

七、煤污病（Sooty mold）

1. 分布与危害

（1）分布：煤污病是真菌在常绿和落叶植物叶片、茎秆（干）上产生黑色煤层的总称，病原菌从专性寄生到专性腐生都有，铁皮石斛上的煤炱属（Capnodium Mont. 1849）是专性腐生菌，覆盖在整个叶片和茎秆表面，似一层黑色粉状物，近似煤烟，故被称为煤污病或烟煤病，是一种常见的病害。在全世界的温暖湿润地区广泛发生。我国各地均有分布，南方比北方发生更为普遍。

（2）危害：煤污病由真菌引起，寄主包括乔木、灌木和藤本植物；可为害多种常绿和落叶植物，常与刺吸式口器的蚜虫和介壳虫有关。造成煤污病发生的主要原因是当刺吸式口器的昆虫对植物进行危害时，会分泌一些含有糖类化合物的蜜露或分泌物质，煤污病菌利用这些物质作为营养进行生长发育和繁殖，病害发生的速度与昆虫为害程度有关，凡是有刺吸式口器昆虫危害的地方发生煤污病的可能性较大，所以要随时监控昆虫的发生与危害。对铁皮石斛或其它石斛造成影响如下：

①影响美观：在铁皮石斛叶片和茎秆上黑色煤层会直接影响观赏价值，对人们的美感造成一定影响。

②影响光合作用：绿色叶片的重要功能就是能进行光合作用，制造养分供植物生长，黑色煤层覆盖会影响光合作用，制造养分相对减少，对植物生长有一定影响。

③对产品质量的影响：植物光合作用受阻，铁皮石斛的有效成分（多糖类和生物碱类）积累相对减少，直接影响产品质量和品质。

2. 症状与诊断

（1）症状：煤污病是病原菌附生于寄主表面的病害，与昆虫危害有密切关系。病斑为黑色煤层，即病原菌的菌丝体和分生孢子器或子囊壳，而寄主自身的组织结构并不发生变化。煤污病为害铁皮石斛的叶片和茎秆，发生严重时，整个植株叶片表面覆盖一层灰黑色粉末状物，植株上似涂了一层油状物一样（图3-38和图3-39），影响叶片的光合作用，发病初期在叶片上产

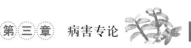

图 3-38　全株被害症状

图 3-39　叶片上的煤污病症状

a. 全株症状；b. 叶片症状放大

生灰黑色至炭黑色的菌落，5～8 月为本病害的主要发病期。

（2）诊断技术：在发现叶片上有黑色霉斑或霉层时，需要检查是否有蚜虫或介壳虫的发生；要想得到正确的防治方法，必须弄清楚下列两种类型的煤污病。

①专性寄生菌引起的症状：主要发生在广东、云南、海南等热带地区；病斑呈黑色圆形、近圆形的黑色斑块，一般不会连成一片，布满整张叶片，用手不容易去除；茎秆（干）罕见，在铁皮石斛上，国内未见报道；该病害的发生与昆虫无关系。

②专性腐生菌引起的症状：主要分布在温带以南的地区，病斑呈片状，布满整个叶片，有时茎秆上也有发生，用手容易去除，国内发生普遍；病害发生与介壳虫（scale insects）或蚜虫（aphis）有密切关系。

3. 病原

Capnodium tanakae Shirai & Hara，in Hara, Kwaju Byagairon: 239（1916）

（1）异名（Synonymy）：

Neocapnodium tanakae（Shirai & Hara）W. Yamam., Ann. phytopath. Soc. Japan 19: 1（1954）

Scorias tanakae（Shirai & Hara）Sivan., Bitunicate Ascomycetes and their Anamorphs（Vaduz）：30（1984）

（2）分类地位：属于子囊菌纲的煤炱菌目（Capnodiales）煤炱菌科（Capnodiaceae）煤炱属（*Capnodium* Mont. 1849）。

煤污病菌的研究始于 1832 年，目前世界范围内已报道煤污病菌的类群包括至少 140 个种、亚种和专化型。

（3）形态描述：菌丝体生于铁皮石斛的表面，暗色至黑色，偶尔生于角质层下，形成薄膜；菌丝串珠状，常有刚毛，偶尔也生附着枝(hyphopdium)，分生孢子器和子囊座表生，圆筒形，可分枝，壁由圆形细胞组成，顶端膨大呈球形，头状。子囊棍棒状，30～45μm×10～12μm，含子囊孢子 6～8 个；子囊孢子椭圆形或梭形，3 个分隔，深褐色，10～15μm×4～5μm（魏景超，1979）。

煤炱属（*Capnodium* Mont. 1849）与小煤炱属（*Meliola* Fr. 1825）真菌的区别在于前者为专性腐生菌，分布于全国各地，而后者为专性寄生菌，多见于南方地区。

4. 发病规律

（1）传播：由气流、雨水、蚜虫、介壳虫及种苗调运传播。

（2）越冬：病原以菌丝体、子囊壳及分生孢子在植株上越冬，是翌年的初次侵染来源。

（3）温湿度：煤污病的发生主要与温度和湿度有关，在夏季温度较高的地区，湿度是决定煤污病发生与流行的主要因素，湿度大发病重，反之发病轻。根据观察，在 28±2℃，相对湿度（RH）大于等于 95% 有利于病害发生。

在我国，煤污病一般在 5 月开始发生，随后逐渐加重，一直持续到 9 月下旬至 10 月上旬；每年 5～6 月和 9～10 月为病害发生高峰期，这两个时间段也正是蚜虫和介壳虫的危害盛期。

5. 防治措施

（1）农业技术防治：

①温室通风透光，降温除湿；

②栽种密度适宜，不偏施氮肥；

③种植地应清洁卫生，减少煤污病菌和害虫的发生。

（2）生物防治：引起铁皮石斛煤污病发生的主要是蚜虫，可以利用铁皮石斛栽培地及周围捕食性天敌和寄生性天敌，如异色瓢虫（*Harmonia axyridis* Pallas）、狭带食蚜蝇（*Syrphus serarius* Wiedemann）、大草蛉 *Chrysopa pallens*（Rambur）、广褐蛉（*Megalomus elephiscus*），以及小花蝽（*Orius similis* Zheng）、大眼长蝽 *Geocoris pallidipennis*（Costa, 1843）、蚜茧蜂（*Asaphes vulgaris* Walker）等。如果发现，将益虫引入棚内蚜虫数量较多的植株上，可以收到很好的效果。

（3）化学防治：防治煤污病，首先要使用内吸杀虫剂防治蚜虫。可用 50% 灭蚜威乳油 2000 倍液、可喷洒 77% 的 DDV 乳油 1000 倍、40% 菊马乳油 4000 倍液、40% 扑虱灵可湿性粉剂 2000 倍液喷洒。

八、黏菌病（Slime mold disease）

1. 分布与危害

（1）分布：褐发网菌（*Stemonitis fusca* Roth）是一种黏菌，广泛分布于世界各地，温带地区发生普遍，热带或高寒山区相对很少，南极也有记载。在中国，分布于甘肃、四川、河南、安徽、江苏、浙江、湖南、云南、广东、台湾、河北、山东等地。在自然界中，生长在植物或植物残体上，类似于真菌，会形成具有细胞壁的孢子，但在生活史中没有菌丝出现，而有一段黏黏的时期，因而得名黏菌。

（2）危害：黏菌是介于动物和真菌之间的生物，全世界约有500种，均为自然野生状态，从水生到陆生。大多数生于森林中阴暗和潮湿的地方，在腐朽木材、落叶上或其它湿润的有机物上，是一种木材降解菌。大多数黏菌为腐生菌，无直接的经济意义，只有极少数的黏菌寄生在铁皮石斛、经济植物和食用菌上，其中，褐发网菌为害食用菌竹荪 [*Dictyophora indusiata* (Vent. : Pers.) Fisch.，异名：*Dictyophora phalloidea* Desv.]，造成较大损失（刘叶高等，2007）。

褐发网菌主要生长在死的基质上，腐生，但也可生长在铁皮石斛的叶片和茎秆上。虽然对铁皮石斛有一定的寄生能力，但与一些其它病原真菌相比，它的寄生性相对较弱，危害性较小。在某些情况下，也会直接为害铁皮石斛，大量繁殖后，可覆盖部分植株器官乃至全株。对铁皮石斛造成的主要影响是：

①影响植株的光合作用，植株制造的营养物质减少，从而使植株生长势逐渐衰弱，同时导致其它病原菌的感染；

②影响美观，叶片和茎秆变成褐色或黑色，给人们一种不舒服的感觉；

③出售盆栽铁皮石斛或鲜条会降低观赏和经济价值。

2. 症状与诊断

（1）症状：褐发网菌引起的铁皮石斛黏菌病是一种侵染性病害，能相互传播。该病原菌是一种木材分解菌，以分解铁皮石斛栽培基质作为自身生长繁殖的营养，为害地上部分。病害发生从植株下部开始，逐渐向上部蔓延至全株（图3-40）和基质上，症状明显，易被识别。在植株基部和叶片表面产生圆形或不规则形的黑霉斑，肉眼可见有许多黑色、圆柱状、球形颗粒状物（孢子囊），后覆盖整株的叶片、顶梢（图3-41和图3-42）和茎秆（图3-43），用手易擦掉。

图 3-40　褐发网菌为害整个植株

图 3-41 褐发网菌的危害已到达顶梢

图 3-42 褐发网菌从下部向上部扩展，未到达顶梢

图 3-43 褐发网菌为害茎秆

（2）诊断技术：

①在铁皮石斛栽培床或栽培盆上出现成片的褐色至黑色危害症状，从 1 株（丛）至几株（几丛），甚至扩展至几平方米至几十平方米；一般不引起植株的死亡。

②用手抖动铁皮石斛感病植株，会看到一些黑色粉状物，手上也可有黑色粉末。

③褐发网菌的危害与一般煤污病危害的区别在于前者与昆虫无关，而后者与一些刺吸式口器的昆虫危害有关，在铁皮石斛上最常见的是蚜虫（aphis）危害，介壳虫（scale insects）危害甚少。

3. 病原

褐发网菌 *Stemonitis fusca* Roth，Mag. Bot. Roemer & Usteri i（2）：26,1787（李玉，2007）

（1）异名（Synonymy）：

Trichia nuda Wither., Br. Pl. ed. 2.3:477,1792

Stemonitis fasciculate Pers. Ex J. F. Gmel., Syst. Nat. 2. 1468, 1791

Stemonitis maxima Schw., Trans. Am. Phil. Soc. II. 4:260,1832

Stemonitis dictyospora Rostaf., Mon. 195, 1874

Stemonitis castillensis T. Machr., Bull. Nat. Hist. Univ. Lowa 2: 381, 1893

（2）分类地位：隶属于真菌界黏菌门（Myxothallophyta）黏菌纲（Myxomycetes）发网菌亚纲（Stemonitomycetidae）发网菌目（Stemonitales）发网菌科（Stemoniaceae）发网菌属（*Stemonitis* Gled. 1753）。

众多学者对黏菌的地位、起源和分类的看法很不一致，通常采用施罗特（Schroter）1889年的传统分类法，把黏菌与细菌和真菌分开，成为植物界中的一个独立门，即黏菌门。关于黏菌的起源和亲缘关系，迄今仍不明确。从它的特性来看，黏菌是介于动物和真菌之间的生物；在结构和生理方面，好像巨大的变形虫动物；繁殖能产生具细胞壁的孢子，又具有真菌的性质。1949 年，黏菌学家马丁（G. W. Martin）认为，黏菌是从一种与原生动物相类似的祖先进化而来的，建议独立成为黏菌纲。1950 年，贝西（E. A. Bessey）认为黏菌是动物，称菌形动物（Mycetozoa），并正式把黏菌分到动物界的原生动物门内；安斯沃斯（Ainsworth，1973）将黏菌门（Myxomycota）归入真菌界。至今中国已报道的发网菌科有 10 个属 31 种、1 变种，其中包括 3 个中国新记录种，1 个中国新记录变种（史宝军，1999），褐发网黏菌是其中的一个种。

（3）形态描述：褐发网菌的孢囊细圆柱形，密丛生，常成大群，着生在褐色膜质的基质层上，高 5 ~ 20mm，顶端钝圆，深暗紫褐色至暗红褐色（图3-43），孢子散出后色浅；柄黑色发亮，1.5 ~ 4mm；囊轴暗褐色或近黑色，接近囊顶（图 3-44）；孢丝从囊轴全长伸出，分枝并联结，暗褐色，分叉处有些扩大膜质片，末端连接表面网；表面网较密，网孔小，多角形（图3-45 和图 3-46），孔径一般在 20μm 以下，表面平整、光滑

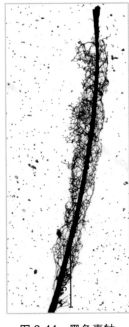

图 3-44　黑色囊轴

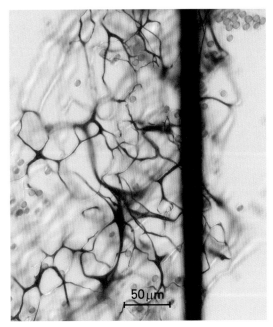

图 3-45　多角形的网状结构

图 3-46　囊轴树状分支

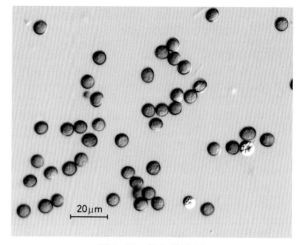

图 3-47　褐色的孢子

或有短刺；孢子暗褐色，球形、近球形，7.1～8.4μm×7.0～7.9μm，平均 7.7μm×7.6μm（图 3-47）；原生质团白色（李玉，2008）。

4. 发病规律

（1）传播：可通过栽培基质、病株和 2 年生以上的种苗调运，以及气流、昆虫、动物传播。

（2）越冬：主要在铁皮石斛栽培基质，病株上越冬，是下一年的初次侵染来源，有再次侵染现象。

（3）侵入：绝大多数情况下腐生在铁皮石斛植株表面，极少情况下通过伤口侵入，无直接侵入现象。

（4）温湿度：褐发网菌喜欢在温暖潮湿的环境中生长，在长江以南的地区，主要发生在 6～8 月，当日平均气温到达 25±2℃、相对湿度（RH）80% 以上时发生严重，33℃以上病害停止扩展。

褐发网菌生活于阴湿环境中的朽木或栽培基质中，是一团裸露、多核的原生质体，一般直径约几厘米，呈变形虫状爬行，能吞食细菌、酵母菌、真菌孢子、有机物碎片，并在原生质内消化吸收。在良好条件下，黏菌变形体不断增长，细胞核也不断分裂，整个变形体的质量可达几百克，覆盖面积可达 1m² 以上。菌的孢子成熟后，由干裂的孢子囊中散出，在干燥环境里可生存很久。当环境适宜时，每个孢子萌发成 1 或 4 个有鞭毛的单倍体游动细胞。游动细胞两两配合，成为一个二倍体合子，合子不经休眠，立即发育成一个多核的变形体。

5. 防治措施

（1）农业技术防治：

①因褐发网菌喜欢在潮湿、腐殖质丰富的地方生长繁殖，很难有效地进行预防，在降低湿度的情况下，病害发生相对较轻，一旦发现（1～2 株或丛）可拔除装入塑料袋（防止孢子传播、扩散）带出栽培基地深埋或烧毁。

②发病初期可用水冲洗感染植株，或用手摸去黑色霉层。

（2）化学防治：

①用波尔多液 300 倍液和波尔多液＋链霉素 300 倍液对褐发网菌孢子的破坏力极强，防

治效果最佳（刘叶高等，2007）。

②喷施甲基硫菌灵（甲基托布津）或多菌灵可湿性粉剂 800～1000 倍液防治。

九、细菌叶斑病（Bacterium brown spot）

1. 分布与危害

（1）分布：卡特兰假单胞 [*Pseudomonas cattleyae* (Pavarino) Savulescu] 引起的铁皮石斛叶斑病，又被称为黑斑病、褐斑病；分布于美国、澳大利亚、意大利、葡萄牙、菲律宾（Ark &Thomas,1946；Ark & Starr,1951；Quimio & Tabei, 1979；丁翠珍等，2010）；在我国江苏、浙江、福建、云南、台湾省铁皮石斛及其它石斛栽培区均有不同程度的发生。

（2）危害：据不完全统计，引起石斛病害的细菌有 2 属 4 种，即欧氏杆菌 [*Erwinia carotovora* subsp. *carotovora* (Jones) Bergey *et al.*]、菊花欧氏菌（*Erwinia chrysanthemi* Burk-Holder *et al.*）、卡特兰假单胞 [*Pseudomonas cattleyae* (Pavarino) Savulescu] 和杓兰假单胞（*P. cypripedii*）（董诗韬，2005），但以欧氏杆菌最常见。

该病害除了为害铁皮石斛（*Dendrobium officinale* Kimura et Migo）以外，还为害春石斛（*Dendrobium hybird*）、秋石斛（*Dendrobium phalaenopsis* cv.）、蝴蝶兰（*Phalaenopsis amabilis* Blume）、兜兰（*Cypripedium corrugatum* Franch.）、大花杓兰（*Cypripedium macranthum* Sw.）、万代兰 [*Vandopsis gigantea* (Lindl.) Pfitz]、文心兰（*Oncidium hybrida*）、寄树兰 [*Robiquetia succisa* (Lindl.) Seidenf. et Garay]、卡特兰（*Cattleya hybrida*）及香草兰（*Vanilla*）的叶片（Huang，1990）。

2. 症状与诊断

（1）症状：该细菌感染铁皮石斛后，可在叶片上首先出现水浸状小斑点，后来逐渐扩大，有些成不规则褐色或黑褐色坏死病斑，中间稍下陷，周围具明显黄晕圈（图 3-48 和图 3-49），有些病斑则继续扩展，成为椭圆形或长条形水浸状褐色或黑褐色斑块或斑条，病斑可相互融合成为大病斑；发病严重时导致整株叶片黄化或干枯，甚至死亡。在天气特别潮湿时，病斑上有乳白色细菌溢团。

图 3-48 中期症状

图 3-49 后期症状

（2）诊断技术：

①病害主要表现为病斑深褐色坏死，水浸状，后期中间稍下陷，边缘具有明显晕圈，对着阳光看更明显，空气湿度较大时有细菌黏液溢出，这是诊断细菌性病害的主要依据。

②在培养期间，细菌菌落与真菌有显著区别，细菌的菌落为黏液状，光滑；而真菌菌落绒毛状，不光滑。

③显微镜检查，为了进一步确定细菌病害，将病健交界处组织切一小块，放在载玻片上，滴上一滴水，盖上盖玻片，在显微镜下可见有云雾状、成群或成团微小的游动菌体自组织中涌出，可以确定是细菌病害，而由真菌引起的病害没有这种现象。

3. 病原

卡特兰假单胞 [*Pseudomonas cattleyae* （Pavarino 1911） Savulwscu 1947] （Willems *et al.*，1992）

（1）异名（Synonymy）：

Acidovorax avenae subsp. *cattleyae* Willems 1992

（2）分类地位：隶属于原核菌（Procaryote）假胞菌科（Pseudomonaceae）假单胞杆菌属（*Pseudomonas*）。

（3）形态描述：菌体杆状，大小 $2.0 \sim 2.4 \mu m \times 0.4 \sim 0.6 \mu m$，极生鞭毛 1～2 根，革兰氏染色阴性，好气性（aerobic），非荧光，不产生 H_2S 和吲哚。以阿拉伯糖、卫矛醇、果糖、半乳糖、葡萄糖、蔗糖和木糖产酸为营养，不产气。在 King's B 或 *Pseudomonas* Agar F 培养基上形成乳白色略凸起的菌落；发育适温 25～35℃。

4. 发病规律

（1）传播：病原菌主要通过病株和种苗调运，以及昆虫及小型动物携带细菌液中的细菌进行远距离传播。病原细菌在叶面浇水、喷雾等水滴溅散至健株上，造成二次感染。

（2）越冬：在病株和脱落的病叶组织中越冬，是翌年铁皮石斛发病的初次侵染来源。

（3）侵入：植物病原细菌是兼性寄生菌，通过人工管理碰伤、刮风时铁皮石斛叶片之间擦伤以及昆虫咬伤造成伤口和自然孔口侵染植物不同器官。叶面有露水或下小雨的情况下，细菌更易侵染植株。

（4）温湿度：病原菌在 20～32℃生长良好，最适温度为 28℃，最高为 40℃，最低为 12℃，因此在温暖、高湿环境下最容易发病。在湿度高或以手触摸水浸状病斑处，会溢出许多乳白色菌液，含具有感染力的细菌。该病以新芽出现时的阴雨季节为发病的高峰期。过度使用氮肥，在高温、高湿、通风不良的条件下易发生病害。

病原菌的生活史迄今不详，一旦病害发生，及时剪除病叶。病害已发生，由此推断该病原菌可在石斛植物表面存活一段时期，待环境条件适宜时，由叶片伤口或自然开口侵入感染。

5. 防治措施

（1）农业技术防治：加强栽培管理，注意通风透光和降低棚内湿度；对病株要及时拔除销毁。

（2）生物防治：

①发病初期，用 72% 农用链霉素（Streptomycin）和 30.3% 四环霉素（Tetracycline）可溶

性粉剂 1000 倍液进行喷雾防治。

②使用哈茨木霉和枯草芽孢杆菌 1500 液喷洒，增加栽培地微生物种群数量，抑制卡特兰假单胞杆菌。因为这两种生物防治菌的生长、繁殖速度快，能有效抑制该病原菌的扩展蔓延。

(3) 化学防治：农用链霉素 72% WP 500 ~ 800 倍喷雾，7 ~ 10 天喷洒 1 次，连喷 2 ~ 3 次。

第二节　茎部病害

一、镰刀菌茎基部腐烂病 (Fusarium stem base rot)

1. 分布与危害

(1) 分布：尖孢镰刀菌 (*Fusarium oxysporum* Schl.) 引起的根腐病，又被称为镰刀菌萎蔫病 (Fusarium wilt)，它是一种重要的植物病原真菌，属于我国对外检疫对象。该病原菌分布世界各地，普遍存在于土壤及动植物有机体上，甚至存在于严寒的北极和干旱炎热的沙漠，营兼性寄生或兼性腐生生活，国内各地都有报道。

(2) 危害：尖孢镰刀菌是人类发现最重要的植物病原菌之一，具有广泛的寄主范围，能引起 100 多种植物病害（王秋华等，2006；殷晓敏等，2008）。除了为害铁皮石斛和其它石斛兰外，还为害番茄 (*Solanum lycopersicum* L.)、香蕉 (*Musa nana* Lour.)、辣椒 (*Capsicum annuum* L.)、西瓜 (*Citrullus lanatus* Mansfeld)、黄瓜 (*Cucumis sativus* L.)、香石竹、康乃馨 (*Dianthus caryophyllus* L.) 等多种植物，发病严重时引起全株枯死，造成重大的经济损失。从零星发生到大面积发病流行只需 2 ~ 3 年的时间，是当前作物生产上的一个严重病害，有植物"癌症"之称。

有些镰刀菌种类还可以产生真菌毒素，人畜食用后会造成食物中毒甚至死亡；有些菌株可直接侵染人和动物，造成严重的疾病；有的镰刀菌在自然界中可分解纤维素、降解有机物，对自然界的物质循环起着一定的作用；部分菌株是寄生在昆虫上的病原菌，可作为生防菌被利用；有的低毒或无毒的菌株，在一定生长条件下可产生激素，用于刺激植物的生长发育；与铁皮石斛形成菌根，促进植株生长。

2. 症状与诊断

(1) 症状：该病害全年都可发生。在生长季节，首先表现植株顶梢生长变慢或停止生长，叶片逐渐变黄，此时茎秆基部已经腐烂。发病初期，在茎秆上出现约 1 ~ 2 mm 的溃疡斑，水渍状，略凹陷，随着时间的延长，病斑逐渐扩大，并环剥茎秆，致使水分运输系统被阻断，维管束褐变，导致上部出现枯萎症状。铁皮石斛植株或丛生芽的茎秆均可被害（图 3-50 和图 3-51）。品种间抗病性差异明显，青秆铁皮石斛比红秆铁皮更容易受害。

(2) 诊断技术：该病害的初期症状发生在茎基部，通常具有隐蔽性，只有在看到铁皮石斛出现顶梢变黄、枯死时才能被发现，这时已经没有防治的价值，所以，平时要进行观察，该病害的防治着重于预防。

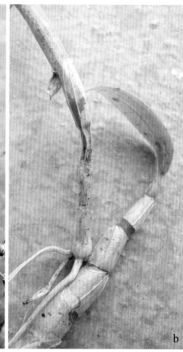
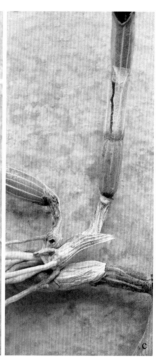

图 3-50　茎基部腐烂症状
a. 植物基部腐烂；b-c. 丛生芽腐烂

图 3-51　铁皮石斛整丛茎基腐症状

3. 病原

尖孢镰刀菌 *Fusarium oxysporum* Schltdl., Fl. berol. (Berlin) 2: 139 (1824)

有性世代：*Gibberella pulicaris* (Kunze) Sacc. (1877)

（1）异名（Synonymy）：从 1825 至 1990 年共记载尖孢镰刀菌的异名有 161 个，包括 4 属真菌。其中，尖孢镰刀菌的异名有 31 种、2 亚种、69 变种和 55 专化型（异名太多，未列出）；以及 *Fusoma pini* Hartig，*Fusoma blasticola* (Rostr.) Sacc. & Traverso；*Fusidium udum* E.J. Butler，*Fusisporium lagenariae* Schwein.。

（2）分类地位：无性世代属于半知菌亚门丝孢纲（Hyphomycetes）瘤座孢目（Tuberculariales）瘤座孢科（Tuberculariaceae）镰刀菌属（*Fusarium* Link 1809）。

有性世代属于子囊菌亚门粪壳菌纲（Sordariomycetes）肉座菌亚纲（Hypocreomycetidae）肉座菌目（Hypocreales）丛赤壳科（Nectriaceae）赤霉属（*Gibberella* Sacc. 1877）。

（3）分类概况：镰刀菌的分类是当今世界上的一大难题。自从 1809 年 Link 首先在锦葵科（Malvaceae）植物上发现第一株镰刀菌，定名粉红镰刀菌（*Fusarium roseum* Link）以来，镰刀菌的研究已有 200 多年的历史。由于镰刀菌形态变异大，人们常将不同形态的菌株当作新种来描述，到了 20 世纪 30 年代，全世界出现了近千个镰刀菌种名。

1935 年，德国的 Wollenweber & Reinking 出版了第一本镰刀菌专著《Die *Fusarium*》，提出了镰刀菌的第一个较完整的分类系统，成为镰刀菌属分类研究的基础。

1940–1957 年，Snyder 和 Hansen 特别指出镰刀菌的变异性，认为镰刀菌分类必须用单孢分离的方法，最可靠的鉴定性状是大孢子的形状，以及小孢子和厚垣孢子的有无等。镰刀菌的有性世代分别属于肉座菌科（Hypocreaceae）的赤霉属（*Gibberella* Sacc.）、丛赤壳属 [*Nectria* (Fr.) Fr.]、丽赤壳属（*Calonectria* De Not.）和小赤壳属（*Micronectriella* Höhn.）等。除玉米赤霉 [*Gibberella zeae* (Schwein.) Petch] 极为常见和易培养外，大部分种类在培养基上较少形成子囊壳，而且有些种类至今未发现有性时期，因此，在镰刀菌鉴定上主要根据无性时期的形态特征。到 2015 年为止，共记载了 1477 个种、亚种、变种和专化型。国际上存在多种不同观点的镰刀菌分类系统。

（4）形态特征：

①培养形状。在 25±2℃的 PDA 上菌落初为白色，渐变为粉红色、红色、绒毛状（图 3-52）；菌落背面红色，日生长量 11 mm。

②形态描述。分生孢子梗无色至淡绿色，不分枝或分枝（图 3-53）；产孢细胞瓶梗状，单生或具分枝，5 ～ 35μm×2.5 ～ 4.5μm；小型分生孢子 1 ～ 2 个细胞，卵圆形或肾形，散生于菌丝间，4.8 ～ 24.5μm×2.3 ～ 5.2μm；大型分生孢子纺锤形至镰刀形，弯曲或端直，基部有足细胞或近似足细胞，2 ～ 3 个隔膜，多为 3 个，少数 4 ～ 5 个，大小为 20.5 ～ 57.7μm×2.5 ～ 6.2μm；5 个隔膜 30.5 ～ 57.7μm×3.5 ～ 5.2μm（图 3-54）；厚

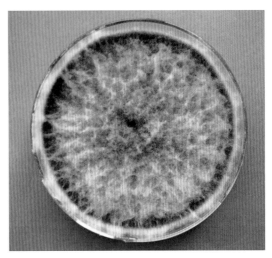

图 3-52　菌落形态

图 3-53　分生孢子梗

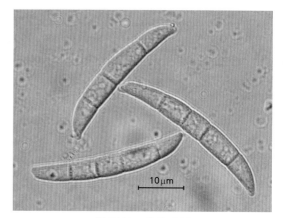

图 3-54　分生孢子

垣孢子间生或顶生，球形或椭圆形，直径 6.5 ～ 16.2μm。

尖孢镰刀菌与三隔镰孢 [*F. tricinctum* (Corda) Sacc.] 的培养形状、生长速度、分生孢子梗和小型分生孢子大小基本相似，区别在于三隔镰孢的分生孢子有 3 个隔膜，大型分生孢子更小，24.5 ～ 37.2μm×3.4 ～ 5.2μm（沈伯葵等，1985；陈其煐，1988）。

4. 发病规律

（1）传播：自然条件下，病原菌随种苗调运，带病种苗的移栽，以及田间病株传播；在发病后期，空气湿度较大时，在病株上易产生分生孢子堆，可随管理人员的手、工具、昆虫和小型动物传播，以及浇水时的水滴溅散传播。

（2）越冬：病菌在病株及病残体上，土壤及其它有机质中越冬、越夏，是翌年的初次侵染来源。

（3）侵入：该病原菌的寄生性较强，大多数情况下，可通过人们管理时造成的伤口，昆虫和小型动物咬伤造成的伤口侵入，极少数情况下可直接侵入。此外，植株经长途运输或管理粗放、长势弱，也易被病原菌侵入危害。

（4）温湿度：在日平均气温达到 20℃左右及以上，相对湿度在 75% 以上的阴雨连绵天气利于发病；35℃病害发生较轻。

5. 防治措施

（1）农业技术防治：在日常管理中，注意棚内清洁卫生，如发现病株及时拔除，并带出棚内烧毁或深埋，防止病原菌传播。

（2）生物防治：

①真菌类。防治尖孢镰刀菌茎腐病的生防真菌有 4 属 10 余种，其中研究应用最广泛的有木霉属（*Trichoderma* Pers. 1794）和丛枝菌根（Arbuscular Mycorrhiza，AM）。

A．木霉类：木霉（*Trichoderma* spp.）是一类分布广、繁殖快、对多种病原菌有抑制作用，具有较高生防价值的真菌。主要有哈茨木霉（*T. harzianum* Rifai）、绿色木霉（*T. viride* Pers.）、康氏木霉（*T. koningii* Oudem.）、拟康氏木霉（*T. pseudokoningii* Rifai）、橘绿木霉（*T. citrinoririd* Bissett）制剂兑水喷雾；用量 100 ～ 200g/ 亩，300 倍稀释喷雾（一袋 50g 兑水 15kg），每隔 5 ～ 7 天喷施一次，直至病情不再发生，通常喷 2 ～ 3 次。雨季或高温时期可缩短施药间隔。

绿色木霉菌（*T. viride*）T23与98%恶霉灵混合液900～1000倍比二者单独效果提高17%，恶霉灵常规使用浓度对木霉菌不但没有抑制作用，反而具有刺激生长作用（庄敬华等，2005）。可有效解决木霉菌生物防治作用不稳定的缺陷。

B．草酸青霉（*Penicillium oxalicum* Currie & Thom）、淡紫拟青霉菌 [*Paecilomyces lilacinus* (Thom) Samson]、黏帚霉（*Gliocladium* spp.）（殷晓敏等，2008）制剂800倍，有较好效果。

C．丛枝菌根（Arbuscular Mycorrhiza, AM）、丛枝泡囊菌根菌（NEB）制剂500～600倍，有较好预防效果。

D．利用非致病（或低毒）尖孢镰刀菌（*Fusarium oxysporum*）和茄腐皮镰刀菌 [*F. solani* (Mart.) Sacc.] 的菌株制剂500倍能有效控制镰刀菌枯萎病，推迟发病7～10天（李君彦和张硕成，1990），而且病害发生较轻。

②细菌。在生防细菌中，使用最多的是枯草芽孢杆菌（*Bacillus subtilis*），它具有防病、增产作用，并且对土传性病害和叶部病害都有明显的防治效果。此外，荧光假单胞杆菌（*Pseudomonas fluorescens*）、恶臭假单胞杆菌（*P. putida*）、铜绿假单胞菌（*P. aeruginosa*）、绿脓假单胞菌（*P. aeruginosa*）、枯草芽孢杆菌（*Bacillus subtilis*）、蜡状芽孢杆菌（*B. cereus*）、地衣芽孢杆菌（*B. licheniformis*）、淀粉芽孢杆菌（*B. amyloliquefaciens*）、黏质沙雷菌（*Serratia marcescens*）荚壳布克氏菌（*Burkholderia glumae*）制剂（殷晓敏等，2008）也有很好的防治，要根据具体病害选用菌剂，使用浓度一般为1000～1200倍喷雾或灌根防治。

另外，凝结芽胞杆菌（*Bacillus coagulans* R14）和地衣芽胞杆菌（*B. licheniforms* R21）对由串珠镰孢菌（*Fusarium moniliforme*）B10b引起的石斛兰叶斑病防效达到70%左右（程萍等，2008）。

③放线菌。放线菌活体制剂Mycostop是由芬兰的Kemira（1989）用灰绿链霉菌（*Streptomyces griseovidis*）研制的，使用1300～1500倍菌液喷洒铁皮石斛栽培基质，或者在栽培前把铁皮石斛的根在菌液中蘸1～2min，使它在铁皮石斛的根部定殖、生长和繁殖，防治多种镰刀菌（*Fusarium* spp.）引起的病害；此外，放线菌还可以产生激素促进铁皮石斛的生长，对植物没有毒性。

（3）化学防治：防治由镰刀菌引起的铁皮石斛枯萎病，用80%可湿性多菌灵粉剂800～1000倍液整株喷洒，每周1次，连续喷洒3次。

二、链格孢枯梢病（Alternaria Dieback）

1. 分布与危害

（1）分布：铁皮石斛枯梢病由链格孢 [*Alternaria alternata* (Fr.) Keissl.] 引起，是重要的真菌病害之一。广泛分布于我国各地，以长江以南的江苏、浙江、云南、福建、广东、广西等铁皮石斛栽培地区常见。

（2）危害：我国已记载链格孢（*A. alternata*）可生长在78种植物上（戴芳澜，1979；徐梅卿，2008），也包括21种杨树。铁皮石斛是该菌的新寄主，它仅为害铁皮石斛的地上部分，引起嫩梢和叶片枯死。导致铁皮石斛生病死亡的主要原因是该菌产生的链格孢毒素所致，严重发生时会造成较大损失。在不同种类的基质上大多以腐生为主（Ellis, 1971；Domsch Klaus *et al.*, 2007）。

2. 症状与诊断

（1）症状：在铁皮石斛生长季节，枯梢病均有发生，危害程度不同，以春季常见。初期症状为首先表现在顶梢生长慢，逐渐变黄，向下蔓延，后期顶端叶片枯死（图3-55）；随着症状的逐步发展，可导致顶端的3～6叶片死亡。在潮湿的时候，病斑上会产生黑色霉层，即病原菌的分生孢子梗和分生孢子，这些分生孢子可侵染周围的植株，造成病害蔓延。同时，在下面的叶片上也会被感染，产生病斑。

（2）诊断技术：在铁皮石斛的生长季节，一旦看到顶梢停止生长，叶片颜色出现黄化，并伴有嫩梢和叶片死亡时，应引起注意，及时采取预防措施。

图 3-55　枯梢病及叶斑症状

3. 病原

链格孢 *Alternaria alternata* (Fr.) Keissl., Beih. bot. Zbl., Abt. 2 29: 434 (1912)

有性世代：*Clathrospora diplospora* (Ellis & Evert.) 1894,Wehm. (Domsch Klaus *et al.*, 2007)

（1）异名（Synonymy）：

Torula alternata Fr., Syst. mycol. (Lundae) 3（2）：500 (1832)

Alternaria alternata (Fr.) Keissl., Beih. bot. Zbl., Abt. 2 29: 434 (1912) var. *alternata*

Ulocladium consortiale sensu Brook; fide NZfungi (2008)

Alternaria tenuis Nees, Syst. Pilze (Würzburg)：72 (1816)

Alternaria tenuis Nees, Syst. Pilze (Würzburg)：20 (1816) var. *tenuis*

Alternaria tenuis Nees, Syst. Pilze (Würzburg)：20 (1816) f. *tenuis*

Macrosporium fasciculatum Cooke & Ellis, Grevillea 6（no. 37）：6 (1877)

Alternaria fasciculata (Cooke & Ellis) L.R. Jones & Grout, Bull. Torrey bot. Club 24（5）：257 (1897)

Alternaria rugosa McAlpine, Agric. Gaz. N.S.W., Sydney 7: 304 (1896)

Alternaria tenuis f. *trichosanthis* D. Sacc., Mycotheca ital.: no. 1592 (1898)

Alternaria tenuis f. *chalaroides* Sacc., Giorn. Vitic. Enol. 11: 132 (1903)

Alternaria tenuis var. *mali* Marchal & É.J. Marchal, Bull. Soc. R. Bot. Belg. 54: 133 (1921)

Alternaria tenuis f. *genuina* Unamuno, Boln Real Soc. Españ. Hist. Nat., Biologica 33: 224 (1933)

Alternaria alternata var. *rosicola* V.G. Rao, Mycopath. Mycol. appl. 27: 132 (1965)

包括4属14种、变种和专化型；其中，*Alternaria* 的异名有3种、4变种和4专化型；以及 *Torula alternata* Fr.，*Ulocladium consortiale* sensu Brook 和 *Macrosporium fasciculatum* Cooke & Ellis。

（2）分类地位：互隔链格孢（*Alternaria alternata*）隶属于半知菌亚门（Deuteromycotina）丝孢纲（Hyphomycetes）丝孢目（Moniliales）暗色孢科（Dematiaceae）链格孢属（*Alternaria* Nees 1816）。

（3）形态描述：在 PDA 上菌落黑色，油橄榄或暗青色（图 3-56）。在 MEA 培养基上，22 ～ 30℃下培养 7 天，菌落直径可达 6 cm。

分生孢子梗单生（图 3-57）或几根长在一起，有分枝，直或稍弯曲，曲膝状，1 ～ 7 个分隔，顶端有 1 至多个产孢孔，基部无色至淡绿色，顶部黄褐色至褐色，光滑，随着连续产孢作合轴式延伸，28 ～ 89μm×3.9 ～ 5.2μm，平均 62.6μm×4.4μm。分生孢子单生或形成 2 ～ 5 个孢子串生的分生孢子链（图 3-58），基部的分生孢子大，顶端分生孢子小，4 个分生孢子的链长达 75 ～ 110μm；分生孢子倒卵形、倒梨形、卵形或椭圆形，分生孢子浅灰色到暗褐色，光滑或有瘤突，有 3 ～ 8 个横隔膜，通常有 1 ～ 4 个纵隔膜或斜隔膜，分隔处稍有缢缩现象，大小为 20 ～ 63μm×9 ～ 18μm，平均 37μm×13μm（图 3-59）。有圆锥形或圆柱形的喙，但真喙长度一般不超过分生孢子长度的

图 3-56　菌落形态

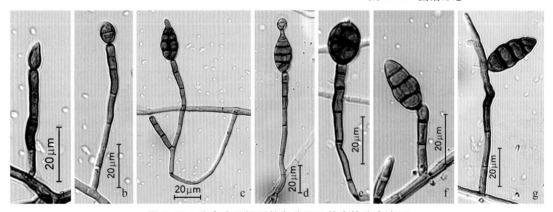

图 3-57　分生孢子梗形状和分隔及单生的分生孢子
a-e.顶生 1 至多细胞、不同形状的分生孢子；f.分生孢子顶端侧生；g.分生孢子侧生

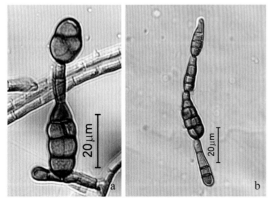

图 3-58　分生孢子链
a.2 个分生孢子串生；b.4 个分生孢子串生

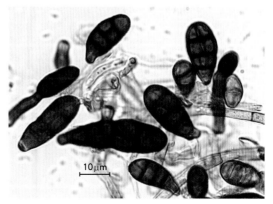

图 3-59　分生孢子形态

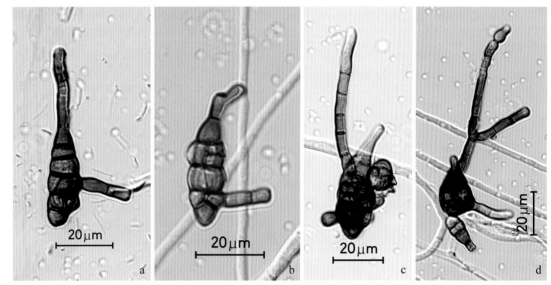

图 3-60　分生孢子萌发产生芽管
a-b. 产生 1 个芽管；c-d. 产生多个芽管

1/3，但假喙可超过分生孢子长度的 1/2；喙淡灰色，大小 18.3 ~ 45μm×3.5 ~ 5μm。

分生孢子任何一个细胞都可萌发产生 1 至多个芽管（图 3-60），继续生长成分生孢子梗，再产生分生孢子。

4. 发病规律

（1）传播：主要靠种苗调运、品种引进与交换植株带菌，以及昆虫和小型动物在铁皮石斛栽培地活动时，携带病原菌的分生孢子进行远距离传播，棚内的气流和浇水致使分生孢子的传播距离相对较近。

（2）越冬：病原菌在病株残体和脱落的病叶中越冬，是翌年的初次侵染来源。

（3）侵入：链格孢属于兼性寄生菌，它的寄生性相对较弱。在日常管理造成的伤口，昆虫和动物咬伤的伤口是该病原菌侵入的主要途径。

（4）温湿度：引起铁皮石斛枯梢病发生的基本条件是在 20 ~ 30℃，相对湿度为 75% ~ 90%，超出这个温度范围，病害发生相对较轻。

实验证明，该病原菌生长的最适为 25℃，最高温度 31 ~ 32℃，最低温度为 2.5℃，0℃ 以下不生长；最适 pH 值为 6.8，最适光照强度前 72h 为 1600Lx，之后为 6600Lx。在不同的营养条件下产生的孢子量不同；缺 Zn 环境中最有利于孢子的产生，缺 K 时生长状况次之，在缺 C，N，P 时会抑制它的生长（朱锦红等，2008）。

5. 防治措施

（1）农业技术防治：任何病害的发生都与残余病株、温湿度和通风状况有关，一旦发现病株，并且已经出现黑色霉层，要及时剪除，放在塑料袋内带出深埋或烧毁。

（2）生物防治：哈茨木霉（*T. harzianum*）菌株 T-2 和枯草芽孢杆菌（v）菌剂进行喷洒预防，使用浓度参见产品说明书。

（3）化学防治：70% 甲基硫菌灵（甲基托布津）WP，70% 代森锰锌 WP，20% 腈菌唑

WP，77% 氢氧化铜 WP，50% 腐霉利 WP 各 800 ～ 1000 倍，以及 10% 双苯环唑 1500 ～ 2000 倍喷洒防治，每周 1 次，连续喷洒 3 次。

三、可可球二孢茎腐病（*Lasiodiplodia theobromae* stem rot disease）

1. 分布与危害

（1）分布：可可球二孢 [*Lasiodiplodia theobromae* (Pat.) Griffon & Maubl.] 是一种著名的植物病原菌和木材变色菌，广泛分布于亚洲、欧洲、美洲、大洋洲以及非洲等地区。在我国各地均有分布，以热带、亚热带地区分布更为普遍，长江以南的地区时常能看到为害铁皮石斛现象。

（2）危害：可可球二孢的寄主约有 500 种植物。可引起铁皮石斛和紫皮石斛（*Dendrobium devonianum* Paxt.）溃疡病和茎腐病。此外，也能引起油茶（*Camellia oleifera* Abel.）叶斑病（Zhu *et al*., 2014）；梅（*Prumus mume* Sieb. et Zucc.）（李红叶和曹若彬，1988）、柠檬桉（*Eucalyptus citriodora* Hook. f.）、赤桉（*Eucalyptus camaldulensis* Dehnh.）（Osman Kllali, 2010）和桃 [*Prunus persica* (L.) Batsch] 的流胶病（Li *et al*., 2014）；马占相思（*Acacia mangium*）溃疡病（梁子超，1990），湿地松（*Pinus elliottii* Englem.）、火炬松（*Pinus taeda* L.）、加勒比松（*Pinus caribaea* Morelet）（钟小平和梁子超，1990）、麻风树（*Jatropha curcas* L.）（Adandonon *et al*., 2014）和桑树（*Morus alba* L.）根腐病（Xie *et al*., 2014）；秋海棠（*Begoniax elatior* Hort.）茎腐病（Miriam Fumiko Fujinawa *et al*., 2012）；龙眼（*Dimocarpus longgana* Lour.）焦腐病（叶金巧，2009）；龙眼（*Dimocarpus longan* L.）（Serrato-Diaz, *et al*., 2014）、莲雾 [*Syzygium samarangense* (BI.) Merr. et Perry]（Che *et al*., 2015）和草莓（*Fragaria* × *ananassa* Duchesne）（Yildiz *et al*., 2014）、杏仁树（*Prunus dulcis*）（Chen *et al*., 2013）枯梢病和果腐病，以及引起橡胶木 [*Hevea brasiliensis* (Willd. ex A. Juss.) Muell. Arg]（赵桂华等，1991a，1991b，1992，1993；符永碧等，1988）、杨木（*Populus* spp.）和马尾松（*Pinus massoniana* Lamb.）木材变色病。具有诱导白木香 [*Aquilaria sinensis* (Lour.) Gilg] 产生倍半萜的作用（韩晓敏等，2014）。在极少数情况下，可引起人类的角膜炎（Suman Saha *et al*., 2012）。

2. 症状与诊断

（1）症状：该病原菌为害铁皮石斛茎秆有两种情况。一是侵染茎秆中上部形成溃疡斑，初为小的、淡褐色水渍状圆形小斑，后逐渐扩大，环剥茎秆，致上部叶片和茎秆死亡，叶片脱落，茎秆皱缩（图 3-61a），后期在茎秆上形成黑色霉层，即可可球二孢的分生孢子器和分生孢子堆（图 3-61b）这是该病害的最主要的

图 3-61 铁皮石斛溃疡病和枯梢病症状
a. 完整的病株；b. 溃疡斑症状放大。顶部的黑霉状物是病原菌的分生孢子

症状。二是从茎秆中下部形成软腐症状，初期为褐色水渍状（图3-62a），病斑扩大，致使上部逐渐枯萎死亡，在后期的病斑同样形成黑色的霉状物，是病原菌的繁殖器官（图3-62b）。

（2）诊断技术：茎秆溃疡是该病害典型症状，在铁皮石斛栽培地里，只要看到茎秆上出现溃疡斑，且病斑中有黑色煤层，在显微镜下可观察到双细胞、黑色的分生孢子，可以断定是有可可球二孢引起的病害。虽然交链孢菌（*Alternaria* sp.）和枝孢菌（*Cladosporium* sp.)都会引起嫩梢和叶片枯死，产生黑色煤层；区别在于可可球二孢在病斑上会产生黑色小点（分生孢子器），分生孢子为双细胞、深褐色；而交链孢菌和枝孢菌则不同。三种病原菌虽然都属于半知菌亚门，但在分类地位上存在很大差异，可可球二孢属于腔孢纲球壳孢目，而交链孢菌和枝孢菌属于丝孢纲丝孢目。

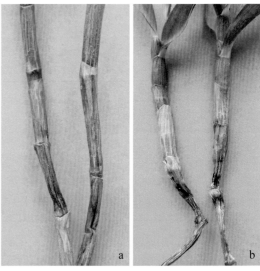

图3-62　铁皮石斛病株基部腐烂症状
a.茎基部腐烂呈褐色水渍状；b.腐烂处已产生黑色
分生孢子堆

3. 病原

可可球二孢 *Lasiodiplodia theobromae* (Pat.) Griffon & Maubl., Bull. Soc. mycol. Fr. 25: 57（1909）

有性世代：*Botryosphaeria rhodina*（Berk, & Curt.）v. Arx, Gen. Fungi Sporul. Cult.（Lehr）：143（1970）

（1）异名（Synonymy）：

Botryodiplodia theobromae Pat., Bull. Soc. mycol. Fr. 8（3）：136（1892）

Diplodia theobromae（Pat）. W. Nowell, Diseases of Crop Plants in the Lesser Antilles: 158（1923）

Sphaeria glandicola Schwein., Trans. Am. phil. Soc., New Series 4（2）：214（1832）

Phoma glandicola（Schwein.）Cooke, Grevillea 20（no. 95）：85（1892）

Cryptostictis glandicola（Schwein.）Starbäck, Bih. K. svenska VetenskAkad. Handl., Afd. 3 19（no. 2）：86（1894）

Diplodia gossypina Cooke, Grevillea 7（no. 43）：95（1879）

Physalospora rhodina Berk. & M. A. Curtis, Grevillea 17（no. 84）：92（1889）

Pyreniella rhodina（Berk. & M. A. Curtis）Theiss, Verh. zool.-bot. Ges. Wien 66: 392（1915）

Botryosphaeria rhodina（Berk. & M. A. Curtis）Arx, Gen. Fungi Sporul. Cult.（Lehr）：143（1970）

Macrophma vestita Prill. & Delacr., Bull. Soc. mycol. Fr. 10: 165（1894）

Diplodia cacaoicola Henn., Bot. Jb. 22: 80（1895）

Lasiodiplodia tubercola Ellis & Everh., Bot. Gaz. 21: 92（1896）

Diplodia tubercola (Ellis & Everh.) Taubenh., Am. J. Bot. 2（7）：328（1915）

Botryodiplodia tubercola (Ellis & Everh.) Petr., Annls mycol. 21（3/4）：332（1923）

Botryodiplodia gossypii Ellis & Barthol., J. Mycol. 8（4）：175（1902）

Chaetodiplodia grisea Petch, Ann. R. bot. Gdns Peradeniya 3（1）：6（1906）

Botryodiplodia elasticae Petch, Ann. R. bot. Gdns Peradeniya 3（1）：7（1906）

Lasiodiplodia nigra Griffon & Maubl., Bull. Soc. mycol. Fr. 25：57（1909）

Diplodia natalensis Pole-Evans, Transvaal Dept. of Agricult. Sci. Bull. 4: 15（1911）

Thyridaria taeda C. K. Bancr., Bull. Dept. Agric. Fed. Malay Stat. 9: [1]（1911）

Lasiodiplodia triflorae B. B. Higgins, Bull. Georgia Exp. Stn 118: 16（1916）

Lasiodiplodia triflorae (B. B. Higgins) Zambett., Bull. trimest. Soc. mycol. Fr. 70 (3)：229（1955）

Diplodia ananassae Sacc., Atti Accad. Sci. Ven.-Trent.-Istr. 10: 75（1917）

Botryodiplodia ananassae (Sacc.) Petr., Annls mycol. 27（5/6）：365（1929）

Physalospora gossypina F. Stevens, Mycologia 17（5）：200（1925）

Physalospora glandicola N. E. Stevens, Mycologia 25（6）：504（1933）

在过去的 122 年（1823—1955 年）中，共记载了可可球二孢的异名有 12 属 20 种，其中包括球二孢属（*Botryodiplodia*）5 种，色二孢属（*Diplodia*）4 种，囊孢壳菌属（*Physalospora*）3 种，*Sphaeria glandicola* Schwein.，*Phoma glandicola* (Schwein.) Cooke，*Cryptostctis glandicola* (Schwein) Starbäck，*Pyreniella rhodina* (Berk. & M. A. Curtis) Theiss，*Botryosphaeria rhodina* (Berk. & M. A. Curtis) Arx，*Macrophoma vestita* Prill. & Delacr.，*Chaetodiplodia grisea* Petch，*Tyridaria tarta* C. K. Bancr.。到 2015 年为止，*Lasiodiplodia theobromae* 的异名有 13 属 26 个；但在文献上出现最多的异名是 *Botryodiplodia theobromae* Pat. 和 *Diplodia theobromae* (Pat.) Nowell。

（2）分类地位：可可球二孢(*Lasiodiplodia theobromae*)隶属于半知菌亚门(Deuteromycotina)腔孢纲(Coelomycetes)球壳孢目(Sphaerosidales)球二孢属(*Lasiodiplodia* Ellis & Everh. 1896)。

在早期的文献中，以 *Botryodiplodia* (Sacc.) Sacc. (1884)记载了本属的 238 个种和专化型，而 *Lasiodiplodia* Ellis & Everh. (1896) 仅记载了 39 个种，而且大多数都是近 20 多年的研究成果。我国在 1990 年之前的研究资料都使用 *Botryodiplodia* 属名，共记载了 10 个种(徐梅卿和何平勋，2008；戴芳澜，1979)，其中，*B. theobromae* Pat. 的寄主有 62 种，现在已把 *B. theobromae* 作为 *L. theobromae* 的异名。1990 年之后才陆续使用 *Lasiodiplodia theobromae* (赵桂华等，1991；1993)。

（3）形态描述：在 PDA 平板培养基上，菌落初为白色，渐变为浅灰褐色、鼠灰色至黑色，绒毛状，气生菌丝丰富，边缘整齐，培养皿反面暗黑色至黑色。在 25±2℃（黑暗，相对湿度 80% ~ 90%），日生长量平均为 1.8cm。2 ~ 3 周产生黑色、绒毛状的小球，即分生孢子器，4 ~ 5 周产生成熟的分生孢子，有时在分生孢子器顶端有黑色分生孢子堆（图 3-63）。

分生孢子器单生或聚生，具子座和孔口，常伴有刚毛状，宽度达 5mm，黑色，球形或近球形（图 3-64），分生孢子器壁厚薄较均匀，大小 446.7μm×340.5μm；分生孢子梗无色，单生，有时具分隔，罕见分枝，圆柱形，生在与分生孢子器腔室的内壁上；产孢细胞无色，单生，圆柱形至亚倒梨形，外生芽殖型，环痕式；分生孢子初期为单细胞，无色，亚卵形至椭圆形（图 3-65 a），壁较厚，基部平截；成熟的分生孢子双细胞，深褐色，常常具纵纹状（图 3-65 b），

26.2～30.8μm×14.2～18.4μm，平均28.8μm×16.5μm。侧丝生在分生孢子梗之间，无色，圆柱形，丝状，有时具分隔（图3-66），96.2～145.8μm×3.7～4.4μm，平均122.8μm×3.9μm。

可可球二孢的鉴定，一定要观察成熟的分生孢子。未成熟分生孢子易与聚生小穴壳（*Dothiorella gregaria* Sacc.）和大茎点霉菌（*Macrophoma* sp.）相混淆，所以，在鉴定病原菌时，应以成熟的分生孢子形态为准。

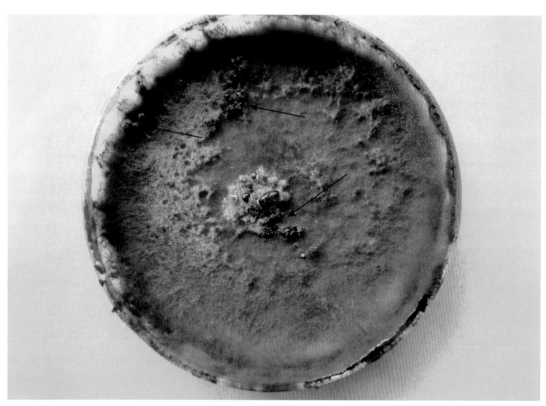

图 3-63　可可球二孢的灰褐色菌落及黑色球形分生孢子器（箭头指向）

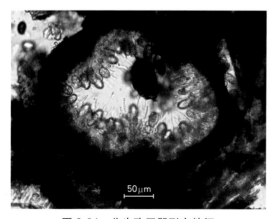

图 3-64　分生孢子器形态特征

图 3-65　可可球二孢的分生孢子
a. 未成熟的分生孢子；b. 成熟的分生孢子

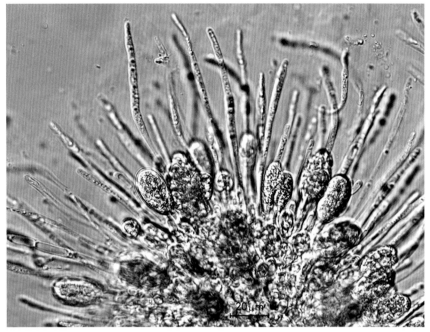

图 3-66 未成熟分生孢子和侧丝

4. 发病规律

（1）传播途径：主要依靠铁皮石斛栽培畦里的病株及病叶片带菌传播。后期在茎秆上产生黑色的分生孢子时，管理人员手上沾黏，昆虫和小型动物在病斑上爬行携带分生孢子进行较远距离的传播，以及棚内气流或浇水时的水滴溅散分生孢子进行近距离传播。

（2）越冬：在温带和亚热带地区，病原菌在病株残体上以菌丝越冬，是翌年的初次侵染来源。在热带地区无越冬现象，常年都可侵染铁皮石斛。

（3）侵入：在 3 月下旬，越冬后菌丝开始生长，产生分生孢子器和分生孢子，大多数芽管是通过伤口侵入，少部分可直接侵入。在适合的条件下，潜育期 6 ～ 8 天。4 月上中旬开始发病，有再次侵染现象。

（4）温湿度：可可球二孢在 20 ～ 33℃生长较好，最适生长温度为 27±1℃；pH 值为 5 ～ 8，光可以诱导分生孢子器的形成。在生长季节，相对湿度大于 70% 都能发生病害，6 ～ 9 月是发病盛期，但温度超过 35℃时，病害停止发展。

5. 防治措施

（1）农业技术防治：

①病害发生与管理水平有直接关系，日常管理过程中，要把病株残体清除，并带出栽培地深埋或烧毁。

②水分管理和通风条件是影响病害发生的主要因素，浇水要适中、合理，夏季降温，营造良好的通风条件。

（2）生物防治：由于可可球二孢生长速度极快，大多数的生防细菌和真菌无法抑制或覆盖它的生长。实验结果证明，哈茨木霉（*Trichoderma harzianum*）T-22（6 亿孢子 /g）可湿性粉剂 1500 倍喷洒。枯草芽孢杆菌（*Bacillus subtilis*）和短短小芽孢杆菌（*Brevibacillus brevis*）（Che

et al.，2015）对可可球二孢也有一定的防效。弗吉尼亚链霉菌（*Streptomyces virginiae*）发酵液稀释 50 倍可完全抑制生长，300 倍后抑制率为 41.4%（光凯等，2011）。

（3）化学防治：防治时首选 80% WP 多菌灵 1000 倍液，50% WP 异菌脲 800 倍液，每周 1次，连续喷洒 2 ～ 3 次，具有预防和治疗作用。

四、腐霉菌茎秆软腐病（Pythium stem soft rot）

1. 分布与危害

（1）分布：铁皮石斛茎秆软腐病由瓜果腐霉 [*Pythium aphanidermatum* (Edson) Fitzp.] 引起。该病原菌分布于美国、南非、马来西亚、马拉维、土库曼斯坦等 40 多个国家；中国各地均有分布，是一种常见的土壤和基质病原菌。由于病害发生与气候关系密切，故南方比北方发病更重。

（2）危害：瓜果腐霉菌的寄主有葫芦科、茄科、百合科、豆科和禾本科等 148 种植物，可引起种子腐烂、苗期猝倒、立枯、根腐、茎腐、花腐和果腐等病害。研究证明，在铁皮石斛上，不是仅有瓜果腐霉的危害，而且终极腐霉（*Pythium ultimum* Trow）既能引起铁皮石斛病害，也能为害其它石斛（*Dendrobium* spp.）（李向东等，2011；2013），一旦发病，植株将很快死亡，基本没有挽回的余地。

研究发现，一些植物病害既有一种病原腐霉菌引起，也有几种腐霉菌共同引起。60% 以上的幼苗猝倒病由刺腐霉（*Pythium spinosum* Sawada）和腐皮镰孢 [*Fusarium solani* (Mart.) Sacc.] 复合侵染引起，在这里腐霉是主要致病菌（陈利锋等，1997；龙艳艳等，2005）。

腐霉属（*Pythium* Pringsh. 1858）真菌是世界性分布的重要低等生物，种类繁多，生活习性多样，可腐生、寄生或兼性寄生，又可陆生、水生或者水陆两栖生，多数腐霉菌在土壤和水生环境中营腐生生活（Godfrey *et al.*，2003）。同时，腐霉菌也是多种植物病害的病原菌，引起猝倒病、根腐病、根茎腐病及种子腐烂病等多种病害（Van & Plats, 1981），对农业生产损失严重。

2. 症状与诊断

（1）症状：瓜果腐霉菌引起的茎腐病主要夏季发生在夏季，为害植物茎秆基部或根，病部开始为暗褐色，以后绕茎基部扩展一周，致使茎部皮层腐烂，水分和养分的供给系统受到破坏，致使叶片变黄、萎蔫，后期整株枯死（图 3-67）。湿度大时，病株上会长出白色絮状霉层（向新华和许艳丽，2012），发病快，传播性强。

（2）诊断技术

①在发病初期，由瓜果腐霉菌引起的茎腐病与其它病原菌引起的茎秆腐烂病难以区分，只有在茎秆腐烂后，并产生白色菌丝才能初步进行识别。

②在实验室进行分离培养，得到纯培养后，

图 3-67 铁皮石斛软腐病症状

再进行水培养，并在光学显微镜下观察，结合症状特征才能确定是否是瓜果腐霉菌引起的病害。

3. 病原

瓜果腐霉 *Pythium aphanidermatum*（Edson）Fitzp., Mycologia 15（4）: 168（1923）

（1）异名（Synonymy）：

Nematosporangium aphanidermatum（Edson）Fitzp., Mycologia 15（4）: 168（1923）

Nematosporangium aphanidermatum（Edson）Fitzp., Mycologia 15（4）: 168（1923）var. *aphanidermatum*

Rheosporangium aphanidermatum Edson [as '*aphanidermatus*'], Journal of Agricultural Research 4: 279（1915）

（2）分类地位：瓜果腐霉（*Pythium aphanidermatum*）隶属于鞭毛菌亚门（Mastigomycotina）卵菌纲（Oomcetes）腐霉目（Peronosporales）腐霉科（Pythiaceae）腐霉属（*Pythium* Pringsh. 1858）。

全世界共记载腐霉属真菌 280 种和 30 变种，能引起植物病害的腐霉菌超过 80 种（向新华和许艳丽，2012）。俞大绂教授是我国最早研究腐霉菌分类的真菌学家，他在 1934 年首次报道了黄瓜猝倒病菌，即瓜果腐霉（*Pythium aphanidermatum*）。至今，我国共报道过腐霉属真菌有 62 种，其中，能引起植物病害的有 40 种。

（3）形态描述：在 PDA 培养基上菌落白色（图 3-68），菌丝无色，发达，无分隔（图 3-69a），直径 2.8 ～ 7.3μm；孢子囊条状或肥大而有瓣状分枝（图 3-69b），直径 4.2 ～ 20.3μm，萌发产生泡囊，形成十余个至数十个游动孢子，孢子肾形，有 2 根侧生鞭毛，大的 12 ～ 17μm×5 ～ 6μm。藏卵器球形，直径 13 ～ 34μm；卵孢子球形（图 3-69c），表面光滑，直

图 3-68 瓜果腐霉菌落

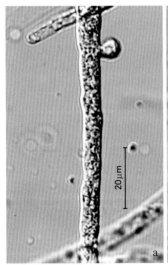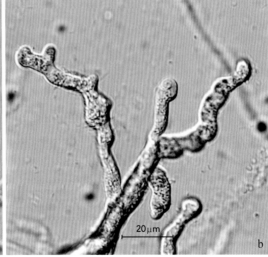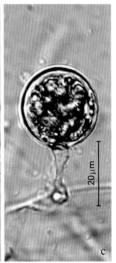

图 3-69 瓜果腐霉形态特征

a. 无隔菌丝；b. 未成熟的孢子囊；c. 卵孢子

径 12 ~ 24μm；雄器有柄；每个藏卵器一般只与一个雄器交配（魏景超,1979）。

4. 发病规律

（1）传播：该病菌腐生能力强，可以在栽培基质中长期存活。通过已发生污染的栽培基质、肥料、借助于灌溉水和雨水溅射而传播，特别是在高温高湿的环境中，病原菌扩散极快，危害较重。

（2）越冬：瓜果腐霉菌是典型的土壤习居真菌，以卵孢子随病残体在栽培基质、土壤中越冬，可营腐生生活。

（3）侵入：在环境条件适宜时，卵孢子萌发产生芽管，从茎基部直接侵入植株。病原菌多从伤口（如虫害或机械伤害造成的伤口等）处侵染植株，当植株的抵抗力下降时，病菌就开始侵染。

（4）温湿度：病菌虽然喜欢 30 ~ 36℃的高温，但 15 ~ 20℃时繁殖最快，8 ~ 9℃低温条件下也可生长，在低温些的幼苗生长缓慢，遇到高湿，则感病期拉长，特别是在局部有滴水时，铁皮石斛幼苗很易发生腐烂。

遇有连续阴雨雾天，浇水后的积水处或薄膜滴水处，水分过大有利于孢子囊萌发，在顶端产生游动孢子囊和游动孢子进行传播侵染，并成为发病中心。光照不足、幼苗生长衰弱、栽培过密的幼苗往往发病较重。

5. 防治措施

由于腐霉病害的特殊性，它的防治不能以单一方法进行，应多种方法结合，保证铁皮石斛高产优质和高效。

（1）农业技术防治：

①清除病株残体、适当控制水分、减少传播途径是防治该病害的重要手段。

②采用物理方法，栽培前对基质进行消毒处理，可减少病害发生。

（2）生物防治：目前，哈茨木霉（*Trichoderma harzianum*）已经商品化。美国的 Topshield（哈茨木霉 T22）和以色列的 Trichodex（哈茨木霉 T39）产品各地农药商店均有销售，使用剂量参见产品说明书。

我国报道了哈茨木霉（*Trichoderma harzianum*）1295-22 菌株（朱廷恒,1999），深绿木霉（*Trichoderma aureoviride*）菌株（古丽君等,2011）对瓜果腐霉有很好的抑制作用；哈茨木霉 TGY040604 菌株，对瓜果腐霉的生长抑制率达到 80% 以上（向新华和许艳丽,2012）。

（3）化学防治：

①发病前或发病初期用 30% 噁霉灵 800 倍液，发病时用噁霜嘧铜菌酯 1000 倍液，效果较好。

②在发病期选用 OS 施特灵、甲霜灵、甲基托布津和碳磷酸盐化合物（AG3）（Martinez *et al.*,2005），58%甲霜灵·锰锌可湿性粉剂 500 倍液，72.2%霜霉威水剂 600 倍液，69%烯酰吗啉·锰锌可湿性粉剂 800 ~ 1000 倍液，75%百菌清可湿性粉剂 600 倍液，30%噁霉灵，70%代森锰锌可湿性粉剂 500 倍液，每周 1 次，连喷 3 次。

第三节　根部病害

一、疫霉根腐病（Phytophthora root rot）

1. 分布与危害

（1）分布：铁皮石斛疫病由烟草疫霉（*Phytophthora nicotianae* Breda de Haan）引起，又被称为萎蔫病、根腐病、脚腐病、根茎部腐烂病，是近年来为害铁皮石斛较重的真菌病害之一。该病原菌分布于 44 个国家。我国于 2001 年首次在浙江义乌铁皮石斛种植田间发现疫霉病（李静等，2008），后来陆续在天台、富阳、临安、绍兴和萧山等地，以及云南省德宏州、瑞丽市、潞西市、陇川县、梁河县和盈江县的部分铁皮石斛种植基地相继发生（萧凤回等，2008；李静等，2008；任国敏等，2013；胡玉伟，2014）。

（2）危害：在铁皮石斛栽培地里，烟草疫霉菌侵染根部和茎部，严重时可导致植株死亡（萧凤回等，2008），是一种毁灭性的病害。在云南德宏地区，该病原菌也能为害齿瓣石斛（*Dendrobium devonianum* Paxt.）、兜唇石斛 [*D. aphyllum* (Roxb.) C. E. Fischer] 和重唇石斛（*D. hercoglossum* Rchb. f.）。

2009 年，在云南省德宏州各个市（县）36 个石斛种植基地调查证明，88.9% 的被调查基地都发生了不同程度的疫病（白学慧等，2010；任国敏等，2013），平均病丛率为 6.65%。其中，瑞丽市的平均病丛率高达 12.0%；潞西市、陇川县、梁河县和盈江县为 2.89%～7.63%（任国敏等，2013）。人工设施栽培铁皮石斛疫病的发生较林下仿野生栽培发病更严重。在自然条件下没有观察到石斛疫病的发生。在浙江，2～3 年生的石斛植株发病率达 5%～10% 左右（李静等，2008）。

2. 症状与诊断

（1）症状：在浙江地区，铁皮疫病发生期为 7 月上旬到 10 月中旬。病害发生严重时，整个植株根部腐烂，随后叶片皱缩、脱落，不久整个植株枯萎死亡（图 3-70 至图 3-73）。为害

图 3-70　根部和茎基部腐烂

图 3-71　根部和茎基部腐烂

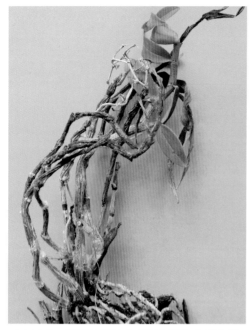

图 3-72　后期整丛铁皮石斛根部和茎秆腐烂

图 3-73　铁皮石斛根死亡后引起茎秆腐烂变色

a. 根部腐烂；b. 茎秆内组织变色

1 至多年生的铁皮石斛植株，但侵染当年长出的幼嫩部分，可引起顶枯（图 3-74）。疫霉病在田间有明显的发病中心，然后逐渐向周围扩展。在病害发生过的地方，补栽的铁皮石斛苗发病率达 70%～80%，原因是仍然残留在栽培基质中，并积累一定种群数量，一旦遇到新的易感病寄主，会迅速侵染引起病害。

图 3-74　铁皮石斛根部腐烂后表现出的顶梢枯死

a. 枯梢初期症状；b. 枯梢后期症状

（2）诊断技术：

①在栽培期间管理期间，如果发现铁皮石斛生长衰弱、茎基部腐烂，或叶片变黄和顶梢枯死，就要拔出整丛的铁皮石斛，检查是否有根腐烂现象，如有上述现象，就是铁皮石斛疫病。

②该病害与铁皮石斛白绢病（*Sclerotium delphinii*）都能引起根部腐烂，造成整株死亡。二者主要区别在于白绢病在死亡的植株上有白色菌丝和菌核，而疫病没有上述现象。

3. 病原

烟草疫霉菌（*Phytophthora nicotianae* Breda de Haan），Meded. Lds PlTuin, Batavia 15: 57（1896）

（1）异名（Synonymy）：根据 Index of fungorum 记载，该病原菌异名包括疫霉属（*Phytophthora*）和 *Blepharospora* 的 10 种、6 亚种真菌。

（2）分类地位：隶属于鞭毛菌亚门（Mastigomycotina）霜霉目（Peronosporales）霜霉科（Peronosporaceae）疫霉属（*Phytophthora* de Bary 1876）。

（3）形态特征：在 PDA 上生长较慢，在 25℃黑暗条件下，生长速度为 7.6mm/d，菌落浓密，花瓣状，边缘不整齐。在 V8 汁液培养基（V8 juice broth）上（25℃、黑暗）生长较快，生长速度为 11.5 mm/d；气生菌丝比较旺盛，菌落均匀一致，边缘比较整齐。藏卵器球形，壁光滑，直径 17.3 ～ 34.2μm（平均 26.8μm），壁厚 1 ～ 2 μm，满器，均质。卵孢子球形（图 3-75），直径 17.1 ～ 27.1μm（平均 23.3μm）。雄器围生（amphigynous），柱形，单细胞。主轴菌丝 6.3 ～ 11.3μm（平均 9.7μm），分枝菌丝大小为 3.8 ～ 6.3μm（平均 5.6μm）。菌丝块在水中产生大量的游动孢子囊，孢囊梗不分枝或偶尔分枝，孢子囊不从孢囊梗上脱落。游动孢子囊光滑、倒梨形、卵形、卵圆形、梨形和近球形，大小为 17 ～ 48μm×12 ～ 33μm，长 / 宽比为 1.36±0.19，大多数顶生，偶尔侧生，通常具有明显的乳突（图 3-76）。厚垣孢子间生或顶生，球形到卵圆形（图 3-77），光滑，大小为 25.9 ～ 40.7μm×18.7 ～ 36.2μm（李静等，2008；Stamps

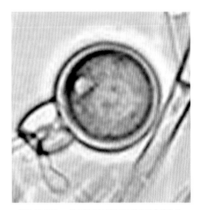

图 3-75　烟草疫霉卵孢子穿雄生
（引自李静等，2008）

 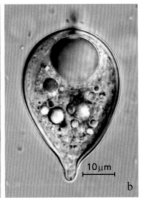

图 3-76　烟草疫霉的孢子囊形态
a. 孢子囊顶端钝圆；b. 孢子囊顶端具乳突

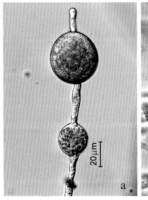 

图 3-77　烟草疫霉的厚垣孢子形态特征
a. 串生的厚垣孢子；b. 顶生的厚垣孢子

et al., 1990；Erwin & Ribeiro，1996）。

菌丝生长和产生孢子囊的最适温度27℃，最适 pH 值6，最适培养基为燕麦培养基；黑暗不利于烟草疫霉产生孢子囊（李蕊倩，2008）。

4. 发生规律

（1）发病时间：在我国不同地区，铁皮石斛疫病的发生时间有差异，在云南德宏州地区石斛种植基地5月底至6月上旬开始出现症状，在浙江为7月上旬，一直持续到10月底至11月上旬。潜育期短，为10～15天。病害发生的严重程度与栽培品种、栽培模式及栽培基质有关。

（2）传播途径：该病原菌的传播可通过种苗调运，栽培基质携带和管理过程中的操作携带可进行较长距离传播；在浇水过多时，病原菌的孢子囊也可随水流进行近距离传播。

（3）越冬：病原菌以菌丝在病株残体上或以卵孢子在栽培基质中越冬。

（4）侵入：该病原菌为兼性腐生菌，具有从铁皮石斛根部侵染、伤口侵染，也具有直接侵染的能力，进入植株后迅速扩展到茎部和地上部分。

（5）温湿度：在25+2℃的条件下，菌丝体在水中发生大量的游动孢子囊，并以水为介质附着在石斛根部。因此，根部积水24～48h，就极容易造成疫病大面积的发生。在铁皮石斛的生长期内，18℃以上都能满足疫霉菌生长发育的需要，这时病害发生早晚与棚内浇水多少有关，当空气相对湿度85%～95%时易发病。

5. 防治措施

（1）农业技术防治：

①铁皮石斛种植区要通风透气，发病时严格控水。基质的滤水性好坏是控制疫病发生的关键因素。

②及时去除病叶、病株及根部基质。

③选择健康种苗，病害发生首先取决于种苗的好坏程度，因此种苗的筛选是控制病害发生的源头。

（2）生物防治：在病害发生初期，使用医用的氯霉素 1000 倍液喷雾。

（3）化学防治：

①种苗消毒：组培苗在栽培前，务必将根系上的培养基清洗干净，如清洗不干净将会导致疫霉菌的滋生。用 800～1000 倍多菌灵液浸泡种苗根部30s，晾干后进行种植。

②引种植株消毒：从外地引进的新植株，在栽培之前，要用 600～700 倍的多菌灵菌液药剂进行消毒处理。

③因栽培基质和羊粪中可能带有病原菌，故在使用前要适当进行消毒处理。

④在病害防治过程中，使用烯酰吗啉类、苯酰胺类、苯醚、氟菌·霜霉威、甲霜灵防治效果较好，但几种药剂要交替使用，防止产生抗性。通过田间防治效果比较认为，雷多米尔防治效果明显好于甲霜灵，10 天喷施 1 次（李静等，2008）。

二、小核菌白绢病（Sclerotium root rot）

1. 分布与危害

由罗尔夫阿太菌 [*Athelia rolfsii* (Curzi) C. C. Tu & Kimbr.] 引起的病害被称为白绢病、菌核性根腐病或芥菜籽真菌病（Koike *et al.*, 2007），有性世代在人工培养和自然条件下罕见；而在铁皮石斛生长季节造成危害的是该菌的无性世代翠雀小核菌（*Sclerotium delphinii* Welch），属于栽培基质和土壤中的习居菌。

（1）分布：病原菌主要分布于亚洲（中国、印度、马来西亚、文莱、菲律宾、伊朗、斯里兰卡、日本、朝鲜），非洲（坦桑尼亚、乌干达、塞内加尔、马拉维、肯尼亚、扎伊尔、毛里求斯、加纳、南非），欧洲（希腊、意大利、俄罗斯），大洋洲（新西兰、澳大利亚），北美（美国、加拿大、墨西哥），中南美（萨尔瓦多、古巴、特立尼达和多巴哥、法属温德华群岛、委内瑞拉、秘鲁、哥伦比亚、巴西、阿根廷）等（小林享夫和张连芹，1986）。在我国各省都有分布，特别是长江以南的铁皮石斛栽培地区发生较普遍。

（2）危害：病原菌的寄主达 100 科 500 种以上，主要为害幼苗，以豆科及菊科最多，其次为葫芦科、石竹科、十字花科、唇形花科、毛茛科、大戟科、玄参科及茄科。单子叶植物则以禾本科、百合科、鸢尾科及石蒜科为主。低等植物苔藓类亦有。可为害铁皮石斛、霍山石斛（*Dendrobium huoshanense* C. Z. Tang et S. J. Chen）、紫皮石斛（*Dendrobium devoninum* Paxt.），以及东亚兰（*Cymbidium hybridum* Hort）、四季兰（*Cymbidium ensifolium* var. *rubrigemmum*）、拖鞋兰 [*Paphiopedilum insigne* (Lindl.) Pfitz.]、蝴蝶兰（*Phalaenopsis amabilis* Blume）、寒兰（*Cymbidium Kanran* Mak.）和一叶兰（*Aspidistra elatior* Blume）等多种兰花植物。危害程度远大于炭疽病和其它病害，一旦发生此病，造成的危害和损失巨大。

2. 症状与诊断

（1）症状：翠雀小核菌为害不同寄主的症状大致相似，是一种毁灭性危害。因寄主种类、年龄、生理状况及侵入部位不同而症状稍有差异，绝大多数的研究者认为，该病原菌主要引起植物根部腐烂，但是在铁皮石斛上有例外。

铁皮石斛白绢病首先为害地上部分的叶片、茎秆、茎基部，待上部死亡后，下面的根才出现腐烂症状，这是与木本植物白绢病的最大区别。从一年生的铁皮石斛小苗到多年生的大植株均可被害，但为害的部位和严重程度各有差异。

①为害叶片和茎秆。该病原菌可直接为害当年栽培的幼苗，叶片枯死腐烂，并产生大量菌核（图 3-78），生长旺盛的健康叶片（图 3-79）、茎秆（图 3-80）。翠雀小核菌存在于栽培基之内，先在基质表面生长，白色的菌丝蔓延到植株上，然后向上蔓延生长（图 3-81）；坏死症状从叶柄开始，病斑初期为小的淡褐色病斑，水渍状，随着病斑不断扩大，可使整个叶片腐烂死亡，呈深褐色，在栽培基质和死亡叶片上面长出白色绢状菌丝束（图 3-82）和菌核（图 3-83）。菌核初为白色，后为黄色，最终变为褐色（图 3-84）。

②为害茎基部和根部。不论是 1 年生小苗，还是多年生整丛植株根部，被害的茎基部（图 3-85）和根组织（图 3-86 和图 3-87）都会出现水渍状、浅褐色腐烂病斑，随后叶上部由绿色变为灰白色，逐渐腐烂变软，呈不同程度褐色到黑褐色坏死，随后长出白色绢状菌丝，植物生

长衰弱，上部萎凋黄化，叶片干枯卷曲死亡；湿度高时，受害部位常覆盖白色菌丝及菌核，其后白色菌丝消失，仅剩下菌核；导致植株基部和根腐烂变软，植株很快死亡。

（2）诊断技术：

①该病既为害当年叶片、嫩茎，也为害老茎的基部和根，造成腐烂、水渍状，淡黄色至褐色，组织软化腐烂；根部腐烂症状与铁皮石斛疫病（*Phytophthora nicotianae* Breda de Haan）和软腐病（*Pythium ultimum* Trow）的症状类似，识别该病的关键点在于把生病或死亡植株拔出来，检查根部是否有白色菌丝。

②检查基质表面、叶片和茎秆是否有白色菌丝及菌核。

图 3-78　小苗被害症状和坏死叶片上的红褐色菌核

图 3-79　灰褐色叶片腐烂症状，白色菌丝
和未成熟的白色菌核

图 3-80　茎秆中部腐烂症状

图 3-81 健康茎秆上的翠雀小核菌的白色菌丝

图 3-82 在栽培基质和死亡叶片上面长出白色绢状菌丝束

图 3-83 铁皮石斛栽培基质上的翠雀小核菌的白色菌丝束及菌核

图 3-84 死亡铁皮石斛植株上的菌核，发病后期白色菌丝消失，变为褐色

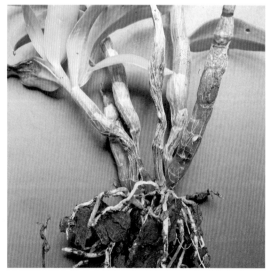

图 3-85 铁皮石斛茎基部腐烂

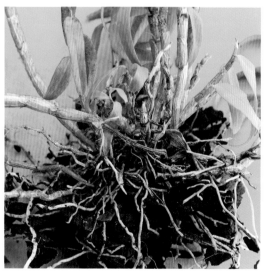

图 3-86 铁皮石斛根的腐烂症状

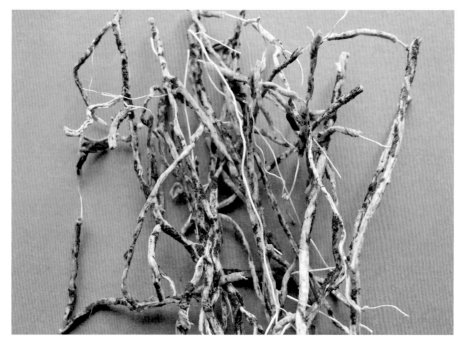

图 3-87　腐烂的根

3. 病原

罗尔夫阿太菌 [*Athelia rolfsii* (Curzi) C.C. Tu & Kimbr.]，Bot. Gaz. 139（4）：460（1978）

无性世代：翠雀小核菌（*Sclerotium delphinii* Welch），Phytopathology 14: 31（1924）

（1）异名（Synonymy）：

Botryobasidium rolfsii (Curzi) Venkatar.，Indian Phytopath. 3（1）：82（1950）

Corticium rolfsii Curzi，Boll. R. Staz. Patalog. Veget. Roma 2（11）：306（1932）

Pellicularia rolfsii (Curzi) E. West，Phytopathology 37: 69（1947）

Sclerotium rolfsii var. *delphinii* (Welch) Boerema & Hamers，Neth. Jl Pl. Path. 94 (suppl. 1): 7 (1988)

（2）分类地位：有性世代：担子菌亚门（Basidiomycotina）非褶菌目（Aphyllophorales）伏革菌科（Corticiaceae）阿太菌属（*Athelia* Pers. 1822），自然条件下有性世代罕见。

无性世代：半知菌亚门（Deuteromycotina）丝孢纲（Hyphomycetes）无孢目（Agonomycetales）小菌核属（*Sclerotium* Tode 1790），无性世代常见。

（3）属的建立：该真菌由意大利真菌学家 P. A. 萨卡多（Pier Andrea Saccardo）在 1911 年首次描述，他是根据彼得·亨妮罗尔夫斯（Peter Henny Rolfs）送来的在美国佛罗里达州马铃薯枯萎病标本，进行无菌培养只产生菌丝和菌核，认为是一种未命名的真菌，把该种放在小核菌属（*Sclerotium*）中，命名为翠雀小核菌（*Sclerotium delphinii* Welch）。

在 1932 年，Mario Curzi 发现了该菌的有性阶段是一种革菌（corticioid fungus），就把它放在革菌属（*Corticium*）中，命名为罗尔夫革菌（*Corticium rolfsii* Mario Curzi），1978 年又被转移到阿太菌属（*Athelia*）属中，命名为罗尔夫阿太菌（*Athelia rolfsii*）。

（4）形态描述：有性阶段：担子果平铺，光滑、白色。显微镜检查，菌丝具有锁状联

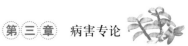

合（图3-88），担子棒状，其上生4个光滑、椭圆形或梨形的担孢子，无色，单胞，平滑，4～7μm×3～5μm。有性世代曾于我国蝴蝶兰及寒兰病株上发现，有性孢子无致病性。

无性阶段：在马铃薯蔗糖琼脂（PDA）培养基上，菌丝白色棉，絮状或绢丝状，有锁状联合，放射状生长（图3-89a）；初为由白色绢状菌丝体聚集而成的乳白色小球体，5天渐渐变为米黄色菌丝球（图3-89b），黄色、黄褐色到深红褐色（2周），最后变为深褐色，似油菜籽大小，球形或近球形（图3-90），平滑，有光泽；这时在PDA上看不到菌落形态和颜色，只看到培养基上有深褐色菌核，直径为1～5mm，圆形至椭圆形，以2～3mm的菌核为多，3mm×5mm的菌核较少；菌核在培养皿内散生，周围较中间多，在中间的接种点菌核聚生，红褐色的菌核表面有大小不等的圆形斑点（图3-91），有时在培养皿周围产生的菌核较多。菌核内部白色，

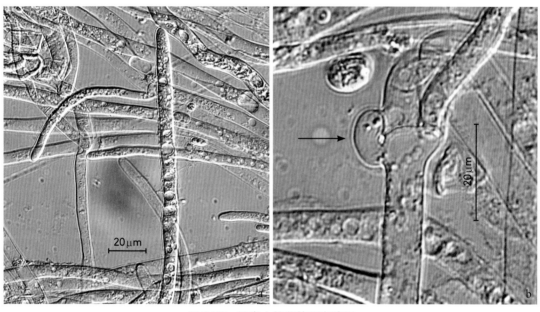

图3-88 翠雀小核菌的形态特征
a. 菌丝；b. 锁状联合（箭头指向点）

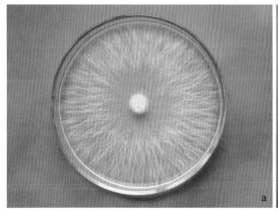

图3-89 培养7天的白绢病菌
a. 放射状菌丝；b. 未成熟的菌核

图 3-90　成熟的菌核

图 3-91　菌核表面具有圆形斑点

由拟薄壁组织（parenchyma）构成，内部细胞大而色浅，软骨质到肉质；表层细胞小而色深。每个菌丝细胞长约 60 ～ 100μm，菌丝宽 3.93 ～ 9.46μm。

翠雀小核菌（*S. delphinii*）与罗尔夫小核菌（*S. rolfsii*）的有性世代均为罗尔夫阿太菌（*Athelia rolfsii*），它们的区别在于：前者菌核较大，表面有大小不等的圆形斑点，后者菌核较小（直径 1 ～ 3 mm），表面光滑，无纹饰。

4. 发病规律

菌核是该病原菌存活和抵抗不良环境的主要方式。一般情况下，病害发生的时间为 5 ～ 10 月，6 ～ 8 月上旬为发病高峰期，温度超过 35℃病害发生减慢。在铁皮石斛种植密度过大时，遇到高温、高湿的天气更易发病，特别是在栽培基质呈酸性（pH 值 3 ～ 5）的条件下，发病迅速，危害性大。该病害有再次侵染现象。

（1）越冬：病原菌主要以菌丝、菌核在栽培基质、土壤或病残组织中越冬。

（2）传播：该菌可在病株残体，栽培基质或土壤内有机质中长期存活。可借水流、土壤、介质、有机质或人员、机具携带而传播，带病种苗可进行远距离传播。

羊粪是种植铁皮石斛使用的主要肥料之一。分析其原因，为害铁皮石斛的病原菌来源有两种：

①本地原来就存在；

②来自其它省份，可能是随着羊粪来自内蒙古或随一些有机肥来自其它地方，所以，需要注意外来有机肥的灭菌、消毒问题。

（3）侵入：在条件适宜时，菌核萌发产生菌丝，并逐渐扩展蔓延，从寄主根部或靠近地面的植株茎基部直接侵入，或通过铁皮石斛的自然孔口、伤口，或昆虫为害造成的伤口侵入感染。

（4）病原菌的抗逆性：菌核抗逆性很强，可抵抗高温、低温的极端天气，在自然条件下能存活 5 ～ 6 年，在 PD 培养液中可存活 28 个月，菌核的萌发率为 100%；在水中能存活 3 ～ 4 个月，所以短期夏季淹水不影响翠雀小核菌的存活，这就是铁皮石斛大棚内长期浇水或保持较高湿度仍然严重发病的原因。

（5）温度：在马铃薯蔗糖琼脂培养基（PDA）上，翠雀小核菌的最适生长温度为 25±2℃，低于8℃或高于40℃时停止生长，35℃生长明显减弱；50℃下菌核只能生存2 h左右，菌丝存活则不到15min。菌核在21～30℃的条件下萌发率较高，低于或超过此温度范围萌发率明显降低（Koike *et al.*, 2007）。特别是在热带和亚热带地区，15℃以上就能危害铁皮石斛。

（6）腐生性：翠雀小核菌是兼性寄生菌，与其它土壤病原菌相比，它的腐生能力较强。在铁皮石斛生长势强，或没有遇到适合寄主及环境条件不适合的时候，以腐生状态在铁皮石斛栽培基质中长期存活，这就给我们一个提示，为什么当年栽培的铁皮石斛，在管理不善、石斛苗生长势衰弱的情况下会发生严重的白绢病，这是由于翠雀小核菌的寄生性所决定的，应引起栽培管理着的高度重视。只有了解了病原菌的习性，才能有的放矢地控制病害的发生。

但也有一些翠雀小核菌的菌株对铁皮石斛的寄生性强，可能由于病原菌菌株发生了基因突变，形成了新的、致病性强的菌株，或新的生理小种的原因。

（7）氧气：菌核萌发与空气有关，通气条件良好的情况下，菌核萌发率比厌气条件下更高。

（8）水分：在大多数的情况下，当含水率达到饱和时菌核发芽率降低，但也有相反情况。水分对菌核的萌发影响不大。

（9）栽植密度：大多数病害的大发生往往与铁皮石斛栽培密度大有关，已被铁皮石斛植株覆盖的盆面或基质面，通风、排水不良，造成微气候中相对湿度较高的环境下，发病率相随较高。

（10）挥发性气体：一些未被分解的栽培基质或有机质常产生挥发性气体，从而促使菌核萌发。

5.　防治措施

（1）农业技术防治

①通风。铁皮石斛生长除了需要一定温湿度外，还要有良好的通风透气条件，改善大棚内环境的状况，在栽培设施里，只要人感觉到舒服的环境，铁皮石斛就会生长良好。同时，适当降低棚内的湿度和温度可减低各种病害的发生。

②清除病株。在发现病株时立即拔除，带出栽培基地深埋或烧掉，病穴消毒，撒石灰粉；同时更换病株周围的基质。增施磷、钾肥，增强植物抗病性。

③栽培基质处理。栽培管理者要充分利用夏季高温、阳光充足的条件，可将栽培基质堆成25～30cm高，有条件的单位，可在基质上面喷洒70%工业乙醇（有很好的杀菌作用），上面覆盖透明塑料布进行日光杀菌（四周压紧密封），在35℃以上的晴天，7～10天即可有效杀灭基质内的病原菌，但把塑料布揭开时，乙醇会全部挥发，无残留，属于真正的有机栽培基质处理方法。春季和秋季则可减少基质的堆积高度或延长处理时间。腐霉病菌（*Pythium* sp.）、疫病菌（*Phytophthora* sp.）、镰孢菌（*Fusarium* sp.）及白绢病菌10天即可杀灭。

在夏季晴天，使用平面式阳光收集器（flatsolar collectors），视日光强度而定，白绢病菌1天即可杀灭。立枯丝核菌（*Rhizoctonia solani* Sacc.）及根瘤线虫（*Meloidogyne incognita* Chiwood）需2天。除白绢病外，还可防治多种重要铁皮石斛病害。

（2）生物防治：微生物农药主要用于植物病害的预防。在病害发生后，其效果远不如化学杀菌剂，所以，使用微生物农药的时间很重要。

①哈茨木霉（*Trichoderma harzianum*）是全世界应用最广泛的一种微生物菌剂，由于生长速度快，对白绢病菌具有很强的空间占领（覆盖）能力和拮抗能力。在白绢病发生之前效果佳，

发生初期次之。选用哈茨™木霉菌 T-22 株的可湿性粉剂（3 亿 CFU/ 克）1000 ~ 1500 倍喷洒植株或液灌根；此外，还可预防由终极腐霉（*Pythium ultimum* Trowvar）（陈捷等，2004）、立枯丝核菌（*Rhizoctonia solani* Sacc.）、镰刀菌（*Fusarium oxysporum* Schoechteuda）、灰葡萄孢菌（*Botrytis cinerea* Persoon）、黑根霉（*Rhizopus nigricans* Ehrenb.）和柱孢霉（*Cylindrocladium parasiticum* Crous, Wingfield & Alfenas）等病原菌引起的铁皮石斛叶斑病和根腐病。

②枯草芽孢杆菌（*Bacillus subtilis*）对白绢病的拮抗能力很强，使用枯草芽胞杆菌可湿性粉剂 1500 ~ 2000 倍液喷洒。枯草芽孢杆菌除了能防治病害的发生外，还有促进铁皮石斛生长、增加产量、改善品质、提高抗逆性等作用功效。

（3）化学防治：

①调整 pH。栽培基质过酸，施用石灰 250 ~ 1125kg/hm^2 调节，也可用 3% 的石灰水浇喷洒基质，把 pH 调节为偏碱性，可有效抑制白绢病的发生。

②药剂防治。实验证明，多菌灵对铁皮石斛白绢病菌的抑制效果最佳。病害发生初期，使用 80% 多菌灵可湿性粉剂 700 ~ 800 倍；20% 的甲基立枯灵乳油 800 倍液、50% 富多宁 300 倍液（茹水江等，2007），绿亨一号（70% 噁霉灵可湿性粉剂）（金苹，高晓余，2011）；苯甲·嘧菌酯 35000 倍液（梁君等，2015），68% 金雷（有效成分为 68% 精甲霜灵·代森锰锌）水分散粒剂 1000 倍液，这些都可作为防治该病的理想药剂，喷洒植株防治效果较佳。而其它药剂只能在发病前使用来预防病害发生，不能作为防治白绢病使用。

第四章

苔藓植物的危害

在园林绿化中，苔藓类植物可以增加景观效果，但由于这些苔藓植物长错了地方，变成为害铁皮石斛的有害生物。在铁皮石斛的日常管理中，大家普遍注意到了病害和虫害对铁皮石斛的危害和造成的损失，而未考虑到苔藓植物的危害。实际上，在较细的铁皮石斛栽培基质上，再加上长期潮湿，苔藓植物会快速繁殖，造成危害。

苔藓植物中的地钱（*Marchantia polymorpha* L.）和土马鬃（*Polytrichum commune* L. ex Hedw.）广泛分布于我国各地，但在铁皮石斛栽培地里是一种杂草。在长江流域，地钱和土马鬃全年都可生长，在塑料大棚里，3～4月和9～11月为生长高峰期，以3～4月对铁皮石斛危害最大，如果不加以治理，4～5月是二者的开花期，孢子随气流传播扩散，为害逐渐加重，此时正是铁皮石斛的萌芽期，直接影响铁皮石斛的生长。

苔藓植物对铁皮石斛的共同危害特点：一是在温暖潮湿的春季和秋季，生长繁殖和蔓延速度快，数量多；二是挤压了铁皮石斛1～2年生小苗的生长空间，争夺水分和养分，严重时会引起铁皮石斛植株下部叶片脱落，死亡，造成一定的经济损失。主要包括地钱和土马鬃。它们在铁皮石斛栽培床上以单独分布为主，有时也会混生在一起造成危害。

在苔藓植物生长的地方湿度较大，部分铁皮石斛茎秆中下部出现开裂现象，给灰霉病菌（*Botrytis cinerea* Pers）侵染创造了机会，后期在整个裂缝中长满灰霉菌的菌丝、分生孢子梗和分生孢子，造成灰霉病的流行。

在世界范围内，本章内容属于首次报道，故对苔藓植物的危害症状和生物防治进行系统研究和描述。

第一节　苔藓植物种类

一、地钱

1. 分布与危害

（1）分布：地钱，又名巴骨龙、脓痂草、米海苔，是1753年由林奈命名的苔类植物，广泛分布于全世界。在苔藓植物中，地钱是分布最为广泛的物种之一。

地钱（*M. polymorpha*）主要分布于我国北部和西部；而裂托地钱（*M. cuneiloba*）和风兜地钱（*M. diptera*）在长江流域常见。

（2）危害：地钱的危害从3月开始，如果不加以治理，4月是地钱的开花期，孢子传播扩散，以后为害逐渐加重，此时正是铁皮石斛的萌芽期。造成危害的主要原因有几个方面：

①地钱覆盖在铁皮石斛丛上，特别是2年生的石斛，密集丛生细丝状或网状假根覆盖在铁

皮石斛茎基部（图4-1），它的包住或缠绕作用使得新芽不能穿过地钱叶片或长不出来，造成无新芽长出，直接影响当年产量和经济效益。

②假根长约2～3cm，把整个表层基质连接成一片（图4-2），用手挖起为厚厚的一层，质地紧密，致使栽培基质的透气性和透水性差，下面湿度大，造成根部腐烂，地上部分落叶、发黄、死亡。

③因地钱生长旺盛的地方湿度较大，铁皮石斛部分茎秆开裂，给灰霉病菌侵染创造了机会，后期在整个裂缝中长满灰霉菌的菌丝、分生孢子梗和分生孢子（图4-3），会造成灰霉病的流行。

图 4-1　被害铁皮石斛叶片脱落、死亡

图 4-2　地钱生长到铁皮石斛植株基部影响生长

图 4-3　地钱危害后诱发铁皮石斛的灰霉病症状（箭头）

2. 形态特征

（1）分类地位：苔藓植物门（Bryophyta）苔纲（Hepatopsida）地钱目（Marchantiales）地钱科（Marchantiaceae）地钱属（*Marchantia*）。

（2）假根：地钱没有真正的根。叶状体腹面有紫色鳞片和单细胞假根。假根有两种类型，平滑假根和舌状（或疣状）假根。它的假根没有吸收水分和无机盐的功能，只起到固定作用。

假根密生鳞片基部。

（3）形态：

①叶状体扁平，带状，淡绿色或深绿色，宽约1cm，长可达10cm，边缘略具波曲，多交织成片生长。背面具六角形气室，气孔口为烟突式，内着生多数直立的营养丝。叶状体的基本组织厚12～20层细胞；腹面具6列紫色鳞片，鳞片尖部有呈心脏形的附着物。

②茎弱小，没有输导组织；叶片绿色，小而薄，除进行光合作用外，还可以吸收水分和无机盐。

③孢蒴球形，内有孢子及弹丝，成熟后，顶端作不规则开裂，孢子借弹丝在不同湿度下的屈伸运动而散布。孢子在适宜条件下萌发生成原丝体。营养繁殖常以叶状体背面的胞芽杯产生胞芽。

（4）繁殖：

①无性繁殖：借着生叶状体前端芽胞杯中的多细胞圆盘状芽胞大量繁殖。

②有性生殖：具有雌雄异株。雄托圆盘状，波状浅裂成7～8瓣；雄株背面产生雄生殖托，在雄生殖托的托盘中生有很多近球形的精子器。雌托扁平，深裂成6～10个指状瓣；雌株背面生出雌生殖托，其托盘边缘辐射状伸出多条指状芒线，在各芒线之间均有列倒悬的颈卵器，颈卵器中有1个卵。精子器中的精子释放出来后，进入颈卵器中，1个精子与1个卵融合，形成受精卵。继而发育成胚，胚再发育成孢子体。孢子体的基足与托盘相连，吸取配子体营养。蒴柄很短，孢蒴近球形，其内产生很多孢子，还有很多弹丝。

3. 发生规律

（1）多生于阴湿、富含有机质的基质上，或溪边碎石上，有时也生长水稻田埂和乡间房屋附近。孢子散出后经气流传播到铁皮石斛栽培棚内，萌发成具有6～7个细胞的原丝体，然后发育成1个配子体。

（2）在温暖潮湿的环境下，较细的松树皮基质比较粗的树皮更易滋生地钱和土马鬃，在栽培过程中应注意栽培基质的使用。

二、土马鬃

1. 分布与危害

（1）分布：土马鬃的别名有大金发藓、独根草、眼丹药、小松柏、一口血、矮松树、万年杉、拳头草、千年松、一寸松、千年枞。全国均有分布，主要分布于华东、中南及西南等地，生于山地及平原。

（2）危害：对铁皮石斛的危害与地钱植物相似（图4-4）。

图4-4　土马鬃与地钱植物混生影响铁皮石斛的生长

2. 形态特征

土马鬃属于藓纲金发藓科。植物体粗壮，深绿色、绿褐色，茎高 10～30cm（图4-5），单一或稀见分枝。叶倾立，干时卷曲，湿时展开。叶片上部较尖，基部鞘状，鞘部以上的中肋及叶背均具刺突。雌雄异株。雄株稍短，顶端雄器状似花苞；雌株较高大，顶生孢蒴，蒴柄长10cm，红棕色，雌苞叶长而窄，中肋及顶。蒴具四棱角，长方形；蒴帽覆盖全蒴；蒴盖扁平，具短喙；蒴齿单层；孢子小圆形，黄色，平滑。

图 4-5 土马鬃形态

3. 生态环境

生于山区的阴湿土坡、森林沼泽、酸性土壤上或岩石表土层上，四季可见。在江苏地区，每年的 4～5 月份为生长最快的季节。温暖潮湿、通风不良的环境能促使土马鬃的生长。

4. 药用价值

土马鬃全草入药的历史较久，我国 11 世纪中期，《嘉佑本草》已记载土马鬃能清热解毒。明代李时珍在《本草纲目》中就记载土马鬃有败热解毒作用，全草能乌发、活血、止血、利大小便。现已知全国约有 9 科，50 多种苔藓植物可供药用。而仙鹤藓属、金发藓属植物的提取液，对黄金葡萄球菌有较强的抗菌作用，对革兰氏阳性细菌有抗菌作用。

第二节　生物防治

苔藓植物的生物防治同其它有害植物一样，都是利用自然界特有的真菌和细菌对某些有害植物的侵染，使其生病死亡，达到控制效果。在自然状态下，通过生态学途径，将杂草种群控制在经济上和生态上可以接受的水平。

近十年来，随着铁皮石斛种植面积的不断扩大，除了病虫害对铁皮石斛造成一定的危害外，苔藓植物已成为影响铁皮石斛小苗生长的主要因素之一。自然界生物物种的繁衍，受多种生物因素的控制，若把某些种群控制在一定的数量内，保持生态平衡，有害生物造成爆发性危害的可能性就不大，反之，就会危及植物，造成损失。在地钱和土马鬃迅速繁殖的同时，出现一种能够引起二者生病死亡的罗尔夫小核菌（*Sclerotium rolfsii* Sacc.），经过试验研究证明，效果较佳，是一种潜在的真菌除草剂。

生物除草剂研究已有近 200 年的历史。随着人们对植物病原菌认识的深入研究，20 世纪中叶就开始了微生物除草剂的开发研究。近几十年来，随着植物病原菌的不断被分离和研究，从杂草病株中筛选出来的一些植物病原菌表现出了潜在的除草活性，有可能开发成为可替代化学除草剂的新型生物除草剂。

全世界广泛分布的杂草有 30000 种，约 1800 种对作物造成不同程度的危害，每年因杂草为害造成的农作物减产高达 9.7%。近百年来，虽然采用化学除草剂能有效地控制了许多杂草，但化学药剂的大量使用也引发了一系列的问题，诸如除草剂抗性杂草植株的出现、土壤污染、水质退化，以及对人畜的危害等。微生物除草剂的研究与应用，国内外均有一些成功的例子。1981 年，Devine 在美国被注册登记为第一种生物除草剂，它是美国弗罗里达州的棕榈疫霉致病菌株的厚垣孢子悬浮剂，用于防治杂草莫伦藤 (*Morrenia odorata*)，防效可达 90% 以上，持效期可达 2 年，被广泛用于橘园杂草防除。我国利用微生物除草剂防除杂草的成功例证有：

① 在 1963 年，山东省使用"鲁保一号"，即胶孢炭疽菌菟丝子专化型 (*Colletotrichum gloeosporoides* f. sp. *cucutae* T. Y. Zhang) 的培养物，防治大豆田间的菟丝子（张天宇，1985）。

② 20 世纪 80 年代，新疆维吾尔自治区农业厅哈密植物检疫工作站利用研制的尖孢镰刀菌列当变种 [*Fusarium oxysporum* var. *orthoceras* (Appel & Wollenw.) Bilaī] 培养物制成的"生防剂 F798"，控制西瓜田的瓜列当 (*Orobanche* sp.) 也取得实用性成果（王之襟等，1985）。

③ 紫茎泽兰 (*Eupatorium adenophorum*) 上的飞机草绒孢菌 [*Mycovellosiella eupatorii-odorati* (J.M. Yen) J.M. Yen] 作为防除紫茎泽兰的真菌除草剂。

④从紫茎泽兰自然发生的病株上分离到的链格孢 [*Alternaria altermata* (Fr.) Keissl.] 菌株是防治野燕麦的潜在生物除草剂（郭光远等，1992）。

罗尔夫小核菌是广泛存在于自然界中的一种真菌，能引起多种植物的根腐病，广泛存在于土壤、基质和植物的根围；但也能为害植物的地上部分，其中引起地钱和土马鬃的死亡就是一个例证。利用罗尔夫小核菌防治苔藓植物，其作用原理类似于"鲁保一号"防治大豆菟丝子 (*Cussuta chinesis*) 的菌剂，都是利用病原菌对目标植物的致病作用控制杂草。

通过多年的田间观察，掌握了地钱和土马鬃对铁皮石斛的为害特性、发生规律以及生物防治技术，对病原菌进行了鉴定。

一、病原菌

罗尔夫阿太菌 [*Athelia rolfsii* (Curzi) C.C. Tu & Kimbr.], Bot. Gaz. 139（4）：460 (1978)

无性世代：罗尔夫小核菌 (*Sclerotium rolfsii* Sacc.)，Annls mycol. 9（3）：257 (1911)

异名（Synonymy）：

Botryobasidium rolfsii (Curzi) Venkatar., Indian Phytopath. 3（1）：82 (1950)

Corticium rolfsii Curzi, Boll. R. Staz. Patalog. Veget. Roma 2（11）：306 (1932) [1931]

Pellicularia rolfsii (Curzi) E. West, Phytopathology 37: 69 (1947)

在马铃薯蔗糖琼脂（PDA）培养基上，菌丝白色棉絮状或绢丝状，有锁状联合，放射状生长；初为由白色绢状菌丝体聚集而成的乳白色小球体，4 天渐渐变为米黄色菌丝球，黄色、7

天黄褐色到深红褐色，最后变为深褐色，似油菜籽大小，球形或近球形，平滑，有光泽；深褐色菌核，直径为 1～4mm，圆形至椭圆形，以 2mm 的菌核为多；菌核在培养皿内散生。

罗尔夫小核菌（*S. rolfsii*）与翠雀小核菌（*S. delphinii*）的有性世代均为罗尔夫阿太菌（*Athelia rolfsii*），它们的区别在于：前者菌核较小，后者菌核较大。

二、致病性验证

致病性接种试验分为固体菌种接种和液体菌种（加水稀释 10 倍）接种，分别接种 20 个点，比较它们的致病性和病斑扩展速度。试验证明，用罗尔夫小核菌的固体和液体菌剂接种，对地钱和土马鬃致病性均较强。液体喷洒接种，一开始的接种量比固体 PDA 菌块相对更少，在第一天的发病情况比 PDA 菌块接种更慢，到第三天以后的病斑扩展速度相差不大（表 4-1，表 4-2）；两种植物接种 72h 的症状（图 4-6 和图 4-7）与自然界相似，确认分离到的罗尔夫小核菌就是自然界引起地钱和土马鬃生病的病原菌；对照生长健康。

图 4-6　固体菌种接种地钱 72h 的症状

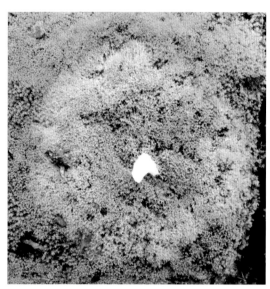

图 4-7　固体菌种接种土马鬃 72h 的症状

表 4-1　罗尔夫小核菌固体接种对地钱和土马鬃的致病作用

植物名称	病斑直径（cm）					
	第一天	第二天	第三天	第四天	第五天	第六天
地钱	1.4	3.2	5.6	9.7	14.1	18.3
土马鬃	1.4	3.3	5.8	10.0	14.6	19.0
对照 CK	0	0	0	0	0	0

表 4-2 罗尔夫小核菌液体接种对地钱和土马鬃的致病作用

植物名称	病斑直径（cm）					
	第一天	第二天	第三天	第四天	第五天	第六天
地钱	0.5	2.2	5.4	10.4	14.8	18.9
土马鬃	0.6	2.5	5.9	11.2	15.6	19.7
对照 CK	0	0	0	0	0	0

注：表 4-1、表 4-2 中使用的数据都是 20 个病斑的平均数。

三、其它防治措施

（1）目前还没有使用化学药剂防治苔藓植物的报道，在铁皮石斛栽培床上，在发现有地钱和土马鬃植物后，在危及铁皮石斛小苗生长的时候，立即清除，防止孢子进一步传播、繁殖。

（2）控制棚内的湿度，表面的栽培基质不要过细是一种较有效的控制方法，否则，会造成危害。

第五章

微生物对铁皮石斛的促生和防病作用

在自然界，虽然有益微生物只占整个微生物群体中的一部分，但在促进铁皮石斛生长、控制病害和生态环境改善方面起着一定的作用，一些优良菌根菌和生防菌的菌株等待人们去发掘、研究和开发利用。菌根菌包括真菌和细菌，而人们平常所讲的菌根菌（或共生菌），都是指的寄生在植物根部的真菌，并未涉及细菌。本章主要简述菌根菌和生防菌在铁皮石斛栽培过程中的研究和使用现状，包括促进种子萌发、植株生长、抗逆性、病害生防技术等方面研究成果。

有益微生物是一种可再生的、可持续利用的生物资源。微生物包括真菌、细菌、放线菌、病毒、类病毒等，是地球上的庞大生物群体，广泛分布于自然界的各类生态系统中；丰富的植物生态环境给生物进化创造了良好条件，其中少数微生物与植物形成共生体，这是微生物与植物长期共同进化的结果，也是二者进化的高级阶段，并形成了互惠互利的关系，宿主植物产生的光合产物可为菌根菌提供营养，同时菌根菌产生的一些促生、抗菌活性物质，能够促进植物生长发育，提高植物抗逆境、抗胁迫和抗病能力，对植物生长发育起着非常重要的作用。植物根部的微生物被分为三大类：对植物生长有益微生物，在植物上的腐生微生物和引起植物病害的病原菌，是由于微生物种类和产毒能力不同所决定的。

本章涉及的微生物，意指真菌和细菌。真菌包括植物病原菌（phytopathogen）、内生真菌（endophytic fungi）、菌根真菌（mycorrhiza fungi）和生防真菌（biocontrol fungi）；而细菌是指植物病原细菌（phytopathogenic bacteria）、拮抗细菌（antagonistic bacteria）、内生细菌（endophytic bacteria）和促生细菌（promoting bacteria）。铁皮石斛的促生菌包括菌根真菌和内生细菌，而生防菌则包括菌根真菌、生防真菌和拮抗细菌。在石斛植物体内外的组织中存在着多种真菌和细菌，在长期的进化过程中，植物与微生物构成一个微妙生态系统；微生物的种类不同，对铁皮石斛所起到的作用有差异，一部分微生物能促进种子萌发、植株生长、防病治病，它们是铁皮石斛整个生活史中的保护神和捍卫者；而少部分微生物能引起铁皮石斛病害，是人们控制的对象。有益微生物是一种可再生的绿色资源，易培养、能进行规模化生产和推广应用，为铁皮石斛产业的可持续发展发挥着应有的潜能；并逐渐克服化学农药对铁皮石斛产品质量和生态环境安全带来的不利影响。

在自然界的悬崖峭壁、石头和树干上的野生铁皮石斛，虽然能够健康生长，但生长较慢，同时具有抗旱、抗寒和抗病虫害的能力，其主要原因就是在铁皮石斛的生长过程中，一些真菌和细菌为它提供了良好的生长环境。在铁皮石斛内部、外部和周围存在一些菌根真菌、固氮细菌、拮抗菌和能够分泌吲哚乙酸（IAA）刺激素的沙雷氏细菌（*Serratia* sp.）；寡养单胞菌（*Stenotrophomonas* sp.）、泛菌（*Pantoea* sp.）、草螺菌（*Herbaspirillum* sp.）、微杆菌（*Microbacterium* sp.）、假单胞菌（*Pseudomonas* spp.）和芽孢杆菌（*Bacillus* spp.）均具有一定的固氮功能，并与兰科植物共生（周小凤，2014）；兰科植物根部的蓝细菌（*Cyanobacteria* sp.）不仅能进行光合作用，而且还具有固氮作用，对人工栽培和野生铁皮石斛正常生长有一定的促生作用。蓝细菌将成为今后研究的重点。

在铁皮石斛根部，还有众多不解之谜，生长在石头上的铁皮石斛是如何获得营养的？这些营养来自哪里？至今没有研究学者给予有力证据或解释。作者根据多年的观察和思考，认为野生铁皮石斛营养可能来自真菌、细菌、放线菌和链霉菌的单一作用或2种及2种以上微生物的协同作用，它们附生或生活在铁皮石斛根的内外，而获得足够的营养。

第一节 微生物对铁皮石斛的促生作用

一、研究概况

我国植物菌根真菌的研究始于1952年，而铁皮石斛菌根真菌的研究是从1987年开始的。在过去60多年里，共鉴定出丛枝菌根真菌新种20种，新记录种120余种；外生菌根真菌新种30种，新记录种800余种；兰花菌根真菌新种10种，新记录种100余种（何新华等，2012）。近些年，铁皮石斛内生细菌的促生作用研究也引起高等院校和科研单位的重视（周小凤，2014；童文君等，2014），作者在菌根真菌分离过程中发现，细菌约占20%～30%，它们是否对铁皮石斛有促生作用，正在研究中。

世界上大约90%的植物都存在菌根真菌，尤其是兰科（Orchidaceae）植物。据不完全统计，中国约有8000种大型真菌，其中许多是土壤菌根真菌（何新华等，2012）。我国有丰富的石斛植物资源和真菌种类，到处都存在植物与真菌的共生现象，这就为我们揭示了铁皮石斛在自然界为何能正常生长，并具有抗病、抗旱、抗寒等抗逆性的解释提供有力证据。

实地考察证明，野生铁皮石斛的生长环境，并不是孤立地生长在石头或岩石上，而是在野生铁皮石斛根周围同时生长着苔藓、杂草或小灌木，可能都是菌根真菌的共生植物，它们的根部共生菌与野生铁皮石斛根部菌根菌是否是同一种真菌，如果不是，它们之间有何共同点或联系，仍需证实。

在自然界的有花植物中，外生菌根和内生菌根约占3%；泡囊-丛枝菌根（VA菌根）约占90%，其它内生菌根约占4%，没有发现菌根的植物约占3%。形成外生菌根的主要是木本植物（包括乔木和灌木），它们涵盖了大部分温带和寒带主要树种，以及70%的热带树种（花晓梅，1995），主要包括松科（Pinaceae）、柏科（Cupressaceae）、杨柳科（Salicaceae）、桦木科（Betulaceae）、壳斗科（Fagaceae）、豆科（Leguminosaceae）、兰科（Orchidaceae）等，70%～75%林木树种均能形成菌根。如果这些树种缺乏菌根真菌，它们在自然环境中的生存和生长就会受到影响。而形成内生菌根的有草本、木本或藤本植物。因此，菌根菌对植物的作用不容忽视，在铁皮石斛及其它兰科植物栽培过程中必须考虑这一因素。

菌根（Mycorrhiza）是菌根真菌与植物营养根形成的共生体（Allen，1991），属于专性寄生菌，大多数的陆生植物都能与菌根真菌共生形成菌根。根据形态结构的不同，菌根被分为7类：

①丛枝菌根（Arbuscular Mycorrhiza，AM），

②浆果鹃类菌根（Arbutoid Mycorrhiza），

③外生菌根（Ectomycorrhiza，EM），

④内外生菌根（Ectoendomycorrhiza），

⑤欧石楠类菌根（Ericoid），

⑥石晶兰类菌根（Monotropoid Mycorrhiza），

⑦兰花菌根（Orchid Mycorrhiza）（Harley，1989；Brundrett，2009）。

目前，全国共发现40科80属500余种外生菌根真菌（何新华等，2012），包括牛肝菌和伞菌在内的一些大型担子菌。

根据菌根真菌的菌丝体在其共生植物根部所形成的形态结构，以及两者之间的营养关系，菌根真菌被分为外生菌根真菌、内生菌根真菌和内外生菌根真菌3种类型。

外生菌根真菌：又称菌套菌根。主要特征是菌丝在植物营养根表面形成稠密而交织的菌套，并且在根的皮层组织细胞间隙形成哈蒂氏网，但菌丝不侵入细胞内部。已知能形成外生菌根的真菌有34科近100个属，中国约有28科63属，估计有1000余种，人工易培养。

内生菌根真菌：在根的表面不形成菌套，菌丝多数侵入到根的皮层组织内部，但在细胞间隙不形成哈蒂氏网，菌丝穿入皮层细胞内部形成各种吸器，人工不易培养。

内外生菌根真菌：有上述两种菌根的特点，既有菌套和哈蒂氏网，在细胞内还具有不同形状的菌丝圈。此种菌根多数发生在部分松科植物、杜鹃花科的几个属、水晶兰科和鹿蹄草科的草本植物根上（孙鸿烈，2000）。

丛枝状菌根（AM）真菌主要集中在接合菌亚门内囊霉科（Endogonaceae）真菌中的多个属、种，担子菌亚门及子囊菌亚门，它们与兰科、杜鹃科植物形成内生菌根和外内生菌根。至少可以与200个科的20万个种以上的植物行共生生活。在宿主根部形成椭圆形泡囊，可帮助宿主吸收磷、钾、硫、钙、锌、铁、铜等营养元素及水分，增加宿主的生长量和产量。最近又发现了AM菌根对重金属的"解毒"功能及其抗逆作用。

自20世纪初法国的Bernard和德国的Burgeff真正揭开兰科菌根之谜后，对菌根的种类、专一性及相互作用开展了研究（伍建榕，2005）。自然界中，几乎所有的兰科植物都与真菌共生形成菌根，整个生长发育期都必须部分或全部依靠菌根真菌为其提供营养才能生存。

1. 内生菌

内生菌一词由De Bary首先提出（郭良栋，2001），并被生物界所接受，延用至今。它是指生活在植物组织内的微生物，用以区分那些生活在植物表面的表生菌（epiphyte）。按此定义植物的致病菌、菌根菌也归属于内生菌的概念范畴。Carroll（1986）将内生菌定义为生活在地上部分、活的植物组织内，不引起明显病害症状的真菌，突出强调内生菌与植物的互惠共生关系，因此，在这个内生菌概念的范畴内不包含植物致病菌和菌根菌。Petrini把Carroll的概念范畴进一步扩展，将内生菌定义为那些在其生活史中的某一段时期生活在植物组织内，对植物组织不引起明显病害的菌类，这个定义包括那些在其生活史中的某一阶段营表面生的腐生菌，对宿主暂时没有伤害的潜伏性病原菌（latent pathogens）和菌根菌。目前关于内生菌的概念范畴还有争议，但在现有的内生菌研究中，Petrini提出的内生菌概念被广泛地接受。一般研究中所涉及的内生菌都是指内生真菌，而对内生细菌和内生放线菌涉及甚少。对于内生真菌的研究已有100多年的历史，但是直到20世纪80年代初才被重视起来，且大多数研究工作集中于一些具有重要经济价值的植物。目前，内生真菌的研究范围开始从具有重要经济价值的高等植物扩展到一些低等的孢子植物如苔藓、蕨类和地衣。所以对内生真菌的研究现在还处于起步阶段

（张延威和康冀川，2005）。

实际上，铁皮石斛菌根真菌属于内生菌（endophyte）的一部分。内生菌是指在其生活史的一定阶段或全部阶段生活于健康植物的各种组织和器官的细胞间隙或细胞内的真菌、细菌和放线菌，可通过组织学方法，或从严格表面消毒的植物组织中分离，或从植物组织内直接扩增出微生物 DNA 的方法来证明内生菌种类。

少数植物内生菌长期生活在植物内部，产生某些有毒物质或本身具有一定的毒性，会对植物造成危害；如在 20 世纪 30 年代，由于牲畜食用了感染具有一定毒性内生真菌的牧草，给畜牧业造成重大损失，从此人们对植物内生菌有了新的认识。

2. 石斛微生物类群

石斛上的微生物包括真菌、细菌、放线菌三大类，它们存在于石斛植物的不同器官，寄生或腐生，种类繁多，有些种类具有开发利用潜力。

（1）真菌：兰科石斛属植物上的真菌分布于鞭毛菌亚门、接合菌亚门、子囊菌亚门、担子菌亚门和半知菌亚门，包括植物病原菌、生防菌、菌根菌、生物能源真菌和色素真菌。在众多与兰科植物菌根有关真菌中，绝大多数只鉴定到属，少部分鉴定到种。

兰科植物菌根真菌的种类涉及 5 门、7 纲、14 目、50 属（董芳，2008）。根据作者的不完全统计，在已报道的菌根真菌中，担子菌有 21 属，半知菌 20 属，接合菌 13 属，子囊菌 15 属，没有看到有关鞭毛菌与植物共生的报道；细菌 7 属，放线菌 5 属。但是，一些真菌既是著名的植物病原菌，又是菌根真菌。各类真菌分述如下：

①接合菌：到目前为止，我国共发现丛枝菌根（AM）真菌有 7 属 102 种（新记录种 90 个，新种 12 个），其中无梗囊霉属（*Acaulospora* Gerd. & Trappe 1974）21 种，原囊霉属（*Archaeospora* J.B. Morton & D. Redecker 2001）2 种，内养囊霉属（*Entrophospora* R.N. Ames & R.W. Schneid. 1979）3 种，球囊霉属（*Glomus* Tul. & C. Tul. 1845）58 种，巨孢囊霉属（*Gigaspora* Gerd. & Trappe 1974）3 种，盾巨孢囊霉属（*Scutellospora* C. Walker & F. E. Sanders 1986）14 种，类球囊霉属（*Paraglomus* J.B. Morton & D. Redecker 2001）1 种（胡克兴，2008），以及被孢霉属（*Mortierella* Coem. 1863）、伞状霉属（*Umbelopsis* Amos & H. L. Barnett 1966）、异孢迭球孢霉（*Sarcinella* sp.）的一些种类（董芳，2008）；研究证实被孢霉属、球囊霉属、巨孢囊霉属、硬囊霉属（*Sclerocystis*）和无梗囊霉属（*Acaulospora*）5 个属能形成丛枝菌根（赵慧敏和杨宏宇，2007）。其中，漏斗孢球囊霉 [*Glomus mosseae* (T.H. Nicolson & Gerd.) Gerd. & Trappe]、地表球囊霉 [*Glomus versiforme* (P. Karst.) S.M. Berch] 和 [*Glomus caledonium* (T.H. Nicolson & Gerd.) Trappe & Gerd.] 是研究较多的菌根菌（潘超美等，2000）。作者近几年的研究发现，根霉属（*Rhizopus* Ehrenb. 1821）中的匍枝根霉 [*R. stolonifer* (Ehrenb.) Vuill.] 对铁皮石斛有促生作用，在裸露根上普遍存在。

②半知菌：在半知菌亚门中，有 20 个属真菌与植物共生，已报道的菌根真菌分别是：顶枝孢属（*Acremonium* Link 1809）、交链孢属（*Alternaria* Nees 1816）、曲霉属（*Aspergillus* P. Micheli 1729）、头孢霉属（*Cephalosporium* Corda 1839）、毛壳菌属（*Chaetomium* Kunze 1817）、简梗孢霉属（*Chromosporium* Corda 1829）、柱孢霉属（*Cylindrocarpon* Wollenw. 1913）、镰孢属（*Fusarium* Link 1809）、黏帚霉属（*Gliocladium* Corda 1840）、黏鞭霉属（*Gliomastix* Guég. 1905）、蚀丝霉属（*Myceliophthora* Costantin 1892）、黑孢霉属（*Nigrospora* Zimm. 1902）、束丝菌属（*Ozonium* Link 1809）、拟青霉属（*Paecilomyces* Bainier 1907）、丝葚霉属（*Papulospora* Kiril. 1971）、青霉属（*Penicillium*

Link 1809)、盘多毛孢属（*Pestalotia* De Not. 1841）、拟茎点霉属（*Phomopsis* Sacc. & Roum. 1884）、丝核菌属（*Rhizoctonia* DC. 1805）、兰科丝核菌类（Orchidaceous rhizotonias）、木霉属（*Trichoderma* Pers.1794）（颜容，2005；董芳，2008；代晓宇，2011）。

已鉴定到种的菌根真菌有：细交链孢（*Alternaria tenuis* Nees）、顶孢霉（*Acremonium alternatum* Link）、立枯丝核菌（*Rhizoctonia solani* J. G. Kühn）、匍匐丝核菌（*R. repens* N. Bernard）、斑叶兰丝核菌（*R. goodyeraerepentis* Costantin & L.M. Dufour）（魏勤等，1999；颜容，2005）。在已证实的石斛菌根真菌中，尖孢镰刀菌（*Fusarium oxysporum*）和丝核菌（*Rhizoctonia* spp.）为优势菌株对铁皮石斛有促生作用，但是，这两种真菌在大多数情况下是引起根腐病的土壤病原菌，这是同一种真菌的不同菌株的差异性表现。

③子囊菌：子囊菌亚门有15属，包括生赤壳属（*Bionectria* Speg. 1919）、毛壳菌属（*Chaetomium* Kunze 1817）、简梗孢霉属（*Chromosporium* Corda 1829）、间座壳属（*Diaporthe* Nitschke 1870）、单端孢霉属（*Didymopsis* Sacc. & Marchal 1885）、短梗梭孢霉（*Fusoma* Corda 1837）、小丛壳属（*Glomerella* Spauld. & H. Schrenk 1903）、状霉属（*Lecythophora* Nannf. 1934）、小球腔菌属（*Leptosphaeria* Ces. & De Not. 1863）、微囊菌属（*Microascus* Zukal 1886）、多节孢属（*Nodulisporium* Preuss 1849）、柄孢壳菌属（*Podospora* Ces. 1856）、烧瓶蜡壳菌属（*Sebacina* Tul. & C. Tul. 1871）、炭角菌属（*Xylaria* Hill ex Schrank 1789）（颜容，2005；李瑛婕，2010；代晓宇，2011），块菌属（*Tuber* P. Micheli 1729）的黑孢块菌（*Tuber melanosporum* Vittad.）和大块菌（*T. magnatum* Picco）。

④担子菌：与菌根真菌有关的担子菌有21个属，只鉴定到属的有：密环菌属 [*Armillaria* (Fr.) Staude 1857]、假密环菌属 [*Armillariella* (P. Karst.) P. Karst. 1881]、牛肝菌属（*Boletus* Tourn. 1694）、角担菌属（*Ceratobasidium* D.P. Rogers 1935）、角菌根菌属（*Ceratorhiza* R.T. Moore 1987）、杯菌属（*Ciborinia* Whetzel 1945）、伏革菌属（*Corticium* Pers. 1794）、杯菌属 [*Clitocybe* (Fr.) Staude 1857]、瘤菌根菌属（*Epulorhiza* R.T. Moore 1987）、层孔菌属 [*Fomes* (Fr.) Fr. 1849]、刺革菌属（*Hymenochate*）、小皮伞属（*Marasmius* Fr. 1936）、念珠菌根菌属（*Moniliopsis* Ruhland 1908）、小菇属 [*Mycena* (Pers.) Roussel 1806]、欧立菌属（*Oliveonia* Donk 1958）、束丝菌属（*Ozonium* Link 1809）、蜡壳菌属（*Sebacina* Tul. & C. Tul. 1871）、亡革菌属（*Thanatephorus* Donk 1956）、胶膜菌属（*Tulasnella* J. Schröt. 1888）、干菌属（*Xerotus* Fr. 1828）、*Ypsilonidium* Donk 1972 属（Harley，1959；范黎等，1996，1998；陈心启和吉占和，1998；伍建榕，2005；颜容，2005；董芳，2008）。

已明确种名的有17种：蜜环菌 [*Armillaria mellea* (Vahl) P. Kumm.]、美味牛肝菌（*Boletus edulis* Bull.）、铜色牛肝菌（*B. aereus* Bull.）和网纹牛肝菌（*B. reticulates* Nees 1816）（王云，1990）、彩绒革盖菌 [*Coriolus versicolor* (L.) Quél.]、伏革菌（*Corticium catonii*）、紫香蘑 [*Lepista nuda* (Bull.) Cooke]、马勃属（*Lycoperdon* Pers.）、灰离褶伞 [*Lyophyllum cinerasceus* (Bull.ex Konr.) Konr. = *Clitocybe conglobata* (Vittad.) Bres.]、皮伞菌属（*Marasmius coniatus* Berk. & Broome）、石斛小菇（*Mycena dendrobii* L. Fan & S.X. Guo）、紫萁小菇（*M. osmundicola* Lange）、兰小菇（*M. orchidicola* Fan & Guo）、开唇兰小菇（*M. anoectochili* L. Fan & S. X. Guo）、蜡壳菌（*Sebacina vermifera* Oberw.）、松口蘑 [*Tricholoma matsutake* (S. Ito & S. Imai) Singer]、美孢胶膜菌 [*Tulasnella calospora* (Boud.) Juel]、干酪菌（*Xerotus javanicus*）（范黎等，1996；李瑛婕，2010）。

在上述菌根菌中，其中蜜环菌（*A. mellea*）、彩绒革盖菌（*C. versicolor*）、伏革菌（*C.*

catonii）和干酪菌（*X. javanicus*）既是木材腐朽菌，又是菌根菌，这是菌株之间的差异所致的。

（2）细菌。在各种农作物及药用植物和经济作物中发现的植物内生细菌已超过 130 种，分属于 54 个属，主要为假单胞菌属（*Pseudomonas*）、肠杆菌属（*Enterobacter*）、芽孢杆菌属（*Bacillus*）、土壤杆菌属（*Agrobacterium*）、克雷伯氏菌属（*Klebsiella*）、泛菌属（*Pantoea*）、甲基杆菌属（*Methylobacterium*）等。

（3）放线菌。植物内生放线菌存在于多种草本和木本的植物中，主要为链霉菌属（*Streptomyces*）、链轮丝菌属（*Streptoverticillum*）、游动放线菌属（*Antinoplanes*）、诺卡氏菌属（*Nocardia*）、小单孢菌属（*Micromonospora*）。

3. 丝核菌

丝核菌是丝核菌属（*Rhizoctonia* DC 1805）真菌的统称，到目前为止，全世界共记载了 149 个种、变种和专化型，在自然界中以各种生活方式广泛存在。有些种类是植物根部的病原菌，可引起多种植物的根腐病和猝倒病；有的是以腐生方式生活在植物和腐殖质上，少部分种类与兰科植物共生形成菌根，是一类菌根真菌。

（1）兰科植物上丝核菌的种类。Moore（1987）对原来隶属于丝核菌属的兰科菌根真菌重新研究后，建立了 3 个新属：角菌根菌属（*Ceratorhiza* R.T. Moore 1987）、瘤菌根菌属（*Epulorhiza* R.T. Moore 1987）和念珠菌根菌属（*Moniliopsis* Ruhland 1908）（伍建榕等，2004）。

与兰科植物有关的 3 种丝核菌和对应的有性世代分别是：立枯丝核菌 [*Rhizoctonia solani* J.G. Kühn，有性世代为 *Thanatephorus cucumeris*（A.B. Frank）Donk]、匍匐丝核菌 [*Rhizoctonia repens* N. Bernard，有性世代为 *Tulasnella deliquescens*（Juel）Juel]、斑叶兰丝核菌 [*R. goodyerae-repentis* Costantin & L.M. Dufour，有性世代为 *Ceratorhiza goodyerae-repentis*（Costantin & L.M. Dufour）R.T. Moore]。

兰科丝核菌类（Orchidaceous rhizotonias）真菌的有性态，包括担子菌亚门的 5 个属，即卷担子菌属（*Helicobasidium* Pat. 1885）、亡革菌属（*Thanatephorus* Donk 1956）、角担菌属（*Ceratobasidium* D.P. Rogers 1935）、胶膜菌属（*Tulasnella* J. Schröt. 1888）、壳胶耳属（*Sebacina* Tul. & C. Tul. 1871）和 *Waitea* Warcup & P.H.B. Talbot 1962。卷担子菌属仅包括无性世代紫纹羽丝核菌 [*Rhizoctonia crocorum*（Pers.）DC.] 一个种。在有性态中，研究较多的是亡革菌属和角担菌属，它们中的一些种对世界范围内多种作物有极强的致病力（尤志华，2007）。

（2）丝核菌与兰科植物的关系。丝核菌为兰科植物菌根真菌的优势菌种，丝核菌的 JF74、JF75、JF80 菌株菌剂施入杏黄兜兰（*Paphiopedilum armeniaclum* Chen et Liu）根部有一定的促进生长效果（尤志华，2007）。

据报道，*Epulorhiza anaticula*（Currah）Currah[异名：匍匐丝核菌（*R. repens*）和 *R. anaticula* Currah] 和立枯丝核菌（*Rhizoctonia solani* Kühn）都是兰科植物的菌根真菌，然而，至于兰科植物和立枯丝核菌之间的共生关系还不十分清楚。

丝核菌最显著，也是最令人难以费解的特点在于它既是许多植物的病原真菌，又能与兰科植物共生形成菌根，在植物根部得到生息之地，其菌丝可以从周围环境中吸收矿质营养和水分等，通过菌丝内部的原生质环流，快速将营养物质转运到根系内部，对兰花的生长发育有促进作用。

尤志华（2007）使用丝核菌的 6 个菌株（GDB254、MLX102、CLN103、CT301、GH222、GDB181）接种铁皮石斛、刺槐、马尾松均无致病力。结果表明：GDB254、MLX102 和

CLN103 菌株对铁皮石斛鲜重增长率分别比对照增加 85%、104% 和 91%，均达到极显著水平；CT301、GH222、GDB181 菌株对铁皮石斛鲜重增长率分别比对照增加 38%、47% 和 69%，也达到了显著水平；同时也会增加叶绿素 a、叶绿素 b、叶绿素 a+b 含量（表 5-1）。

表 5-1　丝核菌菌株对铁皮石斛叶绿素含量增加百分率（亢志华，2007）

菌株	叶绿素 a	叶绿素 b	叶绿素 a+b
GDB254	76.2%	128%	89.5%
MLX102	84.9%	85.4%	85.1%
CLN103	57.9%	77.8%	63%
CT301	61.2%	54.6%	59.5%
GH222	72.4%	86.7%	76.0%
GDB181	25.9%	36.1%	28.5%

　　研究证实，立枯丝核菌和匐匐丝核菌是春兰和虎头兰的菌根真菌，与对照相比较，可提高生长量 15.5% ~ 30.8%。丝核菌和兰科丝核菌类的真菌侵入石斛植物后，在皮层细胞中菌丝逐渐被消化吸收的同时，一些细胞又不断被侵染和定殖，该过程可以被认为两者之间已经建立了共生关系，形成了菌根（伍建榕，2005；颜容，2005；董芳，2008）。

4. 菌根真菌的专一性

　　有关专一性的问题，Masuhara 提出了生态专一性（ecological specificity）和潜在专一性（potential specificity）的概念，前者指在自然环境条件下可与同一个特定兰花种形成菌根的真菌，后者指在实验室条件下，可与同一兰花种形成菌根的真菌，同样，一种菌根真菌可以侵染多种植物，如瓜亡革菌 [*Thanatephorus cucumeris* (Frank) Donk.]，无性世代为立枯丝核菌（*Rhizoctonia solani* Kühn），寄主范围包括 35 目 52 科 125 属，约 142 种，涵盖了从裸子植物到单子叶植物（Baruch，1996）。已证明 CLB211、CLB213 和 KW214 三个菌株为春兰、虎头兰和齿瓣石斛的优良菌根真菌，但对这 3 种植物的专一性不是很强（伍建榕，2005）。由此得出，兰科植物与菌根真菌之间的关系不是高度专一的，这种共生平衡的关系是有条件的，可随环境条件的改变，而导致这种平衡关系发生变化。已发现有些兰科植物的菌根真菌并不一定对寄主植物起到良好的促进作用。丝核菌本身就有很大的变异性，它们可能存在着许多不同的生态型；所以，同一种真菌的不同菌株对寄主植物形成菌根的效果也有差异，如生长缓慢的立枯丝核（*R. solani*）菌菌株和对营养要求严格的菌株，比生长快的菌株更能形成稳定的菌根。

　　有关兰科植物与菌根真菌之间的专一性问题一直是个争论的焦点。Kendrick 等人研究了鸟巢兰 [*Neottia nidusavis* (L.) L. C. M. Rich.] 的共生萌发和发育，认为只有专一的真菌方能促进这种兰花萌发（McKendrick *et al.*，2002）。不同的真菌种类可促进同一种兰花的种子萌发，同一真菌种也可与一种以上的兰花种的种子形成共生关系（范黎等，1996）。紫萁小菇（*Mycena osmundicola* Lange）、兰小菇（*Mycena orchidicola* Fan et Guo）可与天麻种子共生萌发形成原球茎（徐锦堂和范黎，2001）；扇脉杓兰（*Cypripedium japonicum* Thunb.）能与多种真菌类群建立共生关系，在一定程度上反映出菌根真菌的物种多样性，与其广泛分布种类的特征是相一致的（乔元宝，2011）。

　　大量研究证明，真菌与石斛之间的专一性并不十分严格。1936 年，Burgeff（Harley，1959）指出兰科植物与菌根真菌之间的关系不是高度专一的，但某种菌根真菌与某种兰科植物更能有效地共生，却有明显的倾向。在相同生境下，不同兰花有着相似的菌根真菌，或同一兰花有不同的菌根真菌，两者间的共生关系是非专一性的。丝核菌和兰科植物与其菌根真菌之间的专一性，至少表现在属的水平上。值得注意的是，石斛植物与菌根真菌共生关系的专一性应该是指在自然环境条件下形成的，而且共生关系相对稳定。大多数的研究都是在实验室条件下进行，而且是在无菌条件下完成的，虽然存在形成共生关系的可能性，但不一定真正成为永久的共生关系。应该说，在野生条件下，真菌对铁皮石斛种子萌发的诱导作用才是真正的专一性。旋兰（*Spiranthes sinensis* var. *amoena* Hara）与匍匐丝核菌（*Rhizoctonia repens*）的种子共生萌发试验表明，两者在自然条件和实验室条件下表现出不同的专一性。

　　大型菌根真菌的专一性也不强。已证实一种植物能够与多种真菌共生，一种真菌也能与几种植物共生，在大多数情况下，二者共生的结果能够明显促进植物生长，而有少部分只是二者形成共生关系，无促生效果。如担子菌亚门的非褶菌目（Aphyllophorales）、层腹菌目（Hymenogastrales）、硬皮马勃目（Sclerodermatales）的 152 种真菌都能与云南松（*Pinus yunnanensis* Franch.）形成外生菌根。子囊菌亚门的块菌目（Tuberales）黑孢块菌（*Tuber melanosporum* Vittad.）能与栲栎（*Quercus ilex* L.）、柔毛栎（*Quercus pubescens* Willd）和欧洲榛（*Corylus avellana* L.）等多种壳斗科（Fagaceae）和榛科（Corylaceae）植物的根形成共生关系；美味牛肝菌（*Boletus edulis* Bull.）、红汁乳菇（*Lactarius hatsudake* Tanaka）真菌与马尾松（*Pinus massoniana* Lamb.）形成共生菌根；用漆蜡蘑 [*Laccaria laccata* (Scop.) Cooke] 能提高银灰椴（*Tilia tomenlosa* L.）、蓝桉（*Eucalyptus globulus* Labill.）和杨树（*Populus* sp.）（赵忠等，1995）的生长量，而且秋天落叶期延迟。

5. 菌根真菌在兰科植物生长中的作用及相互关系

　　近百年来，有关真菌在兰科植物发育过程中的作用进行了研究，并取得很好的研究结果，为研制石斛菌根制剂提供科学依据和思路。镰刀菌（*Fusarium* sp.）和丝核菌（*Rhizoctonia* sp.）是石斛菌根的优势菌株，诱导兰花种子胚的萌发，需要不同菌根真菌提供营养物质；同时发现镰孢菌的分泌物和菌丝体内都含有维生素 B_2、B_6 和 Bc（叶酸），菌根真菌内还能向外分泌植物激素（赤霉素），这些都是促进种子萌发的物质。在石斛植物与菌根菌的相互营养关系中，除普遍认为的菌根菌能将植物所需的无机物和有机物从基质或土壤中吸收后再转移给石斛外，菌根真菌还能为石斛提供维生素 B_1 和 B_6 的前体对氨基苯酸（PABA），以及植物生长激素，从而能使石斛从共生菌中受益（吴静萍等，2002；伍建榕，2005）。

　　通过对天麻根的显微结构观察发现，菌根真菌可通过两种途径侵入根组织形成菌根。一是通过外皮层薄壁通道细胞侵入皮层组织；二是破坏根被细胞，再通过外皮层细胞直接侵入皮层组织。在对卡特兰菌根显微结构观察发现，真菌菌丝先侵入根被组织，经通道细胞再侵染皮层组织细胞，菌丝穿越细胞壁，并不断向内部延伸扩展，在皮层细胞内形成大量颜色深、形状不规则的菌丝结，这种菌丝结在皮层组织中分布不匀，在靠近细胞核的部位，某些菌丝结变得较松散，最终被消化吸收。

6. 有效菌根真菌

有效菌根是由石斛植物形成并促进植株生长的菌根，它与菌根真菌的接菌量有一定关系，一旦菌根真菌与植株形成共生关系，二者可长期共存，互惠互利；但是，铁皮石斛与真菌共生存在一个量和度的问题（伍建榕，2005）。石斛根部的真菌大多为兼性寄生菌、腐生菌或内生菌，随着植物生长状况和环境条件的改变，一部分真菌既可产生对植物生长不利的影响（植物病原菌）；而另一些真菌菌株既不能促进石斛生长，也不会对植株有害，以内生菌或腐生菌形式存在石斛根部内外；只有少部分真菌会与石斛根共生，但不一定有促进植物生长的作用，在这些共生菌中，仅有极少数种类属于能够真正促进石斛生长的真菌，是人们开发、研究和利用的对象。在铁皮石斛栽培基质中，菌根真菌的种群相对较多，在同一个生态位菌根真菌对水分、养分和空间的竞争优势明显，容易与植物的营养根形成促进作用的菌根。铁皮石斛与菌根真菌共同生活的环境是多种多样的，因此，菌根真菌在共生关系中的地位和对石斛植物的作用也不会有差异。

在生产上使用菌根真菌时，如果菌剂（含固体菌剂和液体菌剂）的使用量过大或与石斛根较近，不但不能形成共生关系，反而能使植物致病，引起根腐病。故在使用菌剂前，要确定一个使用量和浓度的范围，因每一种菌根真菌菌丝的生长速度不同，使用菌剂的量也会有差异，应根据菌剂种类而定。

7. 优良菌根真菌的选择

确定一株优良的铁皮石斛菌根真菌必须具备以下条件：一是该真菌必须是从铁皮石斛或其它兰科植物根部组织中分离得到的，这样对铁皮石斛的专一性会比较强；二是在人工条件下，对营养要求不严格，易培养，菌丝生长和产生孢子快，易工厂化和规模化生产；三是与铁皮石斛共生后，表现出良好的促生作用，生长量大于对照植株。

8. 菌根真菌与非菌根内生真菌

菌根真菌是一类能与高等植物根系形成菌根共生体的真菌类群，又被称为植物的共生真菌（symbiotic fungi）。它们被分为菌根真菌（mycorrhizal fungi）与非菌根内生真菌（non-mycorrhizal endophytes），是高等植物根部内生真菌的一部分。除了能与植物形成特定共生结构的真菌外，还存在着大量未知的内生真菌，这部分真菌常常被分离到，但目前还缺乏证据来证明它们能与植物形成共生关系，故被称为非菌根内生真菌。

9. 菌根真菌与铁皮石斛的关系

外生菌根菌与许多石斛形成共生关系是不争的事实。铁皮石斛与菌根真菌的孢子或菌丝相互接触、相互识别，产生一系列的应答机制，随即发生结构变化，也能产生具有明显特征的菌根结构。形成的外生菌根增加了铁皮石斛根系的表面积，促进了对水、矿物质元素及氮素营养的吸收，并能产生刺激生长和具有拮抗作用的生理活性物质。此外，真菌的菌丝套已成为病原菌侵染根系皮细胞的一种机械障碍，这些都有利于铁皮石斛的生长和抵抗不良的外界环境。而铁皮石斛通过光合作用制造的碳水化合物、维生素等营养物质提供给菌根真菌，也促进了菌根真菌的良好生长。

铁皮石斛是一种价值很高的药用植物，它的种子非常细小，而且萌发率低；一个成熟蒴果内约有 100 万粒轻如尘埃的微粒种子，最大种子的平均千粒重不到 10mg，最小种子的平均千粒重还不到 1.0mg。种子仅有发育不全的原胚，其内部仅含有少量高能蛋白质、脂类和糖类，没有胚乳，能贮藏营养的细胞组织就非常少了，在幼叶进行光合作用之前不能提供萌发所需的营养物质，故种子发芽率极低或根本不能萌发。自然条件下，兰科植物的种子必须有真菌参与才能正常萌发和生长。另外，在兰科植物原球茎分化成幼苗的过程中，也需与真菌建立共生关系，或者在基质中添加特定的营养物质，以代替真菌的作用才能发育完全（刘青林，2003；亢志华，2007）。

兰科菌根的形成可分为两种情况：一是菌根真菌对兰科植物种子的侵染。兰科植物种子吸水膨胀后，种皮破裂生出胚根，真菌菌丝体穿过胚根的细胞壁，侵入根细胞腔内生长形成菌根（弓明钦，1997）；二是菌根真菌对植株新生营养根的侵染。菌根真菌从外皮层细胞侵入植物的营养根后，在皮层细胞内形成螺旋状的菌丝圈，或者与宿主的根细胞形成不规则的菌丝附着物，即胞内菌丝团（pelotons）。胞内菌丝团寿命不长，几天之内就会被宿主根细胞消解，消解的菌丝残体逐渐被根细胞溶解和吸收，最后消失。

有些兰科植物种子中没有乙醛酸循环体及各种酶系，不能利用自身的营养物质，故兰科植物种子萌发所需的维生素及其它生长因子也必须从外界获得。菌根真菌促进种子的萌发就在于把胚和基质连接起来，形成了共生系统，在这个共生系统中菌根真菌促进了种子的糖异生及对贮藏物质的利用，并在兰科植物开始光合作用前持续提供营养物质（潘美超，1999）。

菌根真菌形成优势菌群后，释放的拮抗物质可以阻止其它病原菌侵入植株的根，大大减轻了遭受病害的危险，提高了幼苗的成活率，促进了植株的生长。石斛植物也可产生某些次生代谢产物，抑制其它真菌的生长和繁殖，为菌根真菌创造更优越的共生环境，使它更好地发挥作用（陈瑞蕊，2003）。

二、常见的大型菌根真菌

真菌通常被分为微小真菌类和蕈菌类（大型真菌），它们归属于不同的亚门。大多数属于担子菌亚门，少数属于子囊菌亚门。微小真菌的形态观察需要借助于显微镜才能看到，而大型真菌是指能够利用纤维素或木素形成子实体或菌核种类，形成半革质和肉质大型担子果的香菇 [*Lentinus edodes* (Berk.) Singer]、草菇 [*Volvariella volvacea* (Bull.) Singer]、金针菇 [*Flammulina velutiper* (Curtis) Singer]、双孢菇 [*Agaricus bisporus* (J.E. Lange) Imbach]、平菇 [*Pleurotus ostreatus* (Jacq.) P. Kumm.]、毛木耳 [*Auricularia polytricha* (Mont.) Sacc.]、银耳（*Tremella samguinea* Y. B. Peng）、竹荪 [*Dictyophora indusiata* (Vent.) Desv.] 等，它们既是一类重要的菌类蔬菜，又是食品、制药工业和菌根菌的重要资源。而另一部分是林木病原菌和木材腐朽菌。

在铁皮石斛栽培地里，夏季时常会看到各种各样的蘑菇，绝大多数都是伞菌类，少数是牛肝菌，它们很可能是铁皮石斛的菌根菌。

通过对铁皮石斛菌根真菌的长期研究与观察，有相当一部分的菌根真菌为蕈菌类（蘑菇类），有些是食用菌。我国利用蘑菇资源的历史悠久，在《礼记》（公元 80～105 年）就载有"食所加庶，羞有芝栭"。芝是吉祥物，栭是食蕈。菌物界由于其异养特性，而与植物界、动物界相依为命，不可分割；因此，蘑菇菌类的地理分布区与植被、动物群体总是密切相连，相处为安。这一现象在铁皮石斛栽培过程中得到证实。至于在铁皮石斛栽培畦上出现的许多大型真菌，分别属于担子菌亚门伞菌目和非褶菌目，可能与石斛根共生有关，但目前尚未被研究清楚，有待验证。由于铁皮石斛的栽培基质大多为松树皮、杉木皮及其废弃物，故铁皮石斛畦中一些大型担子菌都与已记载的松树、松木和杉木上的真菌相同；在基质表面和根周围的白色菌丝生长茂盛（图5-1），铁皮石斛的根生长健壮，为地上部分的生长提供充足的水分和养分。主要介绍9属10种大型真菌，分述如下。

图5-1 铁皮石斛栽培基质上白色真菌菌丝

1. 双胞环柄菇

双胞环柄菇 *Leucoagaricus bisporus* Heinem., Bull. Jard. Bot. natn. Belg. 43（1-2）：8（1973）（Westhuizen & Eicjer，1994）

异名（Synonymy）：*Lepiota excoriata*（Schaeff. : Fr.）Kummer

分类地位：担子菌亚门（Basidiomycotina）伞菌目（Agaricales）蘑菇科（Agaricaceae）白环菇属（*Leucoagaricus* Locq. ex Singer 1948）。

别名：脱皮环柄菇、裂皮白环柄菇。

形态特征：子实体中等，菌盖直径4～11cm，初期球形，后平展，白色，中部有时呈浅褐色，顶部色深，圆形（图5-2），似伞的顶部，多光滑，表面龟裂为淡色条纹；菌肉、菌褶均为白色（图5-3），密，离生，不等长。菌柄长4～12cm，粗1～1.2cm，基部稍膨大，向上渐细，呈圆柱形，白色，中空。菌环白色，膜质，生菌柄的中、上部，后期与菌柄分离，能上下活动。孢子印白色。孢子无色，椭圆形，光滑，有内含物，14～17μm×7.5～10μm。

生态习性：夏、秋季在铁皮石斛栽培床上、以及草原和林间草地上群生或散生。

地理分布：江苏、浙江、内蒙古、河北、新疆、云南、四川、西藏等地。

经济用途：可食用。

图 5-2　双胞环柄菇形态

图 5-3　双胞环柄菇的菌褶

2. 黄色鬼伞

黄色鬼伞 *Leucocoprinus birnbaumii* (Corda) Singer, *Sydowia* 15 (1-6) : 67 (1962) [1961] (黄年来 ,1998；Westhuizen & Eicjer，1994)

异名（Synonymy）：

Agaricus birnbaumii, Icon. fung. (Prague) 3: 48 (1839)

Bolbitius birnbaumii (Corda) Sacc. & Traverso, Syll. fung. (Abellini) 19: 151 (1910)

Leucocoprinus birnbaumii (Corda) Singer, Sydowia 15 (1-6) : 67 (1962) var. *birnbaumii*

Agaricus cepistipes sensu Sowerby [Col. Fig. Engl. Fung. Vol.，pl. 2 (1796)] (yellow basidiomes)；fide Checklist of Basidiomycota of Great Britain and Ireland (2005)

Agaricus cepitipes var. *leuteus* Bolton, Hist. fung. Halifax (Huddersfield) 2: 50 (1788)

Agaricus cepitipes var. *leuteus* (Bolton) Sacc., Syll. fung. (Abellini) 5: 44 (1887)

Lepiota leuteus (Bolton) Mattir., Bull. Soc. mycol. *Fr.* 13: 33 (1897)

Lepiota leuteus (Bolton) Mattir.，Bull. Soc. mycol. Fr. 13: 33 (1897) var. *luteus*

Leucocoprinus luteus (Bolton) Locq., Bull. mens. Soc. linn. Soc. Bot. Lyon 14: 93 (1945)

Agaricus luteus (Bolton) ，Hist. fung. Halifax (Huddersfield) 2: 50，tab. 50 (1788)

Lepiota aureu Massee, Bull. Misc. Inf.，Kew: 189 (1912)

Agaricus aureus F. M. Bailey，Compr. Cat. Queensland Pl.: 715 (1913)

Lepiota pseudolicmphora Rea, Brit. basidiomyc. (Cambridge) : 74 (1922)

Lepiota aureu var. *aurantiofloccosa* A. H. Sm. & P. M. Rea, Mycologia 36 (2) : 134 (1944)

Leucocoprinus birnbaumii Raithelh. Metrodiana 15 (1) : 8 (1987)

分类地位：担子菌亚门（Basidiomycotina）伞菌目（Agaricales）蘑菇科（Agaricaceae）环柄菇属（*Leucocoprinus* Pat. 1888）。

别名：黄色环柄菇、膜盖环柄菇、纯黄白鬼伞。

形态特征：子实体单生（图 5-4）或丛生，柠檬黄色，菌盖直径 2.5～5cm，初为卵形，后为钟形至圆锥形，中部凸出，膜质，表面有柠檬黄色的棉质鳞片，边缘有明显的放射状皱纹（图 5-5）。肉质薄，黄色；菌褶离生，淡黄色，密集。菌柄黄色，较细，

图 5-4 子实体单生，生长在铁皮石斛附近

图 5-5 菌伞展开边缘具放射状皱纹

6～10cm×0.2～0.3cm，向上渐削，下部膨大成棍棒状，中空，表面覆有柠檬黄色粉粒；菌环黄色，生于中上部，膜质，后期易消失。担孢子卵形至椭圆形，8.5～11μm×5.5～8.3μm，光滑，有明显芽孔。

生态习性：夏、秋季生于铁皮石斛栽培畦里，还可生于庭院、花盆的土壤和树桩附近的地上。

地理分布：江苏、安徽、浙江、福建、云南、台湾、香港等地。

经济用途：有毒。

3. 草黄环柄菇

草黄环柄菇 *Leucocoprinus straminellus* (Bagl.) Narducci & Caroti, Mem. Soc. tosc. Sci. nat. 102: 49（1995）

异名（Synonymy）：

Agaricus denudatus Rabenh., Hedwigia 6: 45（1867）

Agaricus straminellus Bagl., Comm. Soc. crittog. Ital. 2（2）: 263（1865）

Hiatula denudata (Sacc.) Singer, Lilloa 22: 424（1943）

Lepiota boudieri Guég., Bull. Soc. mycol. Fr. 24: 126（1908）

Lepiota cepistipes var. *straminella* (Bagl.) Konrad & Maubl., Icon. Select. Fung. 6: 41（1924）

Lepiota denudata Sacc., Syll. fung. (Abellini) 5: 52（1887）

Lepiota denudata Sacc., Syll. fung. (Abellini) 5: 52（1887）f. *denudata*

Lepiota denudata f. *major* Hongo，（1959）

Lepiota denudata Sacc., Syll. fung. (Abellini) 5: 52（1887）var. *denudata*

Lepiota denudata var. *varsoviensis* Chełch., Pamietn. Fizjogr. 14: 87（1896）

Lepiota gueguenii Sacc. & Traverso [as 'guegueni'], Syll. fung. (Abellini) 19: 1081（1910）

Lepiota straminella (Bagl.) Sacc., Syll. fung. (Abellini) 5: 44（1887）

Leucocoprinus denudatus (Sacc.) Singer, Lilloa 22: 424（1951）[1949]

Leucocoprinus denudatus (Sacc.) Singer, Lilloa 22: 424（1951）[1949] f. *denudatus*

Leucocoprinus denudatus f. *major* Hongo, J. Jap. Bot. 31: 250（1956）

Leucocoprinus denudatus var. *albus* Joss., Bull. trimest. Soc. mycol. Fr. 90（3）: 237（1974）

Leucocoprinus denudatus（Sacc.）Singer, Lilloa 22: 424（1951）[1949] var. *denudatus*

Leucocoprinus gueguenii（Sacc. & Traverso）Locq., Bull. mens. Soc. Linn. Soc. Bot. Lyon 12: 75（1943）

Leucocoprinus straminellus var. *albus*（Joss.）Migl. & Rava, Micol. Veg. Medit. 14（1）: 25（1999）

Leucocoprinus straminellus（Bagl.）Narducci & Caroti, Mem. Soc. tosc. Sci. nat. 102: 49（1995）var. *straminellus*

异名包括 4 属 20 个种、变种和专化型。其中 *Leucocoprinus* 2 种、4 变种、2 专化型，*Lepiota* 4 种、3 变种、2 专化型，*Agaricus* 2 种和 *Hiatula denudata*。

分类地位：担子菌亚门（Basidiomycotina）伞菌目（Agaricales）蘑菇科（Agaricaceae）环柄菇属（*Leucocoprinus* Pat. 1888）。

形态特征：子实体较大，单生或群生（图 5-6）。菌盖呈圆柱形，菌柄变得细长。菌盖直径 3～5cm，高 9～11cm，表面灰色至浅灰色，随着菌盖长大而断裂成伞状，表面十分光滑，像人类皮肤一样，看上去像人类乳头（图 5-7），顶端凸出。菌肉白色。菌柄灰白色，圆柱形，有菌环，较细长，向上渐粗，长 7～25cm，粗 1～2cm，光滑。

图 5-6　初期未开伞子实体

图 5-7　后期已开伞子实体

生态习性：7～8 月份在铁皮石斛栽培畦上。

地理分布：江苏、浙江、福建、云南等省。

经济用途：与铁皮石斛共生菌有关。

4. 红柄金钱菌

红柄金钱菌 *Collybia erythropus*（Pers.）P. Kumm., Führ. Pilzk.（Zerbst）: 115（1871）（袁明生和孙佩琼，2007）

异名（Synonymy）：

Agaricus erythropus Pers., Syn. meth. fung.（Göttingen）2: 367（1801）

Agaricus erythropus subsp. *clandestinus* Pers., Mycol. eur.（Erlanga）3: 133（1828）

Agaricus erythropus Pers., Syn. meth. fung.（Göttingen）2: 367（1801）subsp. *erythropus*

Agaricus erythropus var. *aestivalis* Alb. & Schwein., Consp. fung. (Leipzig) : 184 (1805)

Agaricus erythropus Pers., Syn. meth. fung. (Göttingen) 2: 367 (1801) var. *erythropus*

Agaricus erythropus var. *phaeopus* Pers., （1828）

Agaricus erythropus var. *repens* (Bull.) Fr., Syst. mycol. (Lundae) 1: 123 (1821)

Agaricus erythropus var. *rhodopus* Fr., Observ. mycol. (Havniae) 1: 10 (1815)

Agaricus erythropus var. *terrestris* Alb. & Schwein., Consp. fung. (Leipzig) : 184 (1805)

Agaricus erythropus var. *truncigenus* Alb. & Schwein., Consp. fung. (Leipzig) : 184 (1805)

Agaricus marasmioides Britzelm., Botan. Zbl. 73 （5） : 208 (1893)

Agaricus repens Bull., Herb. Fr. 2: tab. 90 (1782) [1781-82]

Chamaeceras erythropus (Pers.) Kuntze, Revis. gen. pl. (Leipzig) 3 （2） : 456 (1898)

Collybia badia Bres., Atti Imp. Regia Accad. Rovereto, ser. 3 8: 129 (1902)

Collybia bresadolae (Kühner & Romagn.) Singer, Agaric. mod. Tax., Edn 2 (Weinheim) : 314 (1962)

Collybia bresadolae Sacc. & D. Sacc., Syll. fung. (Abellini) 17: 17 (1905)

Collybia erythropus （Pers.）P. Kumm., Führ. Pilzk. (Zerbst) : 115 (1871)

Collybia erythropus var. *citrinella* P. Kumm., Führ. Pilzk. (Zerbst) : 115 (1871)

Collybia erythropus （Pers.）P. Kumm., Führ. Pilzk. (Zerbst) : 115 (1871) var. *erythropus*

Collybia kuehneriana Singer, Persoonia 2 （1） : 24 (1961)

Collybia marasmioides (Sacc.) Bresinsky & Stangl, Z. Pilzk. 35 （1-2） : 67 (1970)

Marasmius bresadolae Kühner & Romagn., Fl. Analyt. Champ. Supér. (Paris) : 88 (1953)

Marasmius erythropus (Pers.) Quél., Mém. Soc. Émul. Montbéliard, Sér. 2 5: 221 (1872)

Marasmius erythropus var. *elongata* Killerm., Denkschr. Bayer. Botan. Ges. in Regensb. 19 (N.F. 13) : 35 (1933)

Marasmius erythropus (Pers.) Quél., Mém. Soc. Émul. Montbéliard, Sér. 2 5: 221 (1872) var. *erythropus*

Marasmius repens (Bull.) Quél., Bull. Soc. mycol. Fr. 2: 81 (1886)

Mycena marasmioides Sacc., Syll. fung. (Abellini) 11: 23 (1895)

异名包括 5 属 27 种、亚种、变种和专化型。其中 *Agaricus* 3 种、2 亚种、7 变种，*Collybia* 4 种、2 变种，*Marasmius* 3 种、2 变种，*Chamaeceras erythropus*，*Mycena marasmioides*。

分类地位：担子菌亚门（Basidiomycotina）伞菌目（Agaricales）蘑菇科（Agaricaceae）金钱菌属 [*Collybia* (Fr.) Staude 1857]。

形态特征：子实体较小（图 5-8）；菌盖直径 1～4cm，光滑或有时稍有皱纹，半球形至扁半球形，后期稍扁平，浅黄色，中部褐黄色，边缘色浅。菌肉近无色，薄。褶细密，窄，不等长，白色至浅黄褐色（图 5-9）。菌柄细长，4～7.5cm，粗 0.2～0.35cm，近柱形或扁压，深红褐色，顶部色浅而向下色深，基部有暗红色绒毛。孢子卵白色。担孢子椭圆形或卵圆形，光滑，无色，6～8.1μm×3.5～4.5μm。

生态习性：夏季在铁皮石斛栽培畦上，阔叶林中地上群生或近丛生。

地理分布：江苏、台湾、云南、西藏等地。

经济用途：可食用。此菌子实体虽小，但往往野生量大。

图 5-8　群生的子实体

图 5-9　子实体菌柄和菌褶

5. 冠状环柄菇

冠状环柄菇 *Lepiota cristata*（Bolton）P. Kumm., Führ. Pilzk.（Zerbst）：137（1871）（黄年来 1998）

异名（Synonymy）：

Agaricus cretaceous Bull., Herb. Fr. 8: tab. 374（1788）

Agaricus cepistipes var. *cretaceous*（Bull.）Pers., Syn. meth. fung.（Göttingen）2: 416（1801）

Coprinus cepistipes var. *cretaceous*（Bull.）Gray, Nat. Arr. Brit. Pl.（London）1: 633（1821）

Pluteus cretaceous（Bull.）Fr., Anteckn. Sver. Ätl. Svamp.: 34（1836）

Psalliota cretacea（Bull.）Gillet，Mém. Soc. Émul. Montbéliard，Sér. 2 5: 139（1872）f. cretacea

Psalliota cretacea（Bull.）Gillet [as '*cretaceus*'], Mém. Soc. Émul. Montbéliard，Sér. 2 5: 139（1872）

Pratella cretacea（Bull.）Gillet，Hyménomycètes（Alençon）：563（1878）

Lepiota cepistipes var. *cretacea*（Bull.）Sacc., Syll. fung.（Abellini）5: 44（1887）

Fungus cretacea（Bull.）Kuntze, Revis. gen. pl.（Leipzig）3（2）：479（1898）

Lepiota cretacea（Bull.）Mattir., Atti R. Acad. Lincei，Mem. Cl. Sci. Fis.，sér. 4 12（11）：30（1918）

Leucoagaricus cretaceous（Bull.）M. M. Moser，in Gams, Kl. Krypt.-Fl. Mitteleuropa - Die Blätter- und Baupilze（Agaricales und Gastromycetes）（Stuttgart）2: 115（1953）

分类地位：担子菌亚门（Basidiomycotina）伞菌目（Agaricales）蘑菇科（Agaricaceae）环柄菇属（*Lepiota* P. Browne 1756）

形态特征：子实体中型，菌盖直径 2～6cm，白色（图 5-10），中部至边缘有鳞片，边沿近齿状；菌肉白色，薄。菌褶白色，密，离生，不等长。菌柄柱形，长 3～6cm，粗 0.2～0.6cm，空心，表面光滑，基部稍膨大；菌环生于菌柄的中下部；孢子印白色；孢子无色，光滑，卵圆形、椭圆形、长椭圆形，或近似角形，5.5～8μm×3～4.5μm；有囊状体。

生态习性：夏季至秋季在铁皮石斛畦内松树皮基质上，在林中腐叶层、草丛或苔藓间群生或单生。

地理分布：香港、河北、山西、江苏、湖南、甘肃、青海、西藏。

经济用途：有毒，不宜采食。

6. 盔盖小菇

盔盖小菇 *Mycena galericulata* (Scop.) Gray, Nat. Arr. Brit. Pl. (London) 1: 619 (1821)（袁明生和孙佩琼，2007，p.349-350）

异名（Synonymy）：

Agaricus galericulatus Scop., Fl. carniol., Edn 2 (Wien) 2: 455 (1772)

图 5-10　冠状环柄菇子实体

Mycena galericulata (Scop.) Gray, Nat. Arr. Brit. Pl. (London) 1: 619 (1821) f. *galericulata*

Mycena galericulata (Scop.) Gray, Nat. Arr. Brit. Pl. (London) 1: 619 (1821) var. *galericulata*

Mycena galericulata (Scop.) Gray, Nat. Arr. Brit. Pl. (London) 1: 619 (1821) subsp. *galericulata*

Stereopodium galericulatum (Scop.) Earle, Bull. New York Bot. Gard. 5: 426 (1909)

Prunulus galericulatus (Scop.) Murrill, N. Amer. Fl. (New York) 9 (5): 336 (1916)

Prunulus radicatellus (Peck) Murrill, N. Amer. Fl. (New York) 9 (5): 323 (1916)

除了上述异名外，小菇属（*Mycena*）的异名还包括 3 个种（sp.），2 个亚种（subsp.），10个变种（var.），3 个专化形（f.）；伞菌属（*Agaricus*）包括 3 个种，14 个变种。

分类地位：担子菌亚门（Basidiomycotina）伞菌目（Agaricales）白蘑科（Tricholomataceae）小菇属 [*Mycena* (Pers.) Roussel 1806]。

形态特征：子实体群生（图 5-11）；菌盖钟形或呈盔帽状，边缘稍伸展，直径2～4cm，表面稍干燥，灰黄至浅灰褐色，光滑，且有稍明显的细条棱；菌肉白色至污白色，较薄。菌褶直生或稍有延生，较宽，密，不等长，褶间有横脉，初期污白色，后浅灰黄至带粉肉色，褶缘平滑或钝锯齿状。菌柄细长，圆柱形，污白，光滑，常弯曲，脆骨质，长 8～12cm，粗 0.2～0.5cm，内部空心，基部有白色绒毛。担孢子印白色。孢子光滑，无色，椭圆形或近卵圆形，7.8～11.4μm×6.4～8.1μm。囊体近梭形，顶

图 5-11　群生的子实体

部钝圆或尖，48～56μm×6.3～10.2μm。

生态习性：夏、秋季在铁皮石斛栽培畦内，混交林中腐枝落叶层或腐朽的树木处单生、散生或群生。

地理分布：江苏、浙江、云南、吉林、广州、四川、西藏等地。

经济用途：此菌可食用，能产生抗癌物质。

7. 囊皮伞菌

囊皮伞菌 *Cystoderma ambrosii* (Bres.) Harmaja，Karstenia 42（2）：45（2002）（Laessoe & Lincoff，2002）

异名（Synonymy）：

Armillaria ambrosii Bres., Fung. trident. 1（1）：27，tab. 31（1881）

Gyrophila ambrosii (Bres.) Quél., Enchir. fung.（Paris）：9（1886）

Cystoderma ambrosii (Bres.) Singer，Annls mycol. 41（1/3）：170（1943）

Cystodermella granulose var. *ambrosii* (Bres.) I. Saar，in Saar，Põldmaa & Kõljalg, Mycol. Progr. 8（1）：70（2009）

分类地位：担子菌亚门（Basidiomycotina）伞菌目（Agaricales）蘑菇科（Agaricaceae）囊皮伞属（*Cystoderma* Fayod 1889）。

形态特征：子实体较大，伞生或聚生，白色（图5-12）。菌盖直径4～7cm，初期扁半球形，后期稍平展，表面密被金黄色或黄褐色颗粒；菌盖边缘无明显条纹；菌肉较厚，白色；菌褶密，白色，近直生，不等长；菌柄长3～7.5cm×0.4～0.6cm，近圆柱形，近光滑；孢子印白色。孢子光滑，无色，椭圆形，3.5～6μm×2.5～3.6μm。

生态习性：夏季生长在铁皮石斛畦上，以及在针阔混交林地上散生，往往生于苔藓之间。

地理分布：江苏、浙江、福建、云南等省。

经济用途：可食用。

图5-12 囊皮伞菌子实体

8. 漆蜡蘑

漆蜡蘑 *Laccaria laccata* (Scop.) Cooke, Grevillea 12 (no. 63)：70 (1884)（黄年来，1998；Westhuizen & Eicjer，1994）

异名（Synonymy）：

Agaricus laccatus Scop., Fl. carniol.，Edn 2 (Wien) 2: 448 (1772)

Clitocybe laccatus (Scop.) P. Kumm.，Führ. Pilzk. (Zerbst)：122 (1871)

Clitocybe laccatus (Scop.) P. Kumm.，Führ. Pilzk. (Zerbst)：122 (1871) f. *laccata*

Clitocybe laccatus (Scop.) P. Kumm.，Führ. Pilzk. (Zerbst)：122 (1871) var. *laccata*

Camarophyllus laccatus (Scop.) P. Kumm.，Hattsvampar: 231 (1882)

Camarophyllus laccatus (Scop.) P. Kumm.，Hattsvampar: 231 (1882) var. *laccatus*

Laccaria laccatus (Scop.) Cooke, Grevillea 12 (no. 63)：70 (1884) f. *laccata*

Laccaria laccatus (Scop.) Cooke, Grevillea 12 (no. 63)：70 (1884) var. *laccata*

Omphalia laccatus (Scop.) Quél., Enchir. fung. (Paris)：26 (1886)

Omphalia laccatus (Scop.) Quél.，Enchir. fung. (Paris)：26 (1886) var. *laccata*

Collybia laccatus (Scop.) Quél., Fl. mycol. France (Paris)：237 (1888)

Russuliopsis laccatus (Scop.) J. Schröt., in Cohn, Krypt.-Fl. Schlesien (Breslau) 3.1 (33–40)：622 (1889) f. *laccata*

Russuliopsis laccatus (Scop.) J. Schröt., in Cohn, Krypt.-Fl. Schlesien (Breslau) 3.1 (33–40)：622 (1889)

Russuliopsis laccatus (Scop.) J. Schröt., in Cohn, Krypt.-Fl. Schlesien (Breslau) 3.1 (33–40)：622 (1889) var. *laccata*

该种共有 7 属 92 个异名，其中伞菌属（*Agaricus* L.1753）8 种、6 变种；杯伞属 [*Clitocybe* (Fr.) Staude 1857] 1 种、6 变种、3 专化型；蜡蘑伞属（*Laccaria* Berk. & Broome 1883）6 种、32 变种、4 专化型；脐菇属 [*Omphalia* (Fr.) Gray 1821] 5 种、1 变种；拟红菇属（*Russuliopsis* J. Schröt. 1889）2 种、1 变种、1 专化型；拱顶伞属 [*Camarophyllus* (Fr.) P. Kumm. 1871] 1 种、1 变种；金钱菌属 [*Collybia* (Fr.) Staude 1857] 1 种。

分类地位：担子菌亚门（Basidiomycotina）伞菌目（Agaricales）白菇科（Tricholomataceae）蜡蘑属（*Laccaria* Berk. & Broome 1883）。

别名：红蜡盘、红草菇、红皮条菌、假陡头菌、漆亮杯菌和一窝蜂（黄年来，1998）。

形态特征：子实体散生或群生（图 5-13）；菌盖直径 2～6cm，薄，近扁半球形，后渐平展，中央突起成脐状；肉红色至淡红褐色，潮湿时水浸状，干燥时蛋壳色，边缘波状或瓣状，并有条纹；菌肉粉褐色，薄；菌褶同菌盖色，直生或近延生，稀疏，宽，不等长，附有白色粉末；菌柄长 3～8cm，粗 0.2～0.8cm，与菌盖同色，圆柱形，或有时稍扁圆，下部常弯曲，纤维质，韧，内部松软；孢子印白色，孢子无色或淡黄色，圆球形，具小刺，7.5～12.6μm。

生态习性：夏、秋季生于铁皮石斛畦上，林中地上或枯枝落叶中。

地理分布：黑龙江、吉林、河北、江苏、浙江、江西、福建、广东、广西、海南、云南、贵州、四川、青海、新疆、西藏等地。

经济用途：可食，但味道不好；可与多种植物共生形成外生菌根（谭著明等，2003）。

图 5-13　漆蜡蘑子实体

9. 松乳菇

松乳菇 *Lactarius deliciosus* (L.) Gray, Nat. Arr. Brit. Pl. (London) 1: 624 (1821)

异名（Synonymy）：

Agaricus deliciosus L., Sp. pl. 2: 1172 (1753)

Lactarius deliciosus (L.) Gray, Nat. Arr. Brit. Pl. (London) 1: 624 (1821) var. *deliciosus*

Lactarius deliciosus (L.) Gray, Nat. Arr. Brit. Pl. (London) 1: 624 (1821) f. *deliciosus*

Galorrheus deliciosus (L.) P. Kumm., Führ. Pilzk. (Zerbst) : 126 (1871)

Lactifluus deliciosus (L.) Kuntze, Revis. gen. pl. (Leipzig) 2: 856 (1891)

该种共有 28 个异名，其中伞菌属（*Agaricus*）包括 1 种、2 变种，乳菇属（*Lactarius*）2 种、13 变种、4 专化型，*Galorrheus deliciosus* 1 种。

分类地位：担子菌亚门（Basidiomycotina）伞菌目（Agaricales）红菇科（Russulaceae）乳菇属（*Lactarius* Pers. 1797）。

别名：美味松乳菇、松树蘑、松菌、枞树菇、茅草菇。

形态特征：子实体中等至大型，菌盖扁半球形，虾仁色、胡萝卜黄色或深橙色（图 5-14），菌肉初带白色，后变胡萝卜黄色；菌盖直径 5～15cm，扁半球形，中央脐状，伸展后中部下凹，边缘内卷后平展，湿时黏，无毛，虾仁色、胡萝卜黄色或深橙色，有明显环带但逐渐色变淡，伤后变绿色，边缘伤后变绿显著；菌肉初带白色后变胡萝卜黄色；菌褶色与菌盖同色，稍密，近柄处分叉，褶间有横脉，直生或延生，伤后和老后变绿色；乳汁少，橘红色，最后变绿色；菌柄长 2～5cm，粗 0.7～2cm，近圆柱形或向下渐细，有时有暗橙色凹窝，色同于或浅于褶，内部松软后变中空，切面变橙红色后变暗红色；担孢子广椭圆形，无色，有疣和网纹，

图 5-14　松乳菇子实体

8～10μm×7～8μm。孢子印近米黄色；囊状体稀少，近梭形，40～65μm×4.7～7μm。

生态习性：夏、秋季单生或群生于铁皮石斛栽培床上及松林地上。

地理分布：全国大部分省（自治区、直辖市）均有分布。

经济用途：可食用，为松树、云杉的菌根菌。

10. 非洲黑蛋鸟巢菌

非洲黑蛋鸟巢菌 *Cyathus africanus* H. J. Brodie，Can. J. Bot. 45: 1653（1967）（周彤燊，2007）

异名（Synonymy）：

Cyathus africanus H. J. Brodie, Can. J. Bot. 45: 1653（1967）var. *africanus*

Cyathus africanus var. *latisporus* Y. Hui Chen & Ji Yu, in Chen, Yu & Zhou, Mycosystema 22（3）：346（2003）

分类地位：担子菌亚门伞菌目（Agaricales）伞菌科（Agaricaceae）鸟巢属（*Cyathus* Haller 1768）。

形态特征：担子果倒圆锥形、漏斗形或杯形，高（3～）5～10（～11）mm（图5-15），口部宽（3～）4～8 mm，基部具菌丝垫，直径1～3mm；包被外侧沙土色、污棕黄色、橄榄色、浅褐色至褐色，被有粉黄色、淡黄色、沙土色、

图 5-15　非洲黑蛋鸟巢菌的杯状子实体

棕色的细毛，常紧贴于包被壁，有时也结成小簇，平滑、无条纹；内侧浅灰色、烟灰色、暗烟色、浅褐色至褐色，污褐色，多数平滑，部分标本具有不明显的条纹，口缘平整。

小包扁平，宽椭圆形（图 5-16），[（1.0 ~ ）1.3 ~ 2.5（~ 2.8）]mm ×[（0.9 ~ ）1.2 ~ 2.0（~ 2.2）]mm，灰色、暗烟色、浅褐色、栗褐色至污褐色，具单层皮层，厚 10 ~ 20μm，一层浅黄色至浅褐色的膜，厚 10 ~ 15（~ 20）μm。

担孢子卵形，多数一端具小尖，多数呈广椭圆形，个别近球形，[（5.5 ~ ）7.0 ~ 13.0（~ 14.5）]μm ×[6.5 ~ 8.5（~ 10.5）]μm，壁较薄，0.2 ~ 1.0μm（周彤燊，2007）。

生态习性：夏、秋季生于铁皮石斛畦上，针叶林（油松、云杉）、阔叶林（杨、榆）林下残桩、腐木、枯枝上，水沟边的腐木上。

地理分布：山西、内蒙古、辽宁、吉林、黑龙江、贵州、云南、甘肃、青海、宁夏、陕西、新疆等地。

经济用途：与铁皮石斛菌根菌有关。

图 5-16　铁皮石斛地里的非洲黑蛋鸟巢菌（箭头指向）

三、微生物对种子的萌发作用

1. 真菌对种子的萌发作用

1903 年 Bernard 首次报道了真菌和兰花种子萌发的关系，随后他又用纯化的真菌感染种子，结果发现种子萌发良好，且形成了幼苗，进一步证实了真菌促进种子萌发的作用（郑晓君，2010）。自然条件下，真菌侵染石斛植物的种子或营养根是一种正常现象。种子吸水膨胀后真菌随机侵入种胚，并在其内形成菌丝团，此时种子开始萌发，胚细胞水解酶将菌丝细胞壁降解，露出原生质体进一步被消化；微囊菌属（*Microascus* Zukal）、毛壳菌属（*Chaetomium Kunze et Sehmidt*）和紫萁小菇（*Mycena osmundicola* Lange）对石斛种子萌发有促进效果。采用种子拌菌播种方法，微囊菌和毛壳菌可使铁皮石斛种子发芽率达64%（郭顺星和徐锦堂，1991）。铁皮石斛不同发育阶段的真菌种类有差异，从2年生铁皮石斛上分离到的真菌能明显提高种子的萌发，但不能促进幼苗分化；相反，一些真菌能促进幼苗分化，但不能促进种子萌发；大多数石斛植物菌根真菌虽然有一定的专一性，但专一性程度较低。

2. 细菌促进种子萌发作用

细菌能提高种子的萌发率，缩短萌发时间。早在1922年，Kundson将根瘤菌（*Rhizobium Frank*）和固氮菌（*Azotobacter*）混合液接种到卡特兰（*Cattleyalabiata*）的种子上，能明显提高种子的萌发率，而分枝细菌（*Mycobacterium*）和鞘脂单胞细菌（*Sphingomonas*）能促进杓唇石斛的种子萌发（周小凤，2014）。研究证明，兰科植物的种子萌发率低的主要原因是种皮外面包裹着一层网状物质，使种皮更加紧密，阻碍了种子正常萌发。

四、细菌对铁皮石斛的促生作用

在自然界，细菌分布在铁皮石斛的不同器官内外，并与真菌形成了一个微生态系统，保护铁皮石斛的生长发育。一些内生细菌也有促进铁皮石斛生长的作用。芽孢杆菌属（*Bacillus*）、微杆菌属（*Microbacterium*）和肠杆菌属（*Enterobacter*）有促进美花石斛（*Dendrobium loddigesii* Rolfe）组培苗（童文君等，2014）和2年生铁皮石斛植株的生长作用。细菌对铁皮石斛的促生主要表现在以下两方面：

（1）细菌能分泌植物激素调节兰科植物的生长发育。如固氮菌（*Azotobacter* sp.）、葡萄球菌（*Staphylococcus* sp.）能够产生吲哚乙酸、赤霉素和乙烯等植物激素，促进植物的茎部生长和根的分枝，以增加侧根和根毛密度来调节、促进植物生长。类芽孢杆菌（*Paenibacillus* sp.）除了合成吲哚乙酸（IAA）植物生长调节物质外，还分泌一些水解酶类、抗生素类等抗菌物质（周小凤，2014），能抑制病原菌生长。

（2）固氮菌（*Azotobacter* sp.）是一种既能产生激素，又能固氮（N）的细菌，这些研究直接或间接破解了细菌有助于石斛生长的原因。同时，也给了我们一个启示，如能寻找这种类型的固氮菌，并进行工厂化生产应用，将会给铁皮石斛产业注入新的动力。

五、菌根促生菌

许多研究证明，有3个属真菌、3个属细菌和1个属的链霉菌都能促进植物的生长。Warcup（1981）用65种白腐菌（white rot fungi）对蔓生兰进行接种，发现7种白腐菌可同种子共生，促进种子萌发，其中包括著名的彩绒革盖菌[*Coriolus versicolor* (L.) Quél.]和层孔菌（*Fomes* spp.）（董芳，2008）。

1. 外生菌根真菌

许多菌根真菌都是食用菌和药用菌。我国有食用菌约850余种（卯晓岚，1994），可供人工栽培或试验人工栽培的（含菌丝体发酵）有80种左右，其中绝大多数是腐生菌。大多数的菌根性食用菌属于担子菌亚门（Basidiomycotina）的伞菌目（Agarieales）和非褶菌目（Aphyllophorales）和腹菌纲（Gasteromycetes），少数为子囊菌亚门的块菌目（Tuberales）。在农林业上有成功例证，用双色蜡蘑 [*Laccaria bicolor* (Maire) Orton] S238N 菌株（Duponnois *et al.*，1991；Garbaye *et al.*，1994；Frey-Klett *et al.*，2005，2007）和 81306 菌株接种花旗松 [*Pseudotsuga menziesii* (Mirbel) Franco] 8 年后，生长量比对照提高 60%。彩色豆马勃 [*Pisolithus arhizus* (Scop.) Rauschert] 接种杂交桉树（*Eucalyptus urophylla* × *E. kirtoniana*）4 年后可增加木材蓄积量 30%。此外，红褐乳菇 [*Lactarius rufus* (Scop.:Fr.) Fr.]（Poole *et al.*，2001）、白马勃 [*Pisolithus albus* (Cooke & Massee) Priest] COI007 菌株（Founoune *et al.*，2002b）、褐环乳牛肝菌 [*Suillus luteus* (L:Fr) Gray]（李守萍，2009）、*Wilcoxinia* sp.、毒蝇鹅膏菌 [*Amanita miscaria* (L.: Fr.) Pers. ex Hook.]（Lehr *et al.*，2007）也对植物生长有利。菌根性食用菌的主要生理活性物质，已从美味红菇（*Russula delica* Fr.）的菌丝体和发酵滤液中分离出来（李玉萍等，1988），利用高效液相色谱仪检测出玉米素（Z）、异戊烯基腺苷（IPA）、吲哚乙酸（IAA）、脱落酸（ABA）、赤霉酸（GA3）、激动素（KT）植物内源激素，这些物质都能促进菌根的形成。

2. 促生细菌

1994 年法国学者 Garbaye 首次提出了菌根促生细菌（mycorrhiza helper bacteria，MHB）的概念。MHB 是指能够与菌根真菌的特异性相结合，并促进菌根真菌在宿主植物根部的定殖、生长，从而间接地促进植物生长的细菌。早在 1986 年 Meyer 用丛枝菌根真菌（AMF）与假单胞菌（*Pseudomonas* sp.）接种三叶草的结瘤率比对照增加了 2.03 倍（Xavier & Germida，2003）。Mansfeld-Giese 等（2002）研究黄瓜菌根菌丝体上细菌群落，发现荧光假单胞菌（*Pseudomonas fluorescens*）的 BBC6 菌株（Founoune *et al.*，2002b；Duponnois *et al.*，2003；Garbaye *et al.*，1992；Frey-Klett *et al.*，2005，2007），EJP115 菌株（Bending *et al.*，2007）是菌根促生细菌。在外生菌根的菌套内外的细菌类型多为放线菌、根癌农杆菌（*Agrobacterium tumefaciens*）、洋葱伯克霍尔德氏菌（*Burkholderia* spp.）和芽孢菌（*Bacillus* spp.），但是不同土壤类型和不同植物类型的根际微生物群落有很大差异（Frey-Klett *et al.*，2007）。研究证明，被灰白松露（*Tuber borchii*）侵染的欧洲栎（*Quercus robur*）菌根上多为荧光假单胞菌和皱纹假单胞菌（*P. corrugata*），此类细菌具有促进菌根真菌孢子萌发和菌丝体生长的能力（Cristiana *et al.*，2002；李守萍等，2009）。洋葱伯克霍尔德氏菌（*Burkholderia* sp.）EJP67 菌株（Poole *et al.*，2001），地衣芽孢杆菌（*Bacillus licheniformis*）CECT 5106 菌株，短小芽孢杆菌（*Bacillus pumilus*）CECT 5105 菌株，芽孢杆菌（*Bacillus* sp.）EJP130（李守萍等，2009）能促进植物生长。在植物内生菌、病原菌和木材变色菌的分离过程中，也发现某些细菌对真菌有促生作用。

芽孢杆菌（*Bacillus* sp.）、类芽孢杆菌（*Paenibacillus* sp.）和假单胞菌被称作菌根真菌的辅助细菌，其主要的作用是提高菌根菌的成活率和促进菌根形成（张健，2014）。

植物根际的各种微生物之间存在着一种复杂的关系，可以相互利用，相互促进生长发育，以达到植物根部的微生态平衡；如真菌可以促进放线菌和细菌的生长，反之，放线菌和细菌也会促进真菌的生长。

近些年的研究发现，植物与菌根真菌和细菌存在一定关系。在植物与真菌共生关系形成的同时，还与某些细菌有关。研究证明，一些细菌有促进真菌生长的作用，根的生长加快，扩大了对水肥的吸收量。如从双色蜡蘑 [*Laccaria bicolor* (Maire) Orton] 子实体上分离到荧光假单菌（*Pseudomonas fluorescens*）BBC6 菌株，即使在低剂量（每克干土 30 CFU）时也能显著促进双色蜡蘑与花旗松形成共生关系，并可减少真菌接种量，节约成本和时间。

3. 放线菌

放线菌是自然界广泛分布的一类微生物，绝大多数都生活在土壤或植物根际周围，对植物的生长发育起到不同的作用。其中放线菌（*Streptomyces* sp.）AcH505 菌株能刺激复合微生物菌群（effective composite microorganism，ECM）中的菌根真菌生长，抑制病原菌生长，保护根系不受侵染（Lehr *et al.*，2007）。

丛枝菌根真菌也能促进放线菌和细菌的生长，增加根际微生物的菌群，与植物根系形成互惠共生体的微生物，促进植物根部的发育，提高对病原菌和环境条件的抗逆性。

接种泡囊-丛枝菌根（VA）真菌，如漏斗孢球囊霉 [*Glomus mosseae* (T.H. Nicolson & Gerd.) Gerd. & Trappe]、地表球囊霉 [*Glomus versiforme* (P. Karst.) S.M. Berch]、[*Glomus caledonium* (T.H. Nicolson & Gerd.) Trappe & Gerd.]，根区放线菌的数量明显增加（潘超美等，2000；赵晓锋，2010）。放线菌（*Nocardiopsis umidischolae*）110 菌株与菌根真菌灰鹅膏菌（*Amanita vatinata*）混合培养，对病原菌立枯丝核菌（*Rhizoctonia solani*）和茄腐皮镰刀菌（*Fusarium solani*）效果更好（赵晓锋，2010）。

六、菌根菌的抗逆性

菌根对提高石斛植物抗逆性和抗病性起着关键作用。研究发现，石斛菌根感染率与基质中的水分呈负相关，当水分含量低时，石斛根冠比显著增加，菌根增多，菌丝团在细胞中的定殖时间也随之加长；发育良好的菌根结构能使得石斛植物积极应对不良胁迫，更好地适应生存环境，增强了石斛植物的御寒能力。高度菌根化的石斛对镰刀菌（*Fusarium* sp.）、丝核菌（*Rhizoctonia* sp.）和腐霉菌（*Pythium* sp.）等根腐病菌有显著的抗感染作用。

研究表明，植物菌根菌与病原菌具有相同的生态位，在植物体内相互竞争空间、营养，使病原菌得不到正常的营养供给而消亡，从而增强宿主抵御病害的能力。另外植物菌根菌可以分泌抗生素、毒素等代谢物质，诱导植物产生系统抗性。

七、研究实证

从 2007 年开始，作者开始研究铁皮石斛菌根菌，先后在浙江、福建、云南、贵州和江苏的不同地区进行铁皮石斛生长环境调查，选择生长旺盛、无病虫的植株的健康根作为研究材料，在实验室进行分离培养，共得到 130 多个真菌菌株，经过初步筛选试验和鉴定出被孢霉（*Mortierella* sp.）、镰刀菌（*Fusarium oxysporum* Schlecht.）、交链孢（*Alternaria* sp.）、TP1405 菌株等多个较好菌株，2013 年春天制成菌剂，对组培苗进行接种试验。结果证明，在栽培环境和管理方法相同的情况下，接种与对照存在明显差异；菌根菌不仅能提高组培苗的栽培成活率，而且植株生长快，叶色浓绿，茎杆粗壮，对照栽培则不具有上述特征。

铁皮石斛上的菌根真菌，以接合菌亚门的真菌为多，也有担子菌和半知菌。接种 3 个月的 TP1405（图 5-17）、8 个月的被孢霉（图 5-18）和 16 个月的 XC2 菌株（图 5-19）检查，幼苗生长旺盛，高生长明显，具有一定的效果。前提是同一批接种菌根菌的铁皮石斛管理方法与大面积栽培的铁皮石斛相同，同时，要设对照。

图 5-17　用 TP1405 菌株接种 3 个月
a. 接种；b. 对照

图 5-18　接种 8 个月的被孢霉
a. 接种菌根菌；b. 对照

图 5-19 XC2 接种 16 个月
a. 接种菌根菌；b. 对照

第二节 微生物的防病作用

一、研究概况

在我国，生物防治的研究和应用历史悠久，对于植物保护工作者而言，这个术语已不是一种陌生的概念。生物防治的研究始于植物根系土壤微生物，随着研究的深入，生防菌、内生菌和菌根菌的优势逐渐被科研人员所重视。

生物防治是利用有益微生物活体及其代谢产物制剂对植物病原菌进行有效控制的技术和方法，人们正是充分利用这种特性，开发出不同微生物制剂，达到控制病害的目的。

在环境条件没有剧烈变化时，自然界生物系统中的某些种群数量总是能够维持在某一水平，并且都发挥一定的作用，维持着相对的种群平衡和生态平衡。而当生物间的这种生态平衡被打破时，就会导致相应的植物病害发生或植物生长不良。

生防菌是指各种用于防治植物病害的微生物总称，包括真菌、细菌、放线菌等。它们通过与病原菌竞争生态位和营养物质，分泌抗菌物质，诱导寄主植物产生对病原菌的抗性；同时也能促进植物生长，提高植物健康水平，增强对病害的抵御能力，并对植物微生态系统进行调控，杀死或抑制病原菌生长和繁殖。

与化学农药相比，生物农药的优点在于对环境较安全，残留较少，毒性相对较低；但专一性较强，活性高，生产成本低，发酵工艺简单；对非靶标生物安全。而化学农药对病虫害的防治效果虽然能立竿见影地杀死昆虫和防治病原菌，但大量使用农药，甚至滥用农药会带来对环境、水体、土壤污染，农药残留，有益生物杀伤，病原菌产生的抗药性、耐药性等一系列问题，不容忽视。这些连带问题对人们的健康和生活造成了一定影响，因此，应尽可能缩减农药用量，以期改善自然环境。

目前，生物农药（biopesticides）逐渐成为病虫害生物防治的物质基础和重要手段。它包括生物体农药（organism pesticides）和生物化学农药（biochemical pesticides）两大类，按照开发对象和来源又分为动物体农药（zoic pesticides）、植物体农药（botanical pesticides）和微生物体农药（microbial pesticides）；生物化学农药可分为植物源生物化学农药（botanic biochemical pesticides）、动物源生物化学农药（zoic biochemical pesticides）和微生物源生物化学农药（microbialbiochemical pesticides）（张兴等，2002）。

我国生产的生物农药类型包括微生物农药、植物源农药、农用抗生素、生物化学农药和天敌昆虫农药，以及植物生长调节剂六大类型，已有多个生物农药产品获得广泛应用，其中包括井冈霉素（validamycin）、苏云金杆菌（*Bacillus thuringiensis* Berliner）、赤霉素（gibberellin）、阿维菌素（abamectin）、春雷霉素（kasugamycin）、白僵菌 [*Beauveria bassiana* (Bals.-Criv.) Vuill.）、绿僵菌 [*Metarhizium anisopliae* (Metschn.) Sorokīn]。我国已经掌握了许多生物农药的关键技术与产品研制的技术路线，在研发水平上与世界水平相当。

当前，生物农药产品剂型包括水剂、可湿性粉剂和乳油剂，已从不稳定向稳定发展，由剂型单一向剂型多样化方向发展，由短效向缓释高效性发展。我国现有 260 多家生物农药生产企业，约占全国农药生产企业的 10%，生物农药制剂 2014 年产量近 13 万吨，年产值约 30 亿元人民币，分别占整个农药总产量和总产值的 9% 左右。

从大田栽培防治试验到推广应用是一个长期而复杂的研究过程，但只有在充分了解生防真菌或细菌的生物学特性之后，才能更有利于实践应用。国内外有许多微生物农药的产品已成功应用于农业、果树、蔬菜的病虫害防治，提高了作物产量和产品质量。但到目前为止，未见到铁皮石斛病虫害的专用生防菌制剂产品，有待科研人员开发。

了解铁皮石斛的病害研究概况，有利于病害防治。我国在铁皮石斛上报道的主要病害有铁皮石斛疫病（*Phytophthora nicotianae* Breda de Haan）（李静等，2008）、软腐病（猝倒病）（*Pythium ultimum* Trowvar）（李向东等，2013）、黑斑病 [*Alternaria tenuissima* (Kunze) Wiltshire]（张敬泽和郑小军，2004；桑维钧等，2007；周术涛等，2009）和叶斑病（*Fusarium moniliforme* Sheldon B10b）（程萍等，2008）。在这些病害中，疫病、白绢病和软腐病主要为害根部和茎基部，造成整株死亡，基本没有挽回的余地；而黑斑病主要为害铁皮石斛和金钗石斛（*Dendrobium nobile* Lindl）叶片，严重时会造成提前落叶，影响铁皮石斛生长和有效成分积累。另外，拟盘多毛孢菌（*Pestalotiopsis* sp.）、散斑壳菌（*Lophodermium* sp.）、叶点霉菌（*Phyllosticta* sp.）和尾孢菌（*Cercospora* sp.）（周传波和林盛，2007）均能引起石斛的叶斑病，虽不造成整株死亡，但能严重降低石斛的观赏价值和经济价值。在组培苗生产过程中，黑曲霉（*Aspergillus niger* Tiegh.）是造成种苗死亡的重要原因。

二、生防菌剂在铁皮石斛上的应用

目前，在生产上广泛应用的真菌有哈茨木霉菌（*Trichoderma harzianum* Rifai）、绿色木霉（*Trichoderma viride* Pers.）、寡雄腐霉（*Pythium oligandrum* Drechsler）、球毛壳菌（*Chaetomium globosum* Kunze）、酵母菌（*Saccharomyces* sp.）、轮枝菌（*Verticillum* sp.）及菌根真菌等。细菌有枯草芽孢杆菌 [*Bacillus subtilis* (Ehrenberg) Cohn]、淀粉芽孢杆菌 [*Bacillus amyloliquefaciens* Fukumoto]、凝结芽孢杆菌（*Bacillus coagulans* Hammer）R14 菌株、地衣芽孢杆菌 [*Bacillus licheniformis* (Weigmann) Chester] R21 菌株和荧光假单胞杆菌（*Pseudomonas fluorescens*），有的生防菌株除了能够控制病害以外，它们分泌的一些激素还有促进植物生长的作用。链霉菌（*Streptomyces* spp.）及其变种产生的抗生素主要用于防治细菌病害。此外，还可利用植物病毒的弱毒株系和无致病力（无毒）的突变菌株防治植物病害。

研究应用证明，凝结芽孢杆菌 R14 菌株（*Bacillus coagulans* R14）和地衣芽孢杆菌 R21 菌株对石斛叶斑病菌（*Fusarium moniliforme* Sheld.）B10b 菌株的防效分别达到 70.1% 和 67.5%（程萍等，2008）。用巨大芽孢杆菌（*Bacillus megaterium*）I-12 菌株防治由胶胞炭疽菌（*Colletotrichum gloesporioides*）引起的石斛炭疽病，防效达到 68.36%（王倩等，2008）；石斛内生真菌 4829 和 3952 菌株对铁皮石斛软腐病（*Pythium ultimum*）有良好的生物防治效果，在相同的条件下，使铁皮石斛种苗的存活率分别达到 66.7% 和 60.5%（李向东等，2013）。在一个栽培基地几种生防菌制剂的轮流使用，可有效防止多种病害的发生。

芽孢杆菌属（*Bacillus* Cohn 1872）的细菌（图 5-20）广泛分布于自然界的各种基质上，它是土壤、植物体内、体表和根际的重要微生物种群，其生防特性的突出特征是能产生耐热、抗逆的芽孢（图 5-21），对环境条件的适应能力强，存活率高、能很快定殖在寄主上进行生长繁殖，这种特性有利于生防菌剂的生产和剂型加工。田间应用研究证实，芽孢杆菌（特别是枯草芽孢杆菌）具有很好的稳定性，与化学农药的相容性和在不同植物、不同年份防效的一致性都明显优于非芽胞杆菌和生防真菌（Monica *et al.*, 2001）。因此，国内外学者对枯草芽孢杆菌进行了大量研究，筛选出多株具有明显生防功能的菌株（程萍等，2008；来航线等，2004；方敦煌等，2003）。

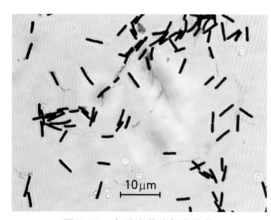

图 5-20　多黏类芽孢杆菌菌体

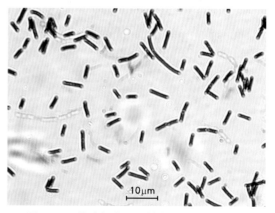

图 5-21　芽孢杆菌两端的芽孢（圆形亮点）

三、研究实证

作者在铁皮石斛病害生防菌的分离培养和鉴定方面做了大量研究工作，收集、筛选和保存了枯草芽孢杆菌 [*Bacillus subtilis* (Ehrenberg) Cohn]、多黏类芽孢杆菌（*Paenibacillus polymyxa* Prazmowski）、解淀粉芽孢杆菌 [*Bacillus amyloliquefaciens* Fukumoto] 等 340 余个生防细菌菌株，250 余个生防真菌菌株。试验证明，一些菌株对多种植物病原菌，特别是对铁皮石斛病原菌都具有很好的抑制效果，是潜在的生防制剂菌株。现已申请国家发明专利 20 余件。

在实验室里用 125 种具有拮抗作用的细菌，分别对铁皮石斛白绢病菌（*Sclerotium delphinii* Welch）（图 5-22a）、灰霉病菌（*Botrytis cinerea* Pers. ex Fr.）（图 5-22b）、叶斑病菌 [*Alternaria tenuissima* (Kunze) Wiltshire]（图 5-23a）和黑线炭疽病菌 [*Colletotrichum dematium* (Pers.) Grove]（图 5-23b）进行了筛选试验，有 30 多种细菌对这 4 种病原菌效果较佳，本文只选用枯草芽孢杆菌 B230 和 B203 两个细菌菌株的 4 幅图片（每一幅图片的左面为病原真菌，右面为拮抗细菌），以示 2 个细菌菌株对 4 种病原菌的拮抗效果。

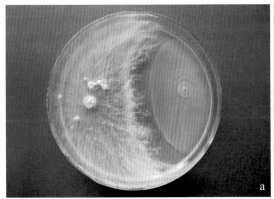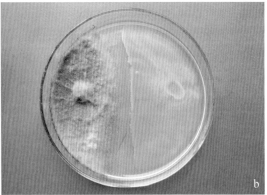

图 5-22　枯草芽孢杆菌 B230 菌株对铁皮石斛病原菌的抑制效果
a. B230 对铁皮石斛白绢病菌的抑制效果；b. B230 对铁皮石斛灰霉病菌的抑制效果

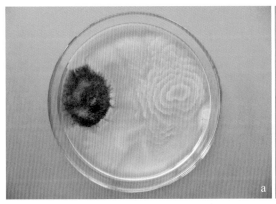

图 5-23　枯草芽孢杆菌 B203 菌株对铁皮石斛叶斑病菌的抑制效果
a. B203 对铁皮石斛叶斑病菌的抑制效果；b. B203 铁皮石斛炭疽病菌的抑制效果

四、应用前景

菌根菌制剂属于微生物肥料的一种，是利用活的菌根真菌及其产生的植物生长激素类物质，将菌根真菌的繁殖体（孢子、菌丝）经过人工繁殖，加工配制形成具有一定形状的产品，在铁皮石斛的组培苗移栽时使用能够起到增加植物营养元素的供给，抵抗致病微生物的侵染，提高植物抗逆性和幼苗成活率，从而达到增加产量和降低成本的效果。

生防菌制剂是众多生物类农药的一种，是国内农林业上重点推广的产品，也是国家扶持和倡导的生物农药，它能部分取代化学农药的使用，较安全、环保是生物农药的最大优点，在今后的病虫害防治中将发挥积极作用。传统的铁皮石斛病害防治都是使用化学药剂，其缺点是众所周知的。随着人们生活水平的不断提高，对铁皮石斛产品品质要求更加严格，这就迫使铁皮石斛栽培者和植物保护者尽最大可能寻找、筛选对多种病原菌具有拮抗、抑制或杀死作用的有益生防菌株，通过室内外试验和生物安全性评估，在符合国家生物农药生产要求的情况下，通过液体发酵制成生防制剂，用于铁皮石斛大田栽培，以达到控制病害的目的。

不论是菌根菌，还是生防菌，用于生产制剂的优良菌株必须具备生长快、易培养、能满足工厂化生产的要求，二者的共同优点是：

①环保安全。能提高植物的抗病性，对人畜毒性较低，较安全，对环境的污染较小。

②持效期长。生防细菌菌剂内含有大量的活性菌成分，其自身具有繁殖能力，病原菌难以产生抗性。

③易培养。菌剂制备的生产工艺相对简单，使用方便、保质期相对较长，在不同环境中稳定性较好。

某些有益细菌除了本身对植物的促生作用外，还有促进菌根真菌生长的作用。如果将有益细菌和菌根真菌混合形成复合菌剂用于铁皮石斛病害防治中，它将是两全其美的生物制剂。

自然界的微生物种类繁多，已知菌株名称和用途的只是它们中间的极少部分，仍有一些优良菌根菌和生防菌等待我们去发掘、研究和开发利用。预计在将来的铁皮石斛产业化中，微生物所发挥的作用远大于人们的想象，应引起政府、企业和种植户的重视，同时要加大投入，筛选那些性能优良的菌株，仍有许多工作要做。

第二篇
铁皮石斛虫害

第六章

昆虫识别技术

昆虫在分类学上的地位隶属于动物界节肢动物门昆虫纲。它是动物界无脊椎动物中最大的一个类群。最近的研究表明，全世界的昆虫可能有 1000 万种，约占地球所有生物物种的一半。现已知昆虫种名有 100 多万种，约占所有动物种类的 75% ~ 80%，由此可见，世界上还有 90%的昆虫种类我们不认识。中国已发现定名的昆虫只有 5 万余种。

在为害石斛植物的有害生物中，除了少数螨类、蛞蝓、蜗牛、鼠类和蜘蛛以外，绝大多数都属于昆虫。昆虫是一些小型动物，且分布广、适应性强。蚜虫、金龟子、短额负蝗、斜纹夜蛾、蓟马等都是为害铁皮石斛的主要昆虫，一些刺吸式口器的昆虫还能传播病毒病害，同时，也能引起煤污病，这些对植物造成危害的昆虫，被称为害虫。有些昆虫可以帮助人类消灭害虫，如捕食性昆虫、寄生性昆虫，它们被称为昆虫天敌，是有害昆虫生物防治中的一个重要类群。蜜蜂能帮助植物授粉，而家蚕、白蜡虫、紫胶虫、五倍子蚜等能为人类创造财富，它们都对人类有益，被称为益虫。识别和研究与植物有关的害虫和益虫，加以防治和利用，有利于保护铁皮石斛植物健康生长。

昆虫对植物的危害和造成的损失是显而易见的，平常所指的昆虫危害，既有国内本地昆虫危害，也有从国外传入中国的有害昆虫危害，种类繁多，不同地区的昆虫种类有差异，相应造成损失或危害程度也不同。外来昆虫被列为我国检疫对象，如美国白蛾（*Hyphantria cunea* Drury）和松材线虫（*Bursaphelenchus xylophilus* Steiner et Buhrer），以及为害铁皮石斛的东风螺（*Achatina fulica* Ferussac），给我国的生物安全和生态安全带来威胁。随着进口量不断扩大，其中包括石斛品种的引进和交换，一些害虫进入我国的机会在不断增多，如 2001 年我国截获 0.26万批次有害生物，2004 年截获 5.26 万批次（张随榜，2012），2014 年我国截获国外有害生物约80 万批次。随着石斛品种引进和交换频率增多，要防止一些有害昆虫传入我国。

第一节　昆虫及其它有害生物的特征

一、昆虫外部形态特征

昆虫一生要经过卵、幼虫、蛹、成虫或卵、若虫、成虫几个阶段。各种昆虫形态特征不同，一种昆虫不同发育阶段的形态特征也不一样，根据这些不同的特征，可以识别各种昆虫。例如蝗虫成虫的外部特征如下：

①身体左右对称，明显分为头、胸、腹三个部分；

②头部生有 1 对复眼，通常有 1 ~ 3 个单眼、1 对触角、口器，是感觉和取食中心；

③胸部有 3 对足、2 对翅，是运动中心；

④腹部由 9 ~ 11 节组成，腹末端有生殖器，是新陈代谢中心和生殖中心；

⑤由卵到成虫，经过一系列外部形态和内部组织的变化（变态）。

总之，成虫期昆虫的典型特征为四翅、六足、体分三段（图6-1）。

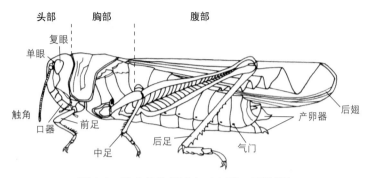

图6-1　蝗虫的外部形态（去掉一侧的翅）

二、其它有害生物及特征

总体来看，为害铁皮石斛的有害生物种类不多，或只占农林业害虫的极少部分，但它们对铁皮石斛造成的损失巨大，应引起重视。

掌握了昆虫以上特征，就能很容易区别于其它小型动物。广义概念的农林害虫包括了螨类和软体动物，而狭义的概念则不包括在内。

1. 蜘蛛

实际上，螨类和蜘蛛都不是昆虫，它们属于节肢动物门蜘蛛纲。蜘蛛的身体分为头胸部和腹部两部分，有4对足，无翅，其中许多种类能捕食害虫，应加以保护。

但在铁皮石斛栽培床上，有时会看到一些蜘蛛网，对铁皮石斛生长会有一定的影响，可喷洒1000倍的DDV防治即可。

2. 螨类

不论哪一种螨，个体都很小，身体不分节，有4对足。多数是植食性的，为害铁皮石斛会造成较大损失。也有一些肉食性螨类可以捕食昆虫，应加以利用，如智利小植绥螨的利用（张随榜，2012）。

在铁皮石斛的栽培过程中，螨类的危害，很少引起栽培管理者的重视，其原因是螨的个体小，生活在叶片背面，最重要的是很多石斛管理者可能不认识螨类，也就忽略了它的危害。螨类的危害状与其它刺吸式口器昆虫的危害状相似。螨类的繁殖速度快，一旦发生，可使用氧化乐果等内吸杀虫剂进行防治。

3. 软体动物

软体动物包括蛞蝓、蜗牛，隶属于软体动物门复足纲。二者的区别在于前者的柔软身体裸露在外面，无贝壳，头顶一长一短两对触角不时地伸缩着；而后者身体外有较坚硬贝壳，也有2对触角。

这两种动物会啃食铁皮石斛叶，只剩下嫩茎（图6-2），造成叶片缺刻、孔洞及幼苗倒伏、果实腐烂，是石斛栽培过程中的主要防治对象。

图 6-2　被蛞蝓危害后的铁皮石斛

第二节　昆虫生物学特性

昆虫生物学是研究昆虫个体发育史的一门科学。包括昆虫从生殖、胚胎发育、胚后发育直至成虫各个阶段的生命特征（武三安，2010）。生物学特性是昆虫物种的特征之一，研究它，可为昆虫分类及演化规律探讨提供重要的理论依据；可寻找昆虫在发生过程中的薄弱环节，为防治提供理论基础。

昆虫的习性（habits）和行为（behavior）是指昆虫种或种群的生物学特性，是昆虫对各种刺激所产生的反应活动（武三安，2010）。这些反应活动或有利于它们找到食物或配偶，也有利于昆虫躲避敌害和不良环境等因子。了解害虫的生物学特性，对于正确选择防治方法有利。

昆虫的生长发育，形态上要经过多次的变化；昆虫变态分为不完全变态（卵、若虫和成虫）和完全变态（卵、幼虫、蛹和成虫）两大类。它们的习性包括昆虫的活动和行为，主要指昆虫种或种群的生物学特性，并非所有昆虫都有。

一个新个体（不论是卵，或是幼虫）从离开母体发育到性成熟并产生后代为止的个体发育史，称为一个世代（generation）。一种昆虫在一年内的发育史，或由当年的越冬虫态开始活动起，到第二年越冬结束止的发育过程，称为年生活史（annual life history）。

有些昆虫具有趋性，迁飞和扩散，群集性和假死性。

一、趋性（taxis）

趋性是昆虫对外界物质连续刺激产生的一种定向运动。趋向刺激源方向运动称为趋性，避开刺激源方向运动称为负趋性。按照刺激源的性质，可分为趋光性、趋化性、趋温性等。趋性对昆虫的寻食、求偶、产卵及躲避不良环境等有利。人们可以利用这些习性开展防治。可对那些具有趋光性的害虫进行灯光诱杀，在铁皮石斛栽培区内或周围安装一些黑光灯来诱捕鳞翅目昆虫的成虫，集中消灭；利用害虫对某些化学物质（性外激素或性诱剂）的趋性采取食物诱杀。

二、群集性（aggregation）

同一种昆虫的大量个体高密度聚集在一起的现象叫群集性。昆虫群集现象是一种暂时性的，只是在某一虫态和某一时间内群集在一起，过一段时间，因食物源不能满足个体发育就会自动分开，扩散为害。一些鳞翅目幼虫，如天幕毛虫（*Malacosoma neustria testacea* Motsch.）和黄刺蛾（*Cnidocampa flavescens* Walker）幼虫在刚孵化时群集在叶片背面为害，2 龄以后扩展到其它叶片；榆蓝叶甲（*Pyrrhalta aenescens* Fairmaire）的群集越夏，瓢虫的集中越冬。另一种是永久性的群集，如竹蝗（*Ceracris kiangsu* Tsai）和东亚飞蝗（*Locusta migratoria* L.）。可根据昆虫的群集性进行集中防治。

三、假死性（death feigning）

有些昆虫受到惊动后，立即收缩附肢，卷缩一团坠地装死，被称为假死性。此类昆虫主要是鞘翅目的金龟子（Scarabaeidae）和象甲科（Curculionidae），鳞翅目的小地老虎（*Agrotis ypsilon* Rottemberg)幼虫，这是昆虫躲避敌害的一种自卫反应，人们可以利用昆虫的这种习性进行人工捕杀。

四、迁飞与扩散（migration and diffusion）

迁飞是昆虫成虫期的一种特性，昆虫群集从一个地方集体进行长距离迁移到另一个发生地的特性称为迁飞，如黏虫（*Mythimna separate* Walker）、东亚飞蝗（*Locusta migratoria* L.）。有些昆虫是在环境条件不适应或营养条件恶化的条件时，由一个发生地近距离向另一个发生地迁移的特性称为扩散，如蚜虫。了解昆虫迁飞和扩散规律，有助于人们掌握害虫的消长动态，以便在迁飞扩散之前集中消灭。

对于铁皮石斛栽培管理者来说，了解昆虫生物学特性，可随时监控害虫的发生，根据不同的昆虫发育阶段，采取不同方法进行有效防治。

第三节　昆虫发生与环境

一、昆虫分布

昆虫种类多，分布广，这是昆虫为害多种植物的主要原因。每一种昆虫都有特定分布区域，并与当地的地理位置和气候条件有密切联系。我国石斛栽培主要分布于长江以南的地区，在一年中，有利于昆虫生长发育的天气数量多，因此，同样一种昆虫繁殖的世代数南方比北方更多，个体发育速度快，危害更严重。

一种昆虫的个体数量也十分惊人。一个蚂蚁群体可多达 50 万个个体，曾有人估计，整个蚂蚁的数量可能会超过全部其它昆虫的总数；一棵树可拥有 10 万头蚜虫个体；在阔叶林里每平方米的土壤中可有 10 万头弹尾目（Collembola）的昆虫；根据作者的观察，在一丛铁皮石斛上也有近千头蚜虫，虫口密度大。

昆虫的分布面广，几乎遍及整个地球，没有其它纲的动物可以与之相比。从赤道到两极，从海洋、河流到沙漠，高至世界的屋脊珠穆朗玛峰，下至几米深的土壤里，都有昆虫的存在。这样广泛的分布，说明昆虫有惊人的适应能力，也是昆虫种类繁多的生态基础。

二、气候因素

昆虫的发生与气候、生物、土壤等气候因素，以及人类的活动关系密切，掌握昆虫的发生规律有利于害虫防治和益虫繁育利用。气候因素包括温度、湿度、光、风等，与昆虫个体生命活动及种群消长关系密切，尤其是温湿度。

1. 温度

昆虫是变温动物，体温的变化取决于周围的环境温度。昆虫本身就有调节体温的能力，对于外界温度升高或降低都会逆向作微调，但微调的幅度是有限的。昆虫的生长发育温度为 8～40℃，称为有效温区。22～30℃是昆虫生长发育和繁殖的较适合温度范围，称为适温区。

有效积温法则是昆虫完成一个虫期或世代所需的天数与同期内有效温度的乘积是一个常数，这一常数称为有效积温，在生产上具有应用价值。

关于温度变化对昆虫的影响，根据江苏省气象部门的数据分析，在未来的几十年里，江苏地区气候变化可能比世界其它地方更加明显。从 1961 年到 2010 年的 50 年间，中国的平均升温率是每 10 年上升 0.23℃，而江苏的这一数据则达到了 0.27℃，这可能意味着在今后的若干年内，昆虫发生代数会逐渐增多，相应昆虫对农林植物的危害也有逐年加重的趋势。

2. 湿度

湿度实质上就是水的问题，水是昆虫体的组成成分和生命活动的重要物质与媒介。不同种类昆虫或同种昆虫的不同发育阶段，对水的要求不同。一般来说，低湿度能延迟昆虫的发育天数，降低繁殖力和成活率；反之，湿度过大，尤其是暴风雨对弱小昆虫与低龄幼虫（若虫）都是致命打击。湿度主要影响昆虫的成活率、生殖力和发育速度，从而影响昆虫种群的消长。降雨不仅影响湿度，还直接影响昆虫种群的数量变化。多数昆虫最适相对湿度为 70%～90%。

3. 温湿度的综合影响

在自然界中，温度与湿度总是相互影响，综合作用于昆虫的。对于一种昆虫来说，适宜的温度范围总是随着湿度的变化而变化。反之，适宜的湿度范围也总是随着温度的变化而变化。为了正确反映温度和湿度对昆虫的综合作用，常以温湿度系数来表示：

$$Q = RH/T$$

公式中的 Q 为温湿度系数；RH 为平均相对湿度；T 是平均温度（张随榜，2012）。

在一定的温、湿度范围内，相应的温、湿度组合能产生相近或相同的生物效能。不同的昆虫必须限制在一定的温度和湿度范围内，其原因是不同的温度和湿度组合可得出相同的系数，但它们对昆虫的作用截然不同。了解昆虫生活史对温湿度的需求，对于研究和防治昆虫有实用价值。

4. 光

光性质、光强度和光周期主要影响昆虫的活动与行为，协调昆虫的生命周期，起信号作用。光的性质以波长表示。不同的波长显示出不同的颜色。人类可见光波为400～770nm，而昆虫可见光在253～700nm之间。许多昆虫对330～400nm的紫外光有较强的趋性。利用波长为360nm左右的黑光灯诱杀昆虫，就是这个道理。昆虫对不同光的颜色有明显的分辨能力。蜜蜂能够区分红、黄、绿、紫四种颜色，蚜虫对黄色敏感。光强度对昆虫的活动与行为影响较为明显。如鳞翅目的蝶类在白天活动飞翔，而蛾类喜欢在夜间弱光下活动。

昼夜交替时间在一年中的周期性变化称为光周期，它是时间与季节变化最明显的标志。不同昆虫对光周期的变化有不同的反应。光的时间及其周期性变化是引起昆虫滞育的重要因素。季节周期性变化会影响昆虫的年生活史。实验证明，许多昆虫孵化、化蛹、羽化都有一定的昼夜节奏特性，与光周期的变化有密切关系。

5. 风

风可以减低自然界的温、湿度，影响昆虫的体温和体内水分的蒸发，特别是对昆虫的扩散和迁飞影响较大。许多昆虫能借助风力传播到很远的地方，如蚜虫可借助于风力迁移1220～1440km，松干蚧（*Matsucoccus* spp.）卵囊可被气流带到高空随风漂移，大风对鳞翅目昆虫成虫（蛾类和蝶类）或部分幼虫的迁飞或迁移也起到很大作用。

6. 气候

昆虫栖息地的小气候（小生境）对于昆虫的生长发育作用不可忽视。大气候虽然有时不适宜某种害虫的大发生，但由于栽培条件、水肥管理、植被状况等影响，害虫所处的小环境适宜，也会出现局部严重发生现象。

三、栽培基质

栽培基质是大多数地下昆虫的一个特殊生长环境，如为害铁皮石斛的独角仙、蝼蛄、蟋蟀、金龟子、地老虎等，有的昆虫终生，或某个虫态在基质中度过。基质的理化性质，如温度、湿度、成分组成、有机质含量及pH值等，直接影响基质内昆虫的生命活动。一些地下害虫往往随基质温度变化而上下移动，以便栖息于适度基质层。春、秋季上升到表层为害，而炎夏、寒冬则潜入较深基质层休眠。在一昼夜间也有一定的活动规律，如蛴螬、小地老虎夏季多于夜间或清晨上升到表面为害铁皮石斛，中午则下移到基质深层休息。生活在基质中的昆虫多数对湿度要求较高，湿度低时会影响其生命活动。人们掌握了昆虫对基质环境的要求之后，可以通过施肥、灌水措施改变基质条件，达到控制害虫、保护益虫的目的。

第四节　生物因素对昆虫的影响

生物因素包括食物、昆虫天敌和昆虫病原微生物，三种因素的综合作用会直接影响昆虫种群数量的消长，改变昆虫对农林业的危害。

一、食物与昆虫食性

食物是昆虫维持新陈代谢所必需的营养和能量来源；食物的种类、数量和质量可直接影响昆虫种类生长发育。据不完全统计表明，植食性昆虫约占昆虫总数的48%。

1. 昆虫的食物

食物对昆虫种群数量消长、生存和分布起着决定性的作用。不同种类的昆虫对食料有明显的选择性和适应性，对某一种或某一类植物，或植物的某一个器官有偏好。如为害白菜（*Brassica pekinensis* R.）的菜青虫（*Pieris rapae* L.），不会去吃玉米（*Zea mays* L.）；黏虫（*Mythimna separate* Walker）不会为害白菜；玉米螟不会去吃小麦；松毛虫（*Dendrolimus* spp.）不会去吃柳树的叶子。有些仓库害虫绝对不会到大田中去为害，某些为害皮毛的害虫，不会去吃粮食。实际上，就像北方人喜欢吃面食，南方人喜欢吃米饭一样，都是同样的道理。

昆虫的食物与它们身体的大小、食量和颜色也有着密切的关系。如米象（*Sitophilus oryzae* L.）和大豆象（*Acanthoscelides obtectus* Say）为害时，整个身体要钻到粮食粒里面去，它们的身体就绝不会超过粮食粒的大小。为害杏核的杏仁蜂（*Eurytoma samsonovi* Wass）幼虫，它一生的食料不会比一个杏仁的量更多。玉米钻心虫（*Pyrausta nubilalis* Hubern）、高粱条螟（*Chilo venosatus* Walker）、天牛幼虫和吉丁虫幼虫，由于它们整个幼虫阶段都是在植物茎秆内蛀食生活，而为害铁皮石斛的独角仙（*Allomyrina dichotoma* L.）幼虫和铜绿丽金龟子（*Anomala corpulenta* Motschulsky）幼虫（蛴螬）都在基质内生活，见不到光线，所以身体的颜色多半都是白色或灰白色。

2. 昆虫的食性

食性就是指昆虫取食的习性。据统计，在所有的昆虫中，吃植物的昆虫约占48.2%，这部分昆虫称为植食性昆虫（phytophagous insect），以高等植物为食；吃腐烂物质的昆虫约占17.3%，称为腐食性昆虫（saprophagous insect）；寄生性昆虫占2.4%；捕食性昆虫占28.1%；后两项合称肉食性昆虫（carnivorous insect）；其它都是杂食性昆虫（omnivorous insect），它们既吃动物性食物，也吃植物性食物。

3. 昆虫口器与取食部位

昆虫的口式类型和口器类型决定了它们取食的方式。植食性昆虫口器构造不同，取食方法和取食植物的部位也不一样，这些都是昆虫某个发育阶段取食习性决定的。有的取食植物组织，有的取食汁液。有吃叶的、蛀茎秆的，也有咬根的；还有吃花和种子的，有的昆虫可取食多种植物器官。因此，在同一种植物上可以有几种到几十种，甚至几百种昆虫危害。

在上述食性分化的基础上，还可根据昆虫食物范围的多少进一步分为单食性、寡食性和多食性等食性特化类型。

4. 单食性昆虫（monophagous insect）

有的昆虫只吃一种植物，不吃其它植物，即便偶尔咬上几口，也绝不能完成它取食阶段的生活期。它们多半是活动能力较小，或钻蛀到植物茎秆和叶子组织里生活的种类。如三化螟（*Tryporyza incertulas* Walker）只取食水稻；梨实蜂（*Hoplocampa pyricola* Rohwer）只为害梨，豌豆象只为害豌豆。这些昆虫称为单食性昆虫。

5. 寡食性昆虫（oligophagous insect）

某些昆虫只吃几种同科植物，或者与所喜好的植物有亲缘关系的种类。如小菜蛾（*Plutella xyllostella* L.）幼虫能取食十字花科的39种蔬菜，这类昆虫称为寡食性昆虫。

6. 多食性昆虫（polyphagous insect）

有的昆虫能取食许多种几乎无亲缘关系的植物。如棉铃虫（*Helicoverpa armigera* Hübner）的幼虫可取食20多科200多种植物，烟白粉虱可为害40余科的100多种植物，这种昆虫称为多食性昆虫。即使是像棉铃虫这样的多食性害虫，对食物仍有一定的选择性或偏好性，主要取食锦葵科、茄科和豆科的植物；就在最喜欢吃的这些植物中，还要挑选花蕾、花瓣、果实等繁殖器官取食。但昆虫的食性一般是比较固定的，但并不是永恒不变的，当缺乏嗜好的植物组织时，食物也会作相应的调整，如马尾松毛虫（*Dendrolimus punctatus* Walker）在马尾松（*Pinus massoniana* Lamb.）针叶多的时候，就取食马尾松针叶，而在马尾松针叶缺乏的时候，就取食湿地松（*Pinus elliottii* Engelm.）针叶（武三安，2010）。

二、食物与昆虫发育

1. 植物器官与昆虫发育

任何一种昆虫都有它们自己最适宜、最喜欢的食物。尽管多食性昆虫能够取食多种植物，但不同的食物或植物组织可以直接影响昆虫的发育速度、存活率、生殖率及滞育等。昆虫取食它们最喜欢吃的植物时，生长发育快，死亡率低，而且生殖力高。同一种植物，由于取食不同器官，对昆虫的影响也不同。棉铃虫取食棉铃发育最好，取食嫩叶和花蕾次之，取食老叶片最差；其主要原因是棉铃内的含水量最多，含糖量高，对幼虫生长有利。

2. 昆虫口器与取食部位

咀嚼式口器是最原始的口器类型，适合取食植物叶片、嫩茎、根等固体食物。昆虫的上颚非常坚硬，是咀嚼食物的主要器官。前部锋利有齿，用来切断食物，类似于人类的切牙；后部粗糙，上面有凹凸不平的凹槽，用以磨碎和咀嚼食物，类似于人类的磨牙；下颚和下唇还有起触觉和味觉作用的触须。

3. 植物成分与昆虫取食

在取食植物时，昆虫依靠嗅觉和触觉感受到植物，然后再依靠味觉决定对要摄食的对象是大量摄食，还是放弃取食。植物体内含有多种第二性物质，对昆虫有吸引作用，例如水稻体内的稻酮（rice ketone）对水稻螟虫有强烈的引诱作用，菜白蝶（*Pieris rapae* L.）则对十字花科植物的芥子油（mustard oil）反应敏感。

第五节　昆虫天敌及病原微生物类群

天敌泛指害虫的所有生物性敌害，包括天敌昆虫、鸟类和昆虫病原微生物等，是一类数量庞大的昆虫"生防队伍"，在控制害虫的发生过程中起到了重要作用。在铁皮石斛害虫的防治中，可以充分利用多种多样的天敌，它将是铁皮石斛有机栽培的一种重要措施。

一、天敌昆虫

天敌昆虫分为寄生性天敌昆虫（parasitic enemy insects）和捕食性天敌（predatory natural enemy insects）两大类。

1. 寄生性天敌

这类天敌的种类很多，其中膜翅目（Hymenoptera）和双翅目（Diptera）的昆虫数量最多、利用价值最大。根据寄生和取食方式又分为内寄生和外寄生两类。凡是寄生在昆虫卵、幼虫、蛹和成虫体内的称为内寄生天敌，而寄生在昆虫体表的称为外寄生天敌。

在膜翅目中，寄生性天敌种类最丰富，防效亦较明显，其中最引人注意的是赤眼蜂科（Trichogrammatidae），其次有姬蜂科（Ichneumqnidae）、茧蜂科（Braconidae）、蚜茧蜂科（Aphidiidae）、蚜小蜂科（Aphelinidae）、黑卵蜂科（Scelionidae）等10余科；双翅目的头蝇科（Pipunculidae）、寄蝇科（Tachinidae）、麻蝇科（Sarcophagidae）、捻翅虫目（Strepsiptera）等。其中，多数科全部种均为寄生性，有些科以寄生性为主或各占一定比例，也有个别科寄生性种类只占少数，如瘦蜂（章士美，1995）。赤眼蜂、金小蜂、蚜茧蜂、蚜小峰在生产上起着较大的作用，姬蜂、茧蜂、寄蝇等在农田的自然控制作用较强。美国白蛾（*Hyphantria cunea* Drury）的寄生蜂有16种，寄生蝇有11种（张彦龙，2008）。

2. 捕食性天敌

捕食性天敌昆虫又称为天敌生物农药，它们的种类约有10余目100多科，专门以其它昆虫或动物为食物，蚕食虫体的一部分或全部；常见的种类有隐翅虫科（Stapllylinidae）的黑斑足突眼隐翅虫（*Stenus cicindela* Sharp）、黑胫突眼隐翅虫（*S. macies* Sharp）、二点突眼隐翅虫（*S. tenuipe* Sharp）等20种（陆自强和朱健，1984）；螳螂（*Paratenodera sinensis* Saussure）、草蛉（*Chrysopa perla* L.）、中华虎甲（*Cicindela chinenesis* Degeer）、青步甲（*Harpalus sinicus* Hope）、七星瓢虫（*Coccinella septempunctata* L.）、黑带食蚜蝇（*Zyistrophe balteata* De Geer）、黄胡蜂（*Vespula vulgaris* L.）等。在自然界中，这些益虫帮助人们消灭了大量害虫，其中澳洲瓢虫（*Rodolia cardinalis* Mulsant）、大红瓢虫（*Rodolia rufopilosa* Muls）、草蛉等（张随榜，2012）的成功利用，就是很好的实证。一般情况下，捕食性天敌昆虫个体比它们所要捕获寄主猎物更大，活动能力更强。它们捕获吞噬猎物肉体或吸食体液，有些捕食天敌昆虫的幼虫和成虫阶段都是肉食性的，能独立自由生活，都以同样的寄主为食。

3. 其它天敌生物

其它天敌生物主要包括捕食性鸟兽及其它有益的蜘蛛、捕食螨，及鸟类、两栖类、爬行类动物等。鸟类的应用早为人们所熟悉，蜘蛛的作用在生物防治中越来越受到重视，但在铁皮石斛上的稠密蜘蛛网会影响植株的生长。

二、昆虫病原微生物及其它原生动物

昆虫病原微生物是昆虫在生长发育过程中染病死亡的主要原因，包括真菌、细菌、病毒、立克次氏体、原生动物和线虫。在生产中广泛应用的主要包括：球孢白僵菌（*Beauveria bassiana* Vuill)、金龟绿僵菌（*Metarhizium anisopliae* Sorokin）、苏云金芽孢杆菌（*Bacillus thuringiensis* Berliner，Bt）和核多角体病毒（nuclear polyhedrosis viruses）等。这些病原微生物都已进入工厂化生产和应用，取得巨大经济和生态效益。人们最熟悉的冬虫夏草，就是由中华虫草菌 [*Ophiocordyceps sinensis* (Berk.) G. H. Sung，J. M. Sung，Hywel-Jones & Spatafora，异名：*Cordyceps sinensis* (Berk.) Sacc.] 引起蝙蝠蛾（*Hepialus armoricanus* Oberthür）、蝉花（*Ophiocordyceps sobolifera*（Hill ex Watson）G. H. Sung，J. M. Sung，Hywel-Jones & Spatafora，异名：*Clavaria sobolifera* Hill ex Watson）幼虫生病死亡的例证。一旦昆虫感染了上述病原物，表现为食欲下降、行动迟缓、逐渐走向死亡。

第六节　人类生产活动对昆虫的影响

人们的活动可直接或间接影响昆虫种群分布和数量消长，除了人们采取措施直接消灭昆虫外，人为改变昆虫发育的小生境、食物，以及自然界本身的天敌和病原物都能影响昆虫的种群数量。主要表现在以下两个方面。

一、昆虫群体组成的改变

在人类的生产活动中，经常有目的地从外地引进某些益虫，控制本地的某种害虫，如澳洲瓢虫（*Rodolia cardinalis* Mulsant）相继被引进到各国用于控制柑橘吹棉蚧（*Icerya purchasi* Maskell），收到很好的效果，改变了当地昆虫种群数量；同样，也有引进某种病原微生物或原生动物控制某种害虫的例子，如球孢白僵菌 [*Beauveria bassiana* Vuill]、绿僵菌（*Metarhizium anisopliae* Sorokin）和苏云金芽孢杆菌（*Bacillus thuringiensis*，Bt.）在不同的国家使用。在欧洲，除利用真菌外，还利用其它昆虫病原。但也有相反的例子，如美国白蛾（*Hlyphantria cunea* Drury）、苹果棉蚜（*Eriosoma lanigerum* Hausmann）、葡萄根瘤蚜（*Daktulospha vitifliae* Fitch，异名：*Viteus vitifoliae* Fitch，*Phylloxera vastatrix* Planchonl，*Phylloxera vitifoliae* Fitch）等都是危害性极大的害虫，在我国的检疫措施不够健全的情况下侵入我国的，给农林业生产造成严重危害。

二、昆虫生活环境和繁殖条件的改变

科学家培育出的抗虫、耐虫植物，降低了昆虫对植物的危害程度。人类大规模的兴修水利、治山改水、植树造林、退耕还林、退耕还草等措施，改变了昆虫的生存环境，控制了虫害的发生，对东亚飞蝗（*Locusta migratoria*）的防治就是一个成功的例子。

第七节 为害铁皮石斛的主要昆虫类群

昆虫纲的分类主要根据昆虫的形态特征（口器、翅和足的类型，触角形状）、变态和生活习性，昆虫学家的分类观点不同，把整个昆虫纲分为最少7目，最多40目，一般为28～34目，但我国的昆虫分类专家把所有昆虫分为33个目，与农林关系较密切的有10个目，而为害铁皮石斛的害虫仅有6个目。

一、直翅目（Orthoptera）

直翅目是较原始的昆虫类群，起源于原直翅目，在上石炭时期已经分成了触角较长的螽斯类和触角较短的蝗虫类。其中很多种类具有鸣叫或争斗的习性，成为传统的观赏昆虫，比如斗蟋蟀和螽斯。

本目的昆虫个体中型到大型，触角多为丝状，咀嚼式口器；前胸背板发达，中、后胸愈合；成虫前翅稍微硬化，称为"覆翅"，狭长，革质；后翅膜质，宽大；静止时呈扇状纵褶在前翅之下；大多数昆虫后足为跳跃足，少数种类前足为开掘足；雌虫产卵器发达，形式多样；若虫和成虫多为植食性；本类群为不完全变态。常见的有蝗虫、螽斯、蟋蟀、蝼蛄4个科的昆虫，全世界已知20000种以上，分布广。以植物为食，对农、林、经济作物都有危害；少数种类为杂食性或肉食性，多数种类一年一代。

图6-3 蝗虫

为害石斛的有短额负蝗（*Atractomorpha sinensis* Bolivar）和其它蝗虫（图6-3），以及蝼蛄（*Gryllotalpa orientalis* Burmeister）。

二、鳞翅目（Lepidoptera）

鳞翅目昆虫统称蛾、蝶类，是昆虫纲的第二大目，体小型至大型。因成虫身体和翅膀上被有大量鳞片而得名，并由其组成各种颜色的斑纹。前翅大，后翅小，少数种类的雄虫无翅。触角丝状、羽状、球杆状。成虫口器为虹吸式，幼虫口器为咀嚼式，植食性。

属于完全变态昆虫，一生要经过历卵、幼虫、蛹、成虫4个阶段。全世界众多昆虫学家研究了本目昆虫的分类，已有具体名称的种类，1931年的统计是8万种，1934年增至10万种，1942年已达到14万种，目前全世界已知约20万种，中国已知约8000余种，其中蛾类6000种，蝶类 2000 种。幼虫多是植食性的，寄主多，危害重；成虫以虹吸式口器吸食花蜜。

1. 异角亚目（Heterocera）

本亚目昆虫统称为蛾。所有的蛾类都属于本亚目，是鳞翅目中最大的类群，外观变化很多，难以用一般性的语言进行描述。大多数蛾类夜间活动，体色黯淡；也有一些白天活动，色彩鲜艳的种类（图 6-4）。不过，蛾类触角和蝴蝶有所区别，它们没有棒状的触角末端，而是呈现丝状和羽毛状；另外大多数蛾类的前后翅是依靠一些特殊连接结构来达到飞行的，是翅缰和翅轭的存在结果，使得蛾类和蝶类有了更多的区别方式。

有为害铁皮石斛叶片的斜纹夜蛾（*Prodenia litura* Fabricius）和为害根的小地老虎（*Agrotis ipsilon* Hufnagel）。

2. 锤角亚目（Rhopalocera）

本亚目的昆虫统称为蝶。蝴蝶是一类白天活动的鳞翅目昆虫，通常可以从它们明亮的色彩和棒状的触角，以及它们休息的方式，四翅合拢，竖立于背上来辨别；后翅基部扩大而有力，在飞行时支持并连接着前翅（图 6-5）。世界上蝴蝶已知种类有 17000 种左右；中国已命名的蝴蝶有 1300 余种，分别隶属于 12 科 368 属。其中云南、海南、广西均有 600 种以上的蝴蝶；其次为台湾、广东、福建、贵州、四川有 400 种以上，各地区之间的种类有重复。它们的成虫都是惹人瞩目的美丽蝴蝶，而它们的幼虫丑陋，是农林业的害虫。

图 6-4　天蛾

图 6-5　凤蝶

三、鞘翅目（Coleoptera）

本目是昆虫纲中的第一大目，通称"甲虫"。有 33 万种以上，占昆虫总数的 40%。其中象甲总科竟达到 6 万种左右；中国已记载 7000 余种。为害铁皮石斛的主要有金龟子类（图 6-6）和独角仙（*Allomyrina dichotoma* L.）。

它们的体小型至大型。体壁坚硬，前翅质地坚硬，角质化，称为"鞘翅"，因此而得名。静止时在背中央相遇成一直线，后翅膜质，通常纵横叠于鞘翅下。成、幼虫均为咀

图 6-6　金龟子

嚼式口器。幼虫多为寡足型，胸足通常发达，腹足退化。蛹为离蛹。卵多为圆形或圆球。外骨骼发达，身体坚硬，因此能够保护内脏器官。体型的变化甚大。此类昆虫的适应性很强。有咀嚼式口器，食性很广：分为植食性的各种叶甲、花金龟；肉食性的步甲、虎甲；腐食性的阎甲，粪食性的粪金龟。本类群属完全变态，幼虫因生活环境和食性不同有各种形态；蛹绝大多数是裸蛹，罕有被蛹。

四、双翅目（Diptera）

双翅目包括蚊、蠓、蚋、虻、蝇等，是昆虫纲中较大的目。由于成虫前翅为膜质，后翅退化成"平衡棒"而得名。体小型到中型。体长极少超过 25mm；体短宽或纤细，圆筒形或近球形；头部一般与体轴垂直，活动自如，下口式；复眼大，常占头的大部；单眼 2～3 个；触角形状不一，差异很大，一般长角亚目为丝状，由许多相似节组成；短角亚目 3 节，有时第三节分成若干环节，端芒有或无；环裂亚目第三节背侧具芒。

双翅目分为长角、短角和环裂三个亚目。环裂亚目就是我们通称的"蝇"。为害铁皮石斛的有种蝇（*Delia platura* Meigen）。

五、同翅目（Homoptera）

同翅目是因昆虫前翅质地相同而得名的。全世界有 32800 余种，中国已知 1930 余种。刺吸式口器，适于吸食植物液汁。为害铁皮石斛的有蚜虫。

本目昆虫个体小型至大型，下唇通常形成 3 节的喙，喙基部自头下后方或前足基节间伸出；外咽片膜质，小或缺；前胸背片很小；跗节 1～3 节；翅 2 对，前翅质地基本均匀，膜质或近似革质，休息时常放置背上呈屋脊状。多数种类有分泌蜡质或介壳状覆被物的腺体。为不完全变态，繁殖方式多样，有性生殖、孤雌生殖或有性生殖与孤雌生殖交替进行。卵生也有卵胎生者。产卵有两种方式，一类产生在植物组织内，如蝉、飞虱、叶蝉等；另一类产生在植物体表面，如蚜虫，卵多为长椭圆形或正椭圆形。

许多种类是农业的重要害虫，既能直接为害作物，产生的蜜露能引起煤污病；又能传播植物病毒病。但有些种类是益虫，产紫胶、白蜡等。

六、等翅目（Isoptera）

等翅目昆虫通称为白蚁或虫尉、大水蚁。约有 3000 多种，不完全变态；为较低级的社会性昆虫，每个白蚁巢内的白蚁个体可达百万只以上。在热带地区，铁皮石斛栽培地里经常发生白蚁的危害。

虫体小型至中等；头部坚硬；腹部柔软，触角念珠状，翅膜质狭长，两对翅相似，尾须一对。通常长而扁，白色或淡黄色及赤褐色直至黑色；头前口式或下口式，能自由活动；口器为典型的咀嚼式，与直翅目相似，亚颏与外咽片愈合形成咽颏；触角念珠状。在昆虫中，白蚁属于比较原始的类型。

第七章

虫害专论

在三亿五千年以前，地球上出现了昆虫，自从人类出现以后，某些昆虫与人类的利益发生矛盾，人们把这些昆虫贴上了"害虫"标签，于是害虫的问题就出现了（赵修复，1999），干扰人们生活，争夺人们赖以生存的生物资源，蚕食人们赖以生存的庄稼、果树、森林、蔬菜、花卉、石斛植物，造成不同程度的危害。在众多的昆虫中，只有 1% 的昆虫是有害的，99% 的昆虫是寄生性、捕食性、传粉的，不造成损失。据不完全统计，我国在铁皮石斛上报道的害虫有 25 种，但是，真正为害铁皮石斛的昆虫种类相对很少，这里只介绍几种为害铁皮石斛的主要害虫。

第一节　食叶害虫

叶部害虫种类众多，在铁皮石斛上已报道的种类主要有鳞翅目的斜纹夜蛾幼虫、直翅目的短额负蝗若虫和鞘翅目的金龟子成虫。主要为害叶、嫩茎和嫩梢，造成叶片缺刻，嫩梢和顶梢折断，导致整株石斛叶片全部被吃光，只剩下老的鲜茎，严重影响植株生长，造成经济损失。在看到上述危害状后，可以初步判断是哪一类群的昆虫为害状，应该用什么方法和药剂进行防治。

一、短额负蝗（*Atractomorpha sinensis* Bolivar）

1. 分布与危害

（1）分布：短额负蝗，又称尖头蚱蜢、中华负蝗。因雄成虫在雌虫背上交尾与爬行，故称之为"负蝗"。在我国，分布于东北、华北、西北、华中、华南、西南以及台湾。

（2）危害：该昆虫食性杂，寄主范围广，除了为害铁皮石斛、紫皮石斛和石斛属的其它植物外，还为害数十种农作物、园林花卉植物、蔬菜及草坪。以成虫、若虫（幼虫）取食铁皮石斛及其它植物的叶片为害，造成叶片缺刻和孔洞现象，严重时在短时间内将叶片食光，仅留茎秆和叶柄。影响植株生长发育。

全世界的蝗虫约为 2.5 万种；我国的种类众多，在铁皮石斛栽培区域广泛分布，对铁皮石斛造成危害的不只有短额负蝗一种昆虫，各地生态环境不同，蝗虫的种类也会有差别，各地应根据蝗虫形态特征进行识别和防治。

2. 形态特征

（1）分类地位：短额负蝗隶属于直翅目（Orthoptera）蝗总科（Acridoidea）锥头蝗科（Pyrgomorphidae）负蝗属（*Atractomorpha*）。

（2）形态描述：成虫体长 21～31mm，体形瘦长（图 7-1），体色多变，夏季型为淡绿色，秋季型为浅黄色，并杂有黑色小斑。头部锥形，向前突出，先端伸出一对触角。后足发达为跳跃足。前翅绿色，后翅基部为红色；卵乳白色，弧形，卵块产于土中，外有黄色胶质。若虫与成虫相似，初为淡绿色，杂有白点。复眼黄色。前、中足有紫红色斑点，只有翅芽，俗称为跳蝻。

3. 发生规律

该昆虫在南方一年 2 代，东北、华北地区一年发生 1 代，共有 5 龄。以卵在土中或基质中越冬。翌年 5 月上旬卵开始孵化，5 月中旬至 6 月上旬是若虫盛孵期，初孵若虫群集在叶片上，先食叶肉，使叶片呈网状，2 龄以后分散为害。7 月上旬第一代成虫开始产卵。一般将卵产于向阳的、较硬的土层中，卵呈

图 7-1　短额负蝗

块状，每块卵有 10～20 粒；外面有黄褐色分泌物封着。第二代若虫 7 月下旬开始孵化，8 月上、中旬为孵化盛期，9 月中、下旬至 10 月上旬第二代成虫开始产卵，盛期在 10 月下旬至 11 月下旬。成、若虫大量发生时，常将铁皮石斛或其它植物叶片食光，仅留秃秆或枝条。喜栖于地被多、湿度大、植物茂密的环境。

4. 防治方法

①人工捕捉。在铁皮石斛栽培地里，短额负蝗通常是零星进入棚内危害，可采用人工捕捉将其消灭。

②保护利用麻雀、青蛙、大寄生蝇等天敌进行生物防治。

③若虫或成虫盛发时，可喷洒 50% 杀螟松乳油或 80% DDV 乳油 800～1000 倍液，均有良好的效果。

二、斜纹夜蛾（*Prodenia litura* Fabricius）

1. 分布与危害

（1）分布：斜纹夜蛾又名莲纹夜蛾，俗称夜盗虫、乌头虫等。分布于亚洲热带和亚热带地区、欧洲地中海地区及非洲；中国除青海、新疆外，其它各省均有分布，在长江流域和黄河流域为害较重。

（2）危害：该昆虫食性杂，可为害 100 科 300 多种植物，其中包括铁皮石斛及其它石斛类植物。以幼虫取食铁皮石斛的叶片，幼龄虫群集于叶背，啮食叶片下表皮及叶肉，仅留上表皮呈透明网状斑；3 龄后分散为害叶片和嫩茎，5～6 龄幼虫进入暴食期，是一种危害性很大的害虫。斜纹夜蛾是一种耐高温的害虫，在长江流域，危害盛发期在 7～9 月，也是全年中

温度最高的季节。

2. 形态特征

（1）分类地位：隶属于节肢动物门昆虫纲鳞翅目（Lepidoptera）夜蛾科（Noctuidae）斜纹夜蛾属（*Prodenia*）。

（2）形态描述：成虫体长 14～21mm；翅展 37～42mm，褐色，前翅有多条斑纹，中间有一条灰白色宽阔的斜纹，故名斜纹夜蛾（图 7-2）。后翅白色，外缘暗褐色。卵半球形，直径约0.5mm；初产时黄白色，孵化前呈紫黑色，表面有纵横脊纹，数十至上百粒集成卵块，外覆黄白色鳞毛。幼虫有 6 个龄期，具假死性，老熟幼虫体长 38～51mm，夏秋虫口密度大时体瘦，黑褐色或暗褐色（图 7-3）；冬春数量少时体肥，淡黄绿色或淡灰绿色。蛹长 18～20mm，长卵形，红褐色至黑褐色，腹部末端有发达的一对臀棘。蛹在土下 3～5cm 深处的蛹室内越冬，少数以老熟幼虫在土缝、枯叶、杂草中越冬。南方冬季无休眠现象。

图 7-2　斜纹夜蛾成虫

图 7-3　斜纹夜蛾幼虫

3. 发生规律

中国从北至南一年发生 4～9 代，在山东至浙江地域一年发生 4 代，无滞育特性。长江中、下游地区，每年以 7～9 月发生数量最多。在福建、广东等南方地区，终年都可繁殖，冬季可见到各虫态，有世代重叠现象，无越冬休眠现象。

成虫具趋光性和趋化性，昼伏夜出，白天隐藏在植株茂密处、土壤、杂草丛中，夜晚活动，以上半夜 20～22 时为盛。飞翔力很强，一次可飞 10m，高可达 3～7m。成虫对黑光灯有较强的趋性。喜食糖、酒、醋等发酵物，取食花蜜作补充营养。雌成虫产卵期为 1～3 天，卵多产在叶片背面。每头雌成虫能产 3～5 个卵块，每卵块有卵数十粒至百粒，一般为 100～200粒。在日平均温度为 22.4℃卵期为 5～12 天，25.5℃为 3～4 天，28.3℃为 2～3 天。

各虫态的发育最适温度为 28～30℃，但在 33～40℃下，也能正常活动。抗寒力很弱。在冬季 0℃左右的低温下，基本上不能生存。幼虫有避光性，常在夜间取食。

4. 防治方法

（1）农业措施：利用防虫网尽量不让斜纹夜蛾飞入大棚内，若发现大棚内有斜纹夜蛾成虫，

在第一时间进行人工捕捉，防止其在棚内产卵。

（2）物理防治：

①灯光诱杀。利用成虫趋光性，在成虫盛发期用黑光灯诱杀。

②糖醋液诱杀。利用成虫趋化性，在成虫大量发生时，配制糖醋液（糖∶醋∶酒∶水=3∶4∶1∶2），另加少量敌百虫引诱成虫，集中捕杀。

（3）生物防治：

①可选用鱼藤酮或浏阳霉素等生物农药。

②使用苏云金杆菌（Bt）杀虫剂进行防治，Bt对鳞翅目幼虫效果很好，具体使用浓度详见产品说明书。

③利用昆虫天敌寄生或捕捉斜纹夜蛾幼虫，常使用的天敌主要有小茧蜂、中红侧沟茧蜂（*Microplitis mediator* Haliday）、绒茧蜂（*Apantelis* sp.）、斜纹夜蛾盾脸姬蜂（*Metopius rufus browni* Ashmead）、红彩真猎蝽（*Harpactor fuscipes* Fabricius）、烟盲蝽（*Cyrtopeltis tenuis* Reuter）、灰色等腿寄蝇（*Isomera cinerascens* Rondani）、大拟步行虫（*Campsiomorpha formosana*）、蜘蛛（Araneida）、草蛉（*Chrysopa perla*）、步甲（Carabidae）、七星瓢虫（*Coccinella septempunctata*）、马蜂、鸟类等，这些天敌除了捕食斜纹夜蛾外，也是其它害虫的天敌。

④病原微生物：常用的有白僵菌、绿僵菌、棉铃虫核型多角体病毒，致使幼虫生病死亡。

⑤利用性信息素（性诱剂）诱杀雄性成虫。

（4）化学防治：用800～1000倍的DDV喷洒石斛植株，隔7～10天1次，连续喷洒2次，即可有效控制该虫害。

三、棉蚜（cotton aphid）

1. 分布与危害

（1）分布：棉蚜（*Aphis gossypii* Glover）又称蜜虫、腻虫，为世界性害虫，我国各地均有分布。

（2）危害：该昆虫可为害寄主植物近300种。该害虫常群集于叶片、嫩茎、花蕾、顶芽等部位，刺吸汁液，使叶片皱缩、卷曲、畸形，严重时引起枝叶枯萎，甚至整株死亡。棉蚜分泌的蜜露还会诱发石斛煤污病，影响光合作用和美观，传播病毒病，招来蚂蚁危害等。

2. 形态特征

（1）分类地位：隶属于昆虫纲（Isecta）同翅目（Homoptera）蚜科（Aphididae）蚜属（*Aphis*）。

（2）形态描述：蚜虫体长1.5～4.9mm，多数约2mm。有时被蜡粉，但缺蜡片。触角6节，少数5节，罕见4节，感觉圈圆形，罕见椭圆形，末节端部常长于基部。眼大，多小眼面，常有突出的3小眼面眼瘤；喙末节短钝至长尖；腹部大于头部与胸部之和；前胸与腹部各节常有缘瘤。腹管通常管状，长常大于宽，基部粗，向端部渐细，中部或端部有时膨大，顶端常有缘突，表面光滑或有瓦纹或端部有网纹，罕见生有或少或多的毛，罕见腹管环状或缺。尾片圆椎形、指形、剑形、三角形、五角形、盔形至半月形。尾板末端圆；表皮光滑、有网纹或皱纹或由微刺或颗粒组成的斑纹；体毛尖锐或顶端膨大为头状或扇状；有翅蚜触角通常6节，第3或3及4或3～5节有次生感觉圈。前翅中脉通常分为3支，少数分为2支。后翅通常有肘脉2支，罕见后翅变小，翅脉退化，翅脉有时镶黑边。蚜虫分有翅、无翅（图7-4）两种类型。

3. 发生规律

棉蚜的发生代数各地有差异，繁殖力很强，每年发生10～30代，世代重叠现象突出；以卵在铁皮石斛上越冬，翌年3～4月份卵孵化，在越冬寄主上进行孤雌生殖，繁殖3～4代；4～5月间产生有翅蚜，飞到其它植株上危害，晚秋10月间产生有翅蚜，有性无翅雌蚜和有翅雄蚜交配后产卵越冬。

图7-4 无翅棉蚜形态

当5天的平均气温稳定上升到12℃以上时，开始繁殖。在气温较低的早春和晚秋，完成一个世代需10天，在夏季温暖条件下，只需4～5天。气温为16～22℃时最适宜蚜虫繁育，干旱或植株密度过大有利于蚜虫繁殖危害。

4. 防治方法

在蚜虫的防治上，应利用各种手段停止其危害活动。应严格检查，防止外地蚜虫通过种苗调运进行传播。消灭蚜虫，要从蚜虫越冬期开始，可收事半功倍之效；在蚜虫为害最严重的春、秋季，单纯依靠物理和生物措施，防治效果不显著。

（1）农业措施：平时注意检查虫情，抓紧早期防治。消灭越冬卵和初孵若虫是最有效的控制方法。

（2）物理防治：

①取紫皮大蒜0.5kg，加水少许浸泡片刻，捣碎取汁液，加水稀释10倍，立即喷洒消灭蚜虫。

②取橘皮3个，用温水浸泡在茶杯里，加盖闷上一昼夜，每天用汁液喷洒；对有蚜虫的地方进行喷涂。

③悬挂黄色诱虫板进行诱杀。

④用1:15的比例配制烟叶水，泡制4h后喷洒。

⑤用1:4:400的比例，配制洗衣粉、尿素、水的溶液喷洒。

（3）生物防治：有条件的种植区可以释放一些天敌控制蚜虫。天敌昆虫有：七星瓢虫（*Coccinella septempunctata* L.）、异色瓢虫 [*Leis axyridis* (Pallas)]、龟纹瓢虫 [*Propylea japonica* (Thunberg)]、多异瓢虫 [*Hippodamia variegate* (Goeze)]、大草蛉 [*Chrysopa pallens* (Rambur)]、丽草蛉（*Chrysopa formosa* Brauer）、中华草蛉（*Chrysoperla sinica* Tjeder）、食蚜蝇（*Zyistrophe balteata* De Geer）、黑带食蚜蝇（*Epistrophe balteata* De Geer）、大灰食蚜蝇（*Syrphus corollae* Fabricius）、黑食蚜盲蝽（*Deraeocoris punctulatus* Fall.）、T纹豹蛛（*Pardosa T-insingnita* Boes. et Str.）等。食蚜蝇幼虫可取食多种蚜虫，日食取蚜虫120多头。

（4）药剂防治：根据蚜虫的口器类型，应选择具有内吸和传导作用大的药物。虫口密度大时，可喷施10%吡虫啉可湿性粉剂1200倍液、3%啶虫咪乳油2000倍液、40%硫酸烟精800～1000倍液、鱼藤精1000～2000倍液、50%辟蚜雾乳油3000倍液、10%多来宝悬浮剂4000倍液；40%乐果乳油和80% DDV乳油1000倍液喷雾，应根据当地的农药种类选择使用。

第二节 食根害虫

为害铁皮石斛根的害虫，有直翅目的蝼蛄，鞘翅目的金龟子幼虫（蛴螬）、独角仙和金针虫，双翅目的种蝇，这些害虫都能生活在铁皮石斛栽培基质内，并进行缓慢移动为害健康的根系。当铁皮石斛小苗的部分或全部生长根被咬断后，表现出的共同特点为植株生长减慢或停止，如果是小苗，在短时间内会出现叶片变黄，逐渐枯萎；2年生及以上的铁皮石斛植株仅表现为植株生长减慢，部分变黄，造成植株死亡的例子相对较少见。

一、独角仙 (*Allomyrina dichotoma* L.)

1. 分布与危害

（1）分布：独角仙又称兜虫，顶端分叉又称双叉犀金龟，幼虫又有鸡母虫之称，体型大而威武，是食根害虫。分布于朝鲜、日本；广布于我国的吉林、辽宁、河北、山西、山东、河南、江苏、安徽、浙江、重庆、湖北、江西、湖南、福建、台湾、广东、广西、海南、四川、贵州、云南、陕西；在林业发达、树木茂盛的地区尤为常见，数量大，大多以朽木、腐烂植物为食。近十多年来，是铁皮石斛上新出现的一种重要害虫。

（2）危害：独角仙的食性很杂，危害大，除为害铁皮石斛及其它石斛属植物外，成虫危害地上部分，幼虫危害根部，也可为害银杏（*Ginkgo biloba* L.）（彭浩民和张叶林，2006）、桃 [*Prunus persica* (L.) Batsch]、李（*Prunus* spp.）、脐橙 [*Citrus sinensis* (L.) Osbeck.]（陈长才，2005）、菠萝（*Ananas comosus* L.）、荔枝（*Litchi chinensis* Sonn.）、龙眼（*Dimocarpus longgana* Lour.）、柑橘（*Citrus reticulate* Banco）、金柑 [*Fortunella hindsii* (Champ. ex Benth.) Swingle]（卓春宣和詹有青，1998）、杧果（*Mangifera indica* L.）、无花果（*Ficus carica* L.）等果树的果实，咬食豇豆 [*Vigna unguiculata* (L.) Walp]、刀豆 [*Canavalia gladiata* (Jacq.) DC.]、羊角菜（*Scorzonera mongolica* Maxim.）等多种作物。

该昆虫主要以三龄幼虫取食铁皮石斛根及根茎部，发生严重时，在栽培基质中可见到 10 ~ 20 头 /m² 肥大的幼虫，在基质中挖洞、打孔，基质表面也有翻动过的痕迹（图 7-5）。掀开被咬断的铁皮石斛基部，沿着虫道向下挖，

独角仙幼虫　　　　独角仙危害状

图 7-5　独角仙危害状（引自斯金平等，2014）

可看到幼虫。三龄幼虫生长期长，食量大，暴发性强，短时间内即可使铁皮石斛基地破坏严重。铁皮石斛基地受到独角仙幼虫为害后，基质松软，植株生长东倒西歪，根茎被咬断，有时会造成大面积死亡。统计证明，受害铁皮石斛基地产量降低30%～50%，严重地区可达80%以上；由于过多使用化学农药，铁皮石斛品质得不到保证，对种植户造成严重的经济损失。

以前在浙江、云南、广西等地受到独角仙为害铁皮石斛的情况并不普遍，但近年来在浙江省杭州建德市（斯金平等，2014），2008年曾在浙江省嵊州市天方科技有限公司；2012年在建德市下涯镇马木村邵贤辉铁皮石斛基地内大面积暴发成灾，造成百亩以上的铁皮石斛受害，产量锐减。铁皮石斛的种植基质多为腐熟松木渣，营养条件十分适宜独角仙的生长与繁殖，因防治困难，造成损失严重，独角仙已成为铁皮石斛上的重要害虫之一。

独角仙有多种用途，既可作观赏宠物（路亚北和万永红，2004；王忠田，2013），又有很高的药用价值（金莉莉，2006）。近些年研究发现，独角仙在不同条件下会变色，这对研究智能材料（intelligent material）有启示作用。

独角仙具有工业和医用成分。1996年，日本农业生物资源研究所发现，从独角仙的脂肪体中分泌出的蛋白质对黄色葡萄球菌（*Staphylococcus aureus*）具有杀菌作用，就把栎褐角成虫的杀菌遗传因子植入蚕的染色体中，蚕吐出抗菌的生丝，这种抗菌生丝就可以生产出抗菌丝绸，2004年可实现批量生产（刘君石，2002）。

2. 形态特征

（1）分类地位：隶属于动物界（Animalia）节肢动物门（Arthropoda）昆虫纲（Insecta）鞘翅目（Coleoptera）金龟子科（Scarabaeidae）兜虫亚科（Dynastinae）叉犀金龟属（*Allomyrina*）。

（2）形态描述：独角仙成虫呈深棕褐色，体粗壮，体长约4.8～6.2cm，体宽约2.3～3.9cm（图7-6）。头部较小；触角有10节，其中鳃片部由3节组成；三对足长、粗壮，前足胫节外缘3齿，基齿远离端部2齿。雌雄异型，雄虫背面比较滑亮，头顶和前胸背板中央各生一末端双分叉的角突；雌虫体型略小，背面较为粗暗，头胸上均无角突，但头面中央隆起，横列小突3个，前胸背板前部中央有一丁字形凹沟。卵初产时乳白色，椭圆形，表面光滑，尔后渐渐变大变圆，颜色加深，浅黄色，长约0.5～0.8cm，宽0.3～0.4cm。幼虫体乳白色，密被棕褐色细毛，尾部颜色较深；头黄褐色至棕黑色，初孵幼虫头壳颜色较浅，随着龄期增加，颜色变深；有胸足3对，无腹足，腹部有九对气孔；通常呈"C"字形弯曲（图7-7）。

图7-6 独角仙成虫

图7-7 幼虫形态

一龄幼虫宽约 0.3～0.5cm，体长 0.7～1.8cm，半透明，体被淡黄褐色短毛，气门极小，不明显；二龄幼虫宽约 0.6～1.3cm，体长约 3.5～5.8cm，体色加深，体侧气门明显，褐色；三龄幼虫宽约 1.3～2.5cm，体长约 7.5～13.8cm，体侧气门十分明显，褐色加深。蛹呈红棕色，雄虫可见角突，长约 4.5～6.1cm，宽约 2.4～3.2cm，一般三龄幼虫生长状况越好，蛹越大（王道泽等，2014）。雌雄比为 1:1.54～1.72。

3. 发生规律

独角仙在浙江地区一年发生 1 代。成虫每年 6～8 月出现，9～10 月为害严重，多在夜间活动，取食铁皮石斛的根（斯金平等，2014）。

成虫具有趋光性和趋化性、假死性，昼伏夜出，晚上和凌晨活跃。灯诱以每晚 20:00～22:00 数量最多，且被诱雌虫多于雄虫，比例约为 7:3。雌虫交尾后产卵，卵多散产于 10～15cm 的腐质内，平均产卵约 40 粒。一龄幼虫活动能力较弱，活动范围小，多于 5～10cm 的土层中活动；二龄幼虫活动能力加强，多数于 10cm 土层上下活动；三龄幼虫下迁至 50cm 深处开始越冬，次年 3 月起幼虫上迁至 30cm 土层，4 月下旬左右迁移至 15～20cm 土层，5 月多数幼虫在土深 11～20cm 土层中化蛹。独角仙也具有一定的喜湿性，土壤表面干燥时，幼虫多集中于土壤下方潮湿处，生长缓慢；高温干旱时，刚羽化的成虫存活率低，缺水死亡。

独角仙一龄幼虫期 13～18 天，平均 15.5 天，二龄幼虫期 23～31 天，平均 27 天，三龄幼虫期 265～290 天，平均约 277.5 天，以三龄幼虫在深层土壤中越冬。翌年 4 月，幼虫上迁为害，5 月下旬 6 月初起，随着温度的进一步升高，多数独角仙开始化蛹，一般在土深 15cm 处化蛹；化蛹前体内粪便排净筑成土室，身体发皱、变黄，体重减轻，体形缩短，尾部刚毛明显，幼虫表皮略与蛹体隔开，而后逐渐分开，有一段时间的蛰伏期。

4. 防治方法

（1）农业技术措施：在独角仙发生期，人工捕捉成虫。在发生面积较小的情况下，可将少量的铁皮石斛拔掉，翻开基质，捡出幼虫。

（2）物理防治：

①独角仙成虫与鞘翅目金龟子科大多数昆虫习性相似，具有假死性、趋光性和趋化性；因此，可在发生区安装黑光灯引诱成虫，集中捕杀；在棚内和大棚周围把装有糖醋酒液容器放在不同的地方引诱成虫。

②采用自然光照处理栽培基质。在炎热的夏季，将塑料布盖在栽培铁皮石斛的基质上进行发酵腐熟，一般维持 10～15 天，甚至更长，要根据天气而定，可杀死独角仙虫卵和幼虫。在使用栽培基质时，要注意检查是否有独角仙幼虫，一旦发现，立即捡出。

③在大棚周围安装防虫网，防止成虫进入大棚产卵。

（3）生物防治：

①杆状病毒（Rhabdoviruses），独角仙死虫加水捣碎和锯末混合物撒到基质中，使用病毒后 5 个月内，病毒病开始在独角仙种群之间传播流行。

②用聚合外激素引诱控制。外激素大量捕杀独角仙的最佳密度为 1 个捕杀器 2/hm^2，可有效地将害虫的危害减少到较低程度。与化学防治法相比较，该捕杀法的成本降低了 31%，劳力需求也减少了 86%（梁艳华和江柏查，1998）。

（4）化学防治：使用 1% 联苯菊酯·噻虫胺颗粒剂防效达 90.7%（王道泽等，2014）。

二、小地老虎（*Agorotis ypsilon* Rottemberg）

1. 分布与危害

（1）分布：小地老虎又名土蚕、切根虫，是危害铁皮石斛的主要地下害虫之一。属于广布性种类，主要分布在欧、亚、非洲各地。在中国主要是长江中下游沿岸、黄淮地区域和西南地区，以雨量丰富、气候湿润的长江流域和东南沿海发生量大，东北地区多发生在东部和南部湿润地区。

除此之外，不同的地老虎昆虫，分布区域有明显差异，如小地老虎分布地区为长江流域、东南沿海各地，在北方分布在地势低洼、地下水位较高的地区。黄地老虎（*A. segetum* Schiffermüller）主要分布在淮河以北，主要危害区域为甘肃、青海、新疆、内蒙古及东北地区。大地老虎（*A. tokionis* Butler）只在局部地区造成危害。

（2）危害：小地老虎属于夜蛾科，世界约2万种，中国约1600种。对植物造成危害的有10余种。其中包括小地老虎、大地老虎、黄地老虎、白边地老虎和警纹地老虎；它们是多食性害虫，以幼虫危害幼苗，将幼苗近地面的茎部咬断，使整株死亡，造成缺苗断垄。除了危害铁皮石斛外，还能为害中草药植物、林木苗圃、农作物和蔬菜。

小地老虎与夜蛾科其它害虫一样，对许多化学农药已经产生了较高水平抗性（曾晓慧等，1999）；而且，小地老虎又属迁飞性害虫，存在暴发成灾现象。这无疑增大了防治的难度（魏鸿钧等，1989；李芳等，2001）。

2. 形态特征

（1）分类地位：小地老虎隶属于昆虫纲（Isecta）鳞翅目（Lepidoptera）夜蛾科（Noctuidae）地老虎属（*Agorotis*）。

（2）形态描述：该昆虫一生经历卵、幼虫、蛹、成虫4个阶段，属于完全变态昆虫。小地老虎成虫体长10～23mm，翅展42～54mm。翅暗褐色，前翅前缘区黑褐色，基线浅褐色，内横线双线黑色波浪形，环纹黑色，有一个圆灰环，肾状纹黑色，其外侧有一明显的尖端向外的楔形黑斑，在亚缘线上侧有2个尖端向内的楔形黑斑，三斑相对，容易识别。后翅灰白色（图7-8）。卵半球形，表面有纵横隆线。初产时乳白色，孵化前变灰褐色。幼虫圆筒形，老熟幼虫体长41～50mm，黄褐色至黑褐色（图7-9）。

图7-8 小地老虎成虫

图7-9 小地老虎幼虫

3. 发生规律

每年发生代数随各地气候不同而异，越往南方年发生代数愈多，以雨量充沛、气候湿润的长江中下游和东南沿海及北方的低洼内涝或灌区发生比较严重；在长江以南，以蛹及老熟幼虫在 4～8cm 基质或土层中越冬（冯玉元，2009），适宜生存温度为 15～25℃。沙土地、重黏土地发生少，沙壤土、壤土、黏壤土发生多。石斛栽培地周围杂草多亦有利其发生。

该昆虫的幼虫白天躲在基质或土壤中，傍晚或清晨出来活动。在铁皮石斛栽培区均有发生，每年 5～6 月是危害严重的时期，某些地区 7～9 月危害严重（宁沛恩，2012）。

该昆虫在全国各地一年发生 2～7 代。在辽宁、甘肃、山西、内蒙古等地一年发生 2～3 代；山东、河北、河南、陕西等省一年发生 3～4 代；江苏、四川、云南等省一年发生 4～5 代；广东、广西、福建等地一年发生 6～7 代。

成虫补充营养后 3～4 天交配产卵，卵产于杂草或土块上，1～2 龄幼虫群集于幼苗顶心嫩叶处，昼夜取食，3 龄后即可分散危害。

4. 防治方法

（1）农业措施：

①清除杂草。杂草是小地老虎产卵的主要场所及初龄幼虫的食料，春季应清除田边杂草，可以消灭部分卵和幼虫。

②人工捕杀。清晨查看栽培地，发现断苗时，刨开栽培基质捕杀幼虫。

（2）物理防治：

①诱杀成虫。在春季成虫羽化盛期，用糖醋液诱杀成虫。糖醋液配制比为糖 6 份、醋 3 份、白酒 1 份、水 10 份加适量敌百虫及 25% 西维因可湿性粉剂 50g，盛于盆中，于近黄昏时放于铁皮石斛地里或周围。

②用黑光灯诱杀成虫。根据小地老虎的趋光性，在石斛栽培地里架设黑光灯，下面放一个盛有 1000 倍 DDV 药液容器，旁晚放在黑光灯下，早上收集小地老虎成虫，集中处理。

（3）生物防治：小地老虎主要有天敌昆虫和病原微生物两大类群，包括捕食的广腹螳螂（*Herodola paleifera* Sorn）、中华虎甲（*Cicindela chinensis* De Geer）、细颈步甲（*Brachinus scotomedes* Bates），以及寄生性昆虫、蜘蛛、细菌、真菌、病原线虫、病毒、微孢子虫等。

①天敌有知更鸟（*Erithacus rubecula*）、红头鸦雀（*Psittiparus bakeri*）、蟾蜍（*Bufo bufo gargarizans* Cantor）、鼬鼠（*Mustela sibirica davidiana*）、拟步行虫（*Menephilus formosanus*），以及寄生蝇类、寄生蜂、细菌和真菌等。

②细菌。苏云金芽孢杆菌（*Bacillus thuringiensis*，简称 Bt）是卓有成效的微生物杀虫剂，对鳞翅目幼虫效果好（李芳等，2001）。

③线虫。小卷蛾斯氏线虫（*Steinernema carpocapsae*）NC116 品系对小地老虎 3 龄幼虫致病力最高；但是，0.8mg/L 苦参碱和 NC116 品系混用后，可使小地老虎 3 龄幼虫死亡率提高 1 倍，二者表现增效作用（武海斌等，2015）。此外，芜菁夜蛾线虫（*Steinernema feltiae* Filipjev）、六索线虫（*Hexamermis agrotis*）（李芳等，2001）和小卷蛾斯氏线虫（*Steinernema carpocapsae*）（杨建全等，2000）对小地老虎寄生率很高。

④病毒。用核型多角体病毒（Nuclear Polyhedrosis Virus，简称 NPV）提取液处理甘兰叶，小地老虎取食后 2 天便停止取食，5 天后死亡。研究发现 NPV 与一些农药存在着协同增效作用。

利用 NPV 与一些农药组合来控制小地老虎，效果显著（李芳等，2001）

⑤虫生真菌。绿僵菌（*Metarhizium anisopliae* Sorokin）和白僵菌 [*Beauveria bassiana* Vuill.] 孢子都可以在土壤中宿存，而且保持侵染力，因而具有防治小地老虎的潜力（李芳等，2001；冯玉元，2009）。

⑥信息素。小地老虎雌蛾性信息素分泌腺位于腹部末端第一节之间的节间膜腹面，是一个完整的能够外翻的腺体上皮（向玉勇，2007）。

（4）化学防治：

①毒饵诱杀。用幼嫩多汁的新鲜杂草 70 份与 25% 西维因可湿性粉剂 1 份配制成毒饵，于傍晚撒于地面，诱杀 3 龄以上幼虫。

②喷洒药剂。喷洒 25% 功夫乳油 3000 倍液，40.7% 乐斯本乳油 1000 ~ 2000 倍液，30% 佐罗纳乳油 2000 倍液，25% 爱卡士乳油 800 ~ 1000 倍液；也可用 50% 辛硫磷乳油 1000 倍液喷洒与根际附近的基质。

三、铜绿丽金龟（*Anomala corpulenta* Motschulsky）

1. 分布与危害

（1）分布：铜绿丽金龟又称铜绿金龟子、青金龟子、铜壳螂。国外分布于朝鲜、日本、蒙古、韩国、越南、老挝、柬埔寨、泰国、缅甸、马来西亚、新加坡、印度尼西亚、文莱、菲律宾、东帝汶。国内主要分布于黑龙江、吉林、辽宁、河北、内蒙古、宁夏、陕西、山西、山东、河南、湖北、湖南、安徽、江苏、浙江、江西、四川、广西、贵州、广东等 20 多省（自治区、直辖市）的雨水充沛处，是一种为害严重的昆虫。

（2）危害：主要为害茄科、豆科、十字花科和葫芦科及兰科的杨树、核桃、柳、苹果、榆、葡萄、海棠、山楂等。幼虫为害植物根系，使寄主植物叶子萎黄甚至整株枯死，成虫群集为害植物叶片。

在每年的 5 ~ 8 月，特别是 5 月为金龟子成虫繁殖期，取食铁皮石斛及其它植物的叶片、嫩茎；成虫杂食性，食量大，取食叶片造成残缺不全，危害严重时植物叶片被吃光。金龟子的幼虫被称为蛴螬，直接为害植株根系造成伤口，给一些根部病原菌的侵染创造了有利条件。

2. 形态特征

（1）分类地位：铜绿丽金龟隶属于节肢动物门（Arthropoda）有颚亚门（Mandibulata）昆虫纲（Insecta）有翅亚纲（Pterygota）鞘翅目（Coleoptera）金龟总科（Scarabaeoidea）丽金龟科（Rutelidae）异丽金龟属（*Anomala*）。

（2）形态描述：成虫体长 19 ~ 21mm，宽 9 ~ 10mm。体背鞘翅铜绿色，有光泽（图7-10）。前胸背板两侧为黄绿色，鞘翅铜绿色，

图 7-10 铜绿金龟子

有 3 条隆起的纵纹。卵长约 40mm。椭圆形，初时乳白色，后为淡黄色。蛹为裸蛹，椭圆形，淡褐色，长约 25mm（图 7-11）。幼虫（蛴螬）长约 40mm，头黄褐色，体乳白色，身体弯曲呈"C"形（图 7-12）。属于完全变态昆虫。

图 7-11　铜绿金龟子蛹

图 7-12　金龟子幼虫

3. 发生规律

每年发生一代，以三龄幼虫在基质或土内越冬，第二年春季，越冬幼虫开始上升移动，5 月中旬取食根部，然后幼虫化蛹，6 月初成虫开始活动，有补充营养期，雌成虫于 6 月中旬产卵，每次产卵 20～30 粒，产于疏松的基质或土壤内，卵期 10 天。6 上旬至 7 上旬是为害严重的时期，7 月份以后，虫口数量逐渐减少，危害期约为 40 天。成虫在傍晚 6～7 时进行交配产卵，8 时以后开始为害，直至凌晨 3～4 时飞离为害地点。成虫喜欢栖息在疏松、潮湿的基质或土壤中，潜入深度一般为 7mm 左右，有较强的趋光性，晚上 20～22 时黑光灯引诱数量最多，具有假死性。7 月出现新一代幼虫（蛴螬），取食寄主植物的根部，是重要的地下害虫。10 月中上旬幼虫开始在基质或土中下迁越冬。

蛴螬的发生危害与基质种类、含水量和温度有关。疏松湿润、有机质丰富的地方，特别是未充分腐熟的有机肥浅施外露，都会使蛴螬数量增大，危害加重。严冬和盛夏时期，地表温度过低或过高都会使幼虫向下迁移，而春、秋季节土表层温度适宜，幼虫向上移动危害，所以，在春、秋两季是蛴螬危害的高峰期。基质含水量过大，蛴螬数量会下降。

4. 防治方法

（1）农业防治：

①幼苗移栽前，要检查栽培基质内是否有铜绿金龟子幼虫存在，如果发现幼虫，需要人工挑出来，或用药剂进行处理。

②栽培基质使用前，可进行充分发酵，减少地下害虫的发生。

（2）物理防治：

①利用趋光性诱杀成虫。铜绿丽金龟成虫趋光性很强，可用黑光灯诱杀，晚间 8～10 时是其活动的高峰期。

②在晚上 7～9 时，特别是大雨过后，在石斛栽培基地周围点燃多处火，利用其喜光性杀死成虫。

③将新鲜牛屎、青草加食用醋混拌，分堆放在铁皮石斛栽培地周围，隔天将有金龟子的牛屎，放于水桶中或水池中将金龟子淹死。

④在铁皮石斛栽培区内尽量不种大豆、花生、甘薯、苜蓿等作物，这些都是铜绿丽金龟成

虫喜欢吃的植物，如果没有这些植物，可大大减少该昆虫的发生和危害。

⑤利用趋化性诱杀成虫。成虫对糖醋液和酸菜汤有明显的趋性，可利用这一特性，在糖醋液中加入适量的晶体敌百虫或 DDV，使成虫中毒死亡。

（3）生物防治：

①青虫菌制剂。它是一种好气性的细菌杀虫剂，是由苏云金芽孢杆菌蜡螟变种（*Bacillus thuringiensis* var. *galleriae* Heimpel）发酵、加工成的制剂。主要用来防治鳞翅目和鞘翅目幼虫。其杀虫作用与杀螟杆菌（*Bacillus* sp.）、苏云金芽孢杆菌（*B. thuringiensis*，Bt）都较相似。但青虫菌的伴孢晶体比杀螟杆菌更小，对不同害虫的毒性也稍有差异。

②使用方法。青虫菌粉 1 份 + 干细土 200 份，均匀撒施于发生严重根际周围。

③注意事项。

A．菌粉应贮存于干燥阴凉处，避免水湿、曝晒、雨淋等影响菌剂活性的因子。

B．禁止在养蚕区使用，以免污染桑叶，造成蚕病的流行。

C．青虫菌对昆虫作用效果比化学农药更慢，故在施药前应做好病虫测报，掌握在卵孵化盛期及二龄前期喷药。

D．为提高杀虫速度，可与 90% 晶体敌百虫，以及其它微生物杀虫剂混合使用；但不能与化学杀菌剂混用。

E．喷雾时可以加入 0.5%～1% 的洗衣粉或洗衣膏作黏着剂，以增加药液展着性。

F．青虫菌的生长繁殖易受气温和湿度条件的影响，在 20～28℃ 时防治效果较好。叶面有一定的湿度时同样可以提高药效。因此喷雾最好选择傍晚或阴天进行。喷粉在清晨叶面有露水时进行为好，中午强光条件下会杀死活孢子，影响药效。喷雾要力求均匀、周到。

（4）化学防治：

①如果基质已有金龟子幼虫危害，用杀地下害虫专用农药兑水或拌成毒土浇或洒在基质上。这样还可同时杀死其它地下害虫，如地老虎、白蚁、黏虫等。

②用菊酯类农药喷施，同时还可兼杀其它害虫，如蚜蚱等。

③成虫发生期，在栽培地周围树木、草地喷洒 800 倍的 DDV 进行防治，效果佳。

第八章

有害动物专论

有害动物是指软体动物蛞蝓、蜗牛和哺乳动物鼠类，前者是一类比昆虫更低等的无脊椎动物，以植物的根、茎和叶为食物，尤喜食幼芽和嫩叶，大发生时，可将叶片全部吃光；而后者主要在栽培地里打洞，破坏铁皮石斛根部的生长环境，有时会咬断根，造成缺苗断垄。据不完全统计，我国为害铁皮石斛的有害动物有7种，为害程度各异。

长期使用农药，增加了有害动物耐药性和抗药性，防治难度较大，常给农业带来不可估量的损失。目前蛞蝓防治仍然停留在物理和化学防治阶段，其它方法作为辅助手段，但存在劳动强度大、针对性差、化学防治毒性高等问题。随着生物科技的发展，应采用生物防治，物理和化学防治技术的综合措施。

第一节　软体动物

软体动物分为无贝壳的蛞蝓和有贝壳蜗牛有两类，二者的共同点是仅为害植物芽和叶片，未见为害根部的报道。我国常见的蛞蝓类有野蛞蝓（*Agriolimax agrestis* L.）、黄蛞蝓（*Limax fiavus* Linnaeus）、双线嗜黏液蛞蝓（*Philomycus bilineatus* Benson）和高突足襞蛞蝓（*Vaginulus alte* Ferussac）；蜗牛类包括同型巴蜗牛（*Bradybaena similaris* Ferussac）、灰巴蜗牛（*Bradybaena ravida* Benson）、褐云玛瑙螺（*Achatina fulica* Ferussae）、双色胡氏螺（*Huttonella bicolor* Hutton）、椭圆萝卜螺（*Radix swinhoei* H. Adams）、滑褐果螺（*Cochlicopa lubrica* Muller）、条华蜗牛（*Cathaicaf asciola* Draparnaud）和细长钻螺（*Opeas gracile* Hutton = *Bulimus gracile* Hatton）等（岑湘云和刘延彬，1988）。为害程度与气候有密切关系，不同的地区有差异。

在铁皮石斛的设施栽培过程中，蛞蝓、蜗牛的危害比昆虫更严重，会将植株嫩芽、幼苗嫩梢叶片被吃光，只剩下铁皮石斛茎秆，是难以根治的软体动物，故在管理过程中，只能预防软体动物的危害，一旦发生严重，造成的损失无法挽回。它们属于杂食性的软体动物，除了为害铁皮石斛以外，还能为害其它石斛植物、农作物和瓜果蔬菜。

由于许多有害软体动物的发生规律、为害习性和防治方法均具有相似性，这里只介绍为害严重，而且有代表性的种类。

一、野蛞蝓（*Agriolimax agrestis* L.）

1. 分布与危害

（1）分布：野蛞蝓俗名旱螺、黏液虫、鼻涕虫，是一种世界性软体有害软体动物，陆生，植食性。广泛分布于西南、长江流域、广东、广西、福建、江苏、河南、安徽等南方各省（自治区、直辖市）。随着南方各种花卉、种苗不断调运，将幼蛞蝓或卵传到北方，并逐渐传播开来，成为北方温室植物上的重要有害动物。

（2）危害：野蛞蝓可为害兰科（Orchidaceae）、十字花科（Brassicaceae）、茄科（Solanaceae）、豆科（Leguminosae）等多种植物的幼苗、嫩叶和嫩茎；也能为害灵芝 [*Ganoderma lucidum* (Curtis) P. Karst.]（谭伟和郭勇，2001）和平菇 [*Pleurotus ostreatus* (Jacq.) P. Kumm.]（计仲武，2000），甚至可以寄居在人体上，直接威胁人体健康（贾凯等，2011；彭雪峰，2014）。

野蛞蝓在铁皮石斛生长季节频繁发生，一年发生多代。大棚栽培、树上栽培以及野生铁皮石斛的嫩芽、花芽、花朵、叶片均可被害，野蛞蝓将叶片吃成孔洞或缺刻，咬断嫩茎和生长点，造成缺苗断垄或当年绝产（图8-1），是一种食性复杂和食量较大的有害动物。同时，排泄

图 8-1　蛞蝓危害状

粪便，分泌白色黏液污染植物，引起腐烂，品质降低；取食造成的伤口可导致多种病原菌侵入引起病害。对铁皮石斛的危害主要表现在下列几个方面。

①光合作用减少、物质运输中断。一是铁皮石斛被蛞蝓取食后，直接造成植物组织的机械损伤，导致叶片残缺，光合作用面积减少。二是蛞蝓爬行过后，留下的黏液带黏附于植物表面，使植物透气和透水性差，影响植物正常光合作用。

②内源激素减少。植物内源激素主要在细胞快速分裂部位或细胞代谢较快胚芽鞘、营养芽、嫩叶、叶原基等合成（王俏梅和郭德平，2002）。而这些部位极易遭到蛞蝓危害，从而造成内源激素合成的数量减少，植物生长受限、生理平衡失调、抵抗力降低等（贾凯等，2011）。

③病原菌寄生。植物被蛞蝓咬伤造成伤口，给病原菌的侵染创造了机会，可通过伤口直接侵入植物，导致病害的发生。

2. 形态特征

（1）分类地位：隶属于动物界软体动物门（Mollusca）腹足纲（Gastropoda）柄眼目（Stylommatophora）蛞蝓科（Limacidae）野蛞蝓属（*Agriolimax*）。

（2）形态描述：蛞蝓体分为头、驱干、足三部分。幼虫初孵幼虫体长 2～2.5mm（图8-2），淡褐色，体形同成年蛞蝓体形。成年蛞蝓体大型，伸展时体长可达 120mm。体黄褐色或深橙色，有浅黄色斑点。成年蛞蝓体伸直时体长 30～60mm，体宽 4～6mm；内壳长 4mm，宽 2.3mm。长梭形，柔软、光滑而

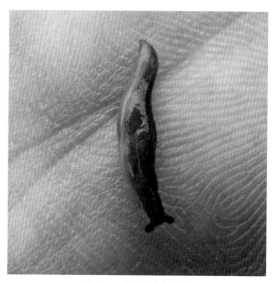

图 8-2　蛞蝓形态特征

无外壳，体表暗黑色、暗灰色、黄白色或灰红色。触角 2 对，暗黑色，下边一对短，约 1mm，称前触角，有感觉作用；上边一对长约 4mm，称后触角，端部具眼。口腔内有角质齿舌。体背前端具外套膜，为体长的 1/3，边缘卷起，其内有退化的贝壳（即盾板），上有明显的同心圆线，即生长线。同心圆线的中心在外套膜后端偏右。呼吸孔在体右侧前方，其上有细小的色线环绕，较钝。黏液无色。在右触角后方约 2mm 处为生殖孔。卵椭圆形，韧而富有弹性，直径 2～2.5mm，白色透明可见卵核，近孵化时色变深。

蛞蝓雌雄同体，异体或者同体受精，完成一个世代约 250 天。在 5～7 月，卵产于湿度大、有隐蔽的土缝、石缝等缝隙中，每隔 1～2 天产一次，约 1～32 粒／次，每处产卵 10 粒左右，平均产卵量为 400 余粒。卵期 10～17 天，幼虫期 55 天。

3. 生活习性

野蛞蝓在不同的地区每年发生代数有差异，从北往南代数逐渐增多，如在内蒙古地区发生 1～2 代／年（谢德志，2009），安徽合肥发生 3～4 代／年，云南发生 5～6 代／年，世代重叠现象严重，以幼体、成体和卵堆在田埂裂缝、地块间隙越冬（周又生等，2003）。在安徽合肥地区，从幼小蛞蝓孵化到再产卵需 160～205 天，一般产卵期 70～120 天。一生平均产卵 60 粒左右，寿命在 230～330 天（计仲武，2000）。

野蛞蝓生活于阴暗、温暖潮湿处，畏光。春、秋两季为害严重。长江流域 5～6 月和 9～10 月为害最重。野蛞蝓的生物学特性为白昼潜伏，夜晚和雨天外出取食和繁殖。在高湿、高温的季节最为活跃，常在食物上爬，并留下银白色黏液的痕迹。在夏天晚上（天黑后）开始外出寻食，次日凌晨以后逐渐减少，到早晨 4～5 时（天亮之前）全部返回隐蔽的地方。交配多在黄昏时进行。一般于交配后 48h 开始产卵。卵产于泥土坑里。多者可产 40 粒。约需 20 余天孵出幼小蛞蝓。空气及土壤干燥时（土壤含水量低于 15%），可引起大量死亡。最适温度为 15～22℃ 之间，特别是在凉爽的夜间（22:00～凌晨 2 点）是蛞蝓和蜗牛的活动旺盛期。在 30℃ 时，潜入土隙、花盆及砖石中不活动，夏季高温也会大量死亡，故在炎热夏季对铁皮石斛

的为害相对较轻，或不造成为害。温湿度的条件合适时，寿命可达 1～3 年。耐饥饿能力能达 130 多天以上。

当土壤含水量在 10%～15% 以下，或高于 40% 时，可引起蛞蝓生长抑制和死亡。因此可根据作物品种，通过改变土壤含水量（大量灌水或干旱）达到防治的目的（廖建明，2007）。

另外，黄蛞蝓可入中药，有消肿、止痛、平喘和不育等功能。主治清热祛风，消肿解毒，破痰通经。治中风歪僻，筋脉拘挛，惊痫，喘息，喉痹，咽肿，痈肿，丹毒，经闭，症瘕，蜈蚣咬伤。

4. 防治措施

（1）农业措施：日常管理应加强大棚通风，清除各种杂物与杂草，力求棚内清洁干燥，减少蛞蝓的栖息场所；在栽培畦间施用草木灰也可限制蛞蝓爬行。

（2）物理防治：

① 利用野蛞蝓对甜、香、腥气味的趋性，一是用 5 倍的醋液浸泡废青菜叶，晚上放在铁皮石斛棚内走道或周围，当蛞蝓夜间活动爬到这些被醋酸溶液处理过的菜叶上会产生不良反应，有的会死亡（谢德志，2009）。这种用醋酸泡过的菜叶可反复使用多次。二是在具有甜、香、腥物质的下面设置一盛有 10% 氢氧化钠的容器，使野蛞蝓落入溶液中被杀死。

② 用生石灰 5～7.5kg/667m² 或茶苦粉 3～5 kg/667m²，散在地表成带状，可防止野蛞蝓进入或在上面爬行，限制其活动范围。

③ 蛞蝓为夜行软体动物，强日照下 2～3h 即死亡。根据这一特性，黑天后其活动量逐渐增加，晚上 10：00～11：00 达到活动高峰（王仁清等，2002）；因此可在蛞蝓高发期，借助手电筒、矿灯等光源进行人工捡拾。

（3）生物防治

① 引入蛙类天敌。野蛞蝓的天敌主要为蛙类，尤以雌蛙食量最大，可将蛙类引入大棚内吞食野蛞蝓（谢德志，2009；彭雪峰，2014）。

② 微生物防治。细菌、病毒、线虫等可使蛞蝓致病死亡，如嗜水气单胞菌（*Aeromonas hydrophila* Chester）、副溶血弧菌（*Vibrio parahemolyticus*）、短芽孢杆菌（*Bacillus brevis* Migula）。有的线虫（*Phasmarhabditis hermaphrodita*）专门寄生在蛞蝓体内，对大多数蛞蝓有致死作用（Morley & Morritt，2006）。线虫通过蛞蝓的孔腔侵入，也可通过分泌蛋白酶或其它酶破坏蛞蝓体表侵入，后释放毒素将蛞蝓杀死。被线虫感染 1～2 天后，蛞蝓停止进食，从线虫侵染到寄主死亡的整个过程只需 7～14 天。寄主死后，新生线虫可通过土壤环境感染其它蛞蝓（Schley & Bees，2006；Rae *et al.*，2008；彭雪峰，2014）。

③ 生物工程防治法。利用基因工程、蛋白质工程等现代生物技术，使用对野蛞蝓有害的质型多角体病毒和昆虫痘病毒，感染并杀死野蛞蝓；或者将病毒增效基因合成到铁皮石斛的基因中，产生可以毒杀野蛞蝓的增效蛋白，达到毒杀野蛞蝓的目的，本项技术虽然现在不能完全实现，但这是未来发展的方向。

（4）化学防治：野蛞蝓虫体有一层膜液保护着，用农药喷杀无效；需要专门的触杀剂和胃毒剂农药，方法多种多样。

① 植物源农药。

A. 茶枯饼用纱布包裹后，浸水（茶枯饼：水 =1:4）30min，揉搓制得茶枯原液，加水稀释 600～800 倍，于傍晚喷施，防治效果可达 92% 以上（廖建明，2007；彭雪峰，2014）。

B．采用苍菖合剂。配方为苍术 300g、菖蒲 300g、枫球 300g、椒叶 150g、遍地香 150g、木天蓼 300g，研磨或用 15kg 水煎剂，直接施用，防治效果达 90%（陈湖等，2005）。

C．植物提取液。醇提液配方为辣蓼 50g、博落回 30g，各用无水乙醇 300mL 提取；最大稀释倍数为 40 倍；而水提液配方与醇提取相同，只是各加水 500mL，稀释 30～40 倍。二者对蛞蝓有毒杀、拒食和驱逐作用（石进校等，2002）。

D．枯烟叶 1kg、生石灰 1kg、用水 30～40kg 浸泡 12h，充分搅匀后，取滤清液喷雾（曲永昌，1997）。

②化学类农药。

A．四聚乙醛（密达，多聚乙醛，蜗牛敌，metaldehede）80% 可湿性粉剂，以胃毒为主，对蜗牛和蛞蝓有一定的引诱作用。接触到药剂后，会使螺体内乙酰胆碱酯酶大量释放，坏螺体内特殊的黏液，导致神经麻痹而死亡。植物体不吸收该药剂，也不会在植物体内积累。对人、畜有中毒性；喷洒使用。

B．聚醛·甲萘威（metaldehede carbaryl）有效成分 6%（甲萘威 1.5%，四聚乙醛 4.5%），是一种高效、安全、选择性强的杀蜗剂。产品特性：具有胃毒和触杀作用；在产品中加有芳香引诱剂，蛞蝓取食中毒后吐出的未消化的或残留毒饵，会引诱其它蛞蝓、蜗牛取食再次中毒，其中毒症状表现为大量分泌液体而迅速脱水死亡；由于颗粒遇水不易溶化，因此可以延长使用时间不影响防效。在蛞蝓发生初期每 667m^2 施用 750g/ 次，施药后 5 天的防效为 95%，防治效果佳；适合多种软体动物。

C．用硫酸铜 800～1000 倍液，或氨水 70～100 倍液，或 1% 食盐水喷洒防治，杀灭效果可达 80% 以上（谭伟和郭勇，2001；杨云亮等，2008）。

D．2%～5% 甲酚皂和芳香灭害灵对野蛞蝓防治效果较好（计仲武，2000）。

二、灰巴蜗牛（*Bradybaena ravida* Ravidella）

1. 分布与危害

（1）分布：灰巴蜗牛全国分布，长江以南地区普遍发生。

（2）危害：为害石斛的蜗牛有巴蜗牛属（*Bradybaena*）的灰巴蜗牛、同型巴蜗牛（*Bradybaena similaris* Ferussac）2 种，二者除了为害石斛类植物外，还可为害豆科（Leguminosae）、十字花科（Cruciferae）、茄科（Solanaceae）等多种植物。以食叶为主，初孵幼贝仅食叶肉，留下表皮，稍大后用齿舌刮食幼芽、叶、茎、花瓣及果实，造成空洞和缺刻，严重者可将幼苗咬断，造成缺苗。我国各地均有发生，1 年内多次发生，一旦发生，为害大，在大量发生期，一个晚上就能将整个植株吃得面目全非。

2. 形态特征

（1）分类地位：隶属于软体动物门（Mollusca）腹足纲（Gastropoda）肺鳃亚纲（Pulmonata）柄眼目（Stylommatophora）巴蜗牛科（Bradybaenidae）巴蜗牛属（*Bradybaena*）。

（2）形态描述：灰巴蜗牛分为头、足和内脏囊三部分。壳质稍厚，坚固，呈圆球形。壳高 19mm、宽 21mm，有 5～6 个螺层，顶部几个螺层增长缓慢、略膨胀、体螺层急骤增长、膨大。壳面黄褐色或琥珀色，并具有细致而稠密的生长线和螺纹。壳顶尖。缝合线深。壳口呈椭圆形，口缘完整，略外折，锋利，易碎。轴缘在脐孔处外折，略遮盖脐孔。脐孔狭小，呈缝隙状。个体大小、颜色变异较大。卵圆球形，白色。头部发达而长，有 2 对可翻转缩入的触角，前触角作嗅觉用，眼着生后触角顶端；足位于身体的腹侧，左右对称，故称腹足纲。通常有外套膜分泌形成的贝壳 1 枚（图 8-3），但有的退化和缺失；口腔有腭片和齿舌，不同种类其形态差异很大，绝大多数种类生长在陆地上；雌雄同体，生殖孔为共同孔，生殖方式为卵生。

图 8-3　灰巴蜗牛

3. 发生规律

铁皮石斛喜温暖湿润气候和半阴半阳的环境，与蛞蝓喜欢阴暗潮湿的环境相似，因此，石斛的栽培环境极易成为蜗牛滋生的场所。常在温室大棚、阴雨高湿天气或种植密度大时发生严重，特别是在 6 ～ 7 月份连续阴雨天活动量增大。

灰巴蜗牛一年繁殖 1 代，寿命达 1 年以上：成贝与幼贝白天在砖块、花盆或叶片下栖息，晚间活动取食，阴天下雨时白天也可活动取食。成贝产卵于松土内，初孵幼贝群集危害，以后分散。而同型巴蜗牛一年繁殖 1 ～ 3 代，每年 5 月中旬至 10 月上旬是活动盛期，4 ～ 5 月产卵于枯叶、基质缝隙或石块下，每个成螺产卵 50 ～ 300 粒，也是我国口岸检疫的蜗牛种类。

4. 防控措施

（1）物理方法。

①人工捕捉成、幼体。在蜗牛经常活动的地方或受害植物周围放一些鲜菜叶、杂草、瓦砾等堆积在田间，翌晨或在毛毛细雨天时人工捕捉，集中杀灭蜗牛。及时清理铁皮石斛栽培场所及周边环境的枯枝败叶。

②使用氨水。于 4 ～ 5 月蛞蝓盛发期喷洒氨水或碳酸氢铵水 100 倍液，于夜间喷洒，只要能喷到蛞蝓体上就可杀死。

③生石灰带的阻隔。陈艳丽等（2014）研究结果显示：设置生石灰带的小区 9h 内无蜗牛进入石斛地，24h 后进入石斛地的蜗牛比例为 63.33%，阻隔效率为 24.17%；对照组 1.0h 内进入石斛地的蜗牛比例就高达 94.16%；生石灰阻隔带对蜗牛的阻隔效果显著，但须保持石灰干燥，一旦遇水，易潮湿板结，失去阻隔效果。在铁皮石斛种植园内撒放生石灰粉，用量为 75 ～ 112.5kg/hm²。

④植物阻隔带阻隔蜗牛。蜗牛是杂食性软体动物，喜食多汁的嫩叶，因此，在石斛地周围种植一圈小白菜，作为植物诱集带。试验结果显示：72h 时处理组 86.67% 蜗牛在植物诱集带内，进入石斛地内的蜗牛仅占 7.5%，而对照组进入石斛地的蜗牛占 87.5%；植物诱集带对蜗牛的阻隔效果显著，可推广应用于田间（陈艳丽等，2014）。

⑤注意栽培场所的清洁卫生，枯枝败叶要及时清出场外。

（2）化学防治。

①茶籽饼浸出液防治：用茶籽饼浸出物（茶籽饼：水 =1:15）均匀喷洒。每 667m² 用油茶

饼 7～10kg，用 50kg 水泡开，取其滤液喷洒也有效。

②四聚乙醛 80% 可湿性粉剂喷洒，6% 聚醛·甲萘威颗粒，2% 灭旱螺颗粒剂撒施，6～7.5kg/hm²。

③用蜗牛敌 + 豆饼 + 饴糖（1:10:3）制成的毒饵撒于石斛畦空隙内，在麸皮中拌入敌百虫，撒在害虫经常活动的地方进行诱杀。

④诱杀成贝和幼贝，用杂草、菜叶等堆放在田间，每 100kg 喷上 1.0kg 加适量水稀释晶体敌百虫原液（武三安，2010）。

三、东风螺（*Achatina fulica* Ferussac）

1. 分布与危害

（1）分布：东风螺又名褐色玛瑙螺、非洲大蜗牛，原产非洲东部，但到 21 世纪已经广泛传播到亚洲、太平洋、印度洋和北美洲等地的湿热地区，以及中国的福建、广东、广西、云南、海南、台湾等地。2013 年 9 月和 2014 年 7 月，南宁和福州都发现了东风螺。

（2）危害：寄主范围广，可为害 500 多种作物；具有食量大、夜行性、杂食性、破坏力强的特点。已在南方的铁皮石斛栽培地里被发现，是我国的外来有害生物和检测对象，故在铁皮石斛引种时要加强检疫。

2. 形态特征

（1）分类地位：隶属于软体动物门(Mollusca) 腹足纲 (Gastropoda) 栖眼目 (Stylommatophora) 玛瑙螺科 (Achatinidae)。

（2）形态描述：东风螺贝壳大型，通常体长 7～8cm，最大 20cm，体重可达 32g。壳质稍厚，有光泽，呈长卵圆形。壳高 130mm，宽 54mm，螺层为 7～9 个，螺旋部呈圆锥形（图 8-4）。壳顶尖，缝合线深。壳面为黄或深黄底色，带有焦褐色雾状花纹。胚壳一般呈玉白色。其它各螺层有棕色条纹。生长线粗而明显，壳内为淡紫色或蓝白色，体螺层上的螺纹不明显，中部各螺层的螺层与生长线交错。卵椭圆形，色泽乳白色或淡青黄色，外壳石灰质，长 4.5～7mm，宽 4～5mm。幼螺刚孵化的螺为 2.5 个螺层，各螺层增长缓慢，壳面为黄或深黄底色，似成螺。

图 8-4　东风螺形态

3. 发生规律

海拔 800m 以下的低热河谷区适宜东风螺生长、繁殖，适宜气温为 15～38℃，最适宜的气温为 20～32℃，土壤湿度为 45%～85%。当气温低于 14℃，土壤湿度低于 40% 或高于 90% 以上时，东风螺进入休眠或滞育。

（1）活动规律：东风螺具有昼伏夜出的特性和群居性，喜阴湿环境。白天栖息于阴暗潮湿的隐蔽处和藏匿于腐殖质多而疏松的土壤下、垃圾堆中、枯草堆、土洞或乱石穴内。晚上 8:00

以后开始爬出活动，9:00～11:00是活动高峰。次日早上5:00左右返回原居地或就近隐藏起来。畏光怕热，最怕阳光直射。对环境极为敏感，当湿度、温度不适宜时，蜗牛会将身体缩回壳中并分泌出黏液形成保护膜，封住壳口，以克服不良环境的干扰。

（2）繁殖方式：该种雌雄同体，异体交配，繁殖力强。每年可产卵4次，每次产卵150～300粒。卵孵化后，经5个月性发育成熟，成螺寿命一般为5～6年，最长可达9年。交配时间在晚上9:30～11:00，卵产于腐殖质多而潮湿的表土下1～2cm的土层中或较潮湿的枯草堆、垃圾堆中。初孵的幼螺不取食，3～4天后开始取食。5～6个月性成熟。

（3）传播途径：人类活动、货物的流通、人为的携带是非洲大蜗牛传播的主要途径；如轮船、火车、汽车、飞机等运输工具，随铁皮石斛、观赏石斛的种苗调运、板材、集装箱、货物包装箱传播。

4. 防治方法

东风螺属旱生软体动物，昼伏夜出，给防治带来一定困难。除化学防治方法外，其它措施仍可作为局部防治或辅助性措施。具体防治方法参见蛞蝓和蜗牛的防治方法。

四、细钻螺（*Opeas gracile* Hutton）

1. 分布与危害

（1）分布：细钻螺主要分布于我国湖南、福建、广西、广东、海南岛、台湾、香港、澳门，东南亚及印度洋、太平洋、大洋洲诸岛。在我国长江以南地区常见。

（2）危害：在铁皮石斛整个生长期啃食嫩芽、叶片、花朵及暴露根，因裸体小，不易被发现；如啃食铁皮石斛幼芽，造成当年无产量，被为害的叶片会造成缺刻；同时也是我国南方蔬菜苗期的重要有害动物。

2. 形态特征

（1）分类地位：隶属于动物界（Animalia）软体动物门（Mollusca）腹足纲（Gastropoda）肺螺亚纲（Pulmonata）柄眼目（Stylommatophora）钻头螺科（Subulinidae）。

（2）形态描述：贝壳小型，壳质薄，易碎，透明，壳长7.5～9mm，宽3～4.5mm，有6.5～8个螺层（图8-5），各螺层缓慢均匀增长，略膨胀，螺旋部高，尖细，呈细长塔形。壳顶钝，缝合线深。壳面淡黄褐色或淡黄白色，有稠密而纤细的生长线，在体螺层上生长线较粗。壳口呈椭圆形，口缘简单，完整，薄而锋利，易碎，外唇与体螺层成一锐角，轴缘笔直，稍外折，内唇贴覆于体螺层上，形成不明显的胼胝部。无脐孔（钱周兴，2008）。

3. 发生规律

细钻螺体在基质里露一个尖尖的壳，像个插入地里的小锥子，繁殖快，食量大。虽然个体小，但数量多。白天躲在泥土、砖缝中或花盆下面，夜晚出来取食为害。喜欢在疏松湿润的土壤和潮湿多腐殖质的菜地、田埂、石块、落叶、腐木下或草丛中；在春、夏

图8-5 细钻螺形态

季，雨后出来活动、取食。卵为白色小圆颗粒，产于疏松基质、土壤表面、草根部或石块下。

4. 防治方法

①冬季结合清理铁皮石斛栽培园区，破坏细钻螺的越冬场所。

②在铁皮石斛种植区周围撒生石灰，防止咬食嫩叶、嫩芽。

③在细钻螺的活动期，可用蔬菜叶、豆叶、胡萝卜等蔬菜作为诱饵，集中杀死细钻螺。

④将茶麸饼拌入敌百虫作为毒饵，盛于器皿内进行诱杀。

⑤发生期选用 6% 四聚乙醛颗粒诱导剂 0.5kg/667m^2，在晴天傍晚撒施，可杀成螺和幼螺，防治效果可达 75% 以上。

第二节　其它动物

一、鼠类（mouse）

1. 分布与危害

（1）分布：鼠类栖息环境非常广泛，凡是有人居住的地方，以及野外均有分布，但种类不同；分布于所有的石斛栽培区。大家鼠属约有 100 种，大多分布在亚洲东部和非洲的亚热带、热带，中国有 16 种。小家鼠属全世界约有 36 种，中国有 2～3 种。

（2）危害：鼠害是指鼠类对铁皮石斛造成的危害。老鼠的危害状主要表现：一是啃食幼苗、中型苗甚至大苗，以及花芽、花穗、花苞，甚至开花株的假鳞茎，影响植株的生长，造成减产或影响观赏价值（曾宋君等，2003）；二是在铁皮石斛栽培过程中，一些老鼠在松树皮基质中钻洞（图 8-6），咬食铁皮石斛根，或将石斛根部的基质弄松散，使植株的根部裸露于基质表面（图 8-7），影响植物的生长。一只老鼠一晚上可咬食数条根，为害重者可在 10

图 8-6　老鼠挖洞破坏铁皮石斛栽培畦

图 8-7　老鼠挖洞使铁皮石斛幼苗根暴露在表面

条以上，损失较重，在管理过程中要重视老鼠的危害。各地老鼠种类各差异。一些鼠类会传播人类疾病。

2. 形态特征

(1) 分类地位：脊椎动物亚门啮齿目（Rodentia）哺乳纲鼠科（Muridae）家鼠属（*Rattus*）、鼠属（*Mus*）、田鼠属（*Microtus*）、水田鼠属（*Arvicola*）等。我国啮齿动物有 13 科 71 属 187 种，占世界啮齿动物的 10.87%（石呆和阁丙申，2003）。

(2) 形态描述：家鼠属种类的体型平均较大，体长 8～30cm；尾通常略长于体长，其上覆以稀疏毛，鳞环可见；体毛柔软，个别种类毛较硬；毛色变化大，背部为黑灰色、灰色、暗褐色、灰黄色或红褐色；腹部一般为灰色、灰白色或硫磺色；后足相对较长，善游泳的种类趾间有皱形蹼。鼠属的体型较小，一般为 6～9.5cm；上门齿内侧有缺刻。

3. 发生规律

老鼠繁殖力很强，一年四季都能繁殖，以春、秋两季繁殖率较高，冬季繁殖率低。栖息场所分布极广，栖息地多样，室内外都能栖息，是与人类伴生物种之一，凡是有人类的地方，或者人烟稀少的丘陵山区均能看到的踪迹。喜欢在较为干燥的环境下生活。洞穴结构比较简单，一般在杂物堆、石缝、墙角、田埂、食品库等做窝。食性杂，以盗食粮食作物为主，也啃食幼苗、树皮、果蔬等。夜间 19～22 时为取食高峰。活动范围大多在 30～150m。

4. 防治方法

鼠类防治分为物理灭鼠、生物灭鼠和化学灭鼠三大类。

(1) 可采用灭鼠器、电猫捕杀各种老鼠。

(2) 生物防治。应加保护的鼠类天敌在哺乳类中有黄鼬（黄鼠狼）、艾虎（艾鼬）、香鼠、狐狸等，猫头鹰类，各种蛇类等。

图 8-8　铁皮石斛上的蛛网

（3）化学防治。主要是使有毒物质进入害鼠体内，破坏鼠体的正常生理机制而使其中毒死亡。效果快、使用简便。缺点是一些剧毒农药能引起二次，甚至三次中毒，导致鼠类天敌日益减少，生态平衡遭到破坏；在使用不当时还会污染环境，危及家畜、家禽和人的健康。

常用药物中的肠道毒物有磷化锌、杀鼠灵、敌鼠钠盐等；熏蒸毒物有氯化苦、氰化氢、磷化氢等。大隆（溴联莱杀鼠迷）灭鼠剂在农田灭鼠中的效果尤佳。

二、蜘蛛（spider）

1. 分布与危害

（1）分布：全国各地均有分布，长江以南的各省（自治区、直辖市）更为常见。

（2）危害：铁皮石斛生长都需要有一个宽敞舒服的空间，如在植株上有一些附属物，植物也会有一种被困扰的感觉，限制了其发展空间，植株上长期覆盖了一层蛛网（图 8-8），好似被关在"囚笼里"里，感到不舒服，生理代谢机能受到限制；对铁皮石斛的直接危害一是稠密的蜘蛛网影响光合作用，二是会影响美观，但不会造成植株的死亡。各地蜘蛛种类不同，危害程度也会有差异。

蜘蛛是陆生动物中除昆虫以外的最大类群，生物多样性丰富，在农林害虫生物防治及维护生态、平衡方面起着重要作用。此外，蜘蛛还具有重要的药用和食用价值，蛛网、感觉器官和纺器的结构具有重要的仿生学意义（赵敬钊，1999；刘明山，2005；张承德，2011）。

图 8-9　铁皮石斛栽培畦上的蜘蛛

2. 形态特征

（1）分类地位：隶属于节肢动物门（Arthropoda）蛛形纲（Arachnida）蜘蛛目（Araneida 或 Araneae）拟遁蛛属（*Pseudopoda*）。据不完全统计，截至 2010 年，全世界的蜘蛛已有 3821 属 42055 种；在 2007 年前，中国记载 7 个目 39 科、约 3000 种，近几年有一些新种不断被发现。

（2）形态描述：体长从 0.5mm 到 9cm 不等，身体分头胸部和腹部。头胸部背面有背甲，背甲的前端通常有 8 个单眼，排成 2～4 行。腹面有一片大的胸板，胸板前方中间有下唇。头胸部有 6 对附肢，包括 1 对螯肢、1 对触肢和 4 对步足。螯肢由螯基和螯牙两部分构成。触肢 6 节。雌蛛触肢足状，雄蛛触肢变成交接器，末节（跗节）膨大成触肢器。步足在胫节和跗节之间有后跗节，共 7 节。腹柄由第 1 腹节演变而来。腹部多为圆形或卵圆形，但有的有各种突起，形状奇特。除少数原始种类的腹部背面保留分节的背板外，多数种类已无明显的分节痕迹。腹部腹面前半部有一条外沟或生殖沟，中央有生殖孔。雄孔仅为一简单开口，雌孔周围有一些结构，统称为外雌器。还有书肺孔和气管气孔。腹部腹面纺器由附肢演变而来，少数原始的种类有 8 个，位置稍靠前；大多数种类有 6 个纺器，位于体后端肛门的前方。纺器上有许多纺管，内连各种丝腺，由纺管纺出丝。有的在前纺器的前方还有筛器，据认为是由祖先的前中纺器的原基演变而来的（宋大祥等，1999）（图 8-9）。

3. 发生规律

蜘蛛的种类繁多，分布较广，适应性强，它能生活或结网在植物表面、土表、土中、树上、草间、石下、洞穴、水边、低洼地、灌木丛、苔藓中、房屋内外，或栖息在淡水中（如水蛛）、海岸湖泊带（如湖蛛）。总之，在水、陆、空都有蜘蛛的踪迹。

蜘蛛对人类有益又有害，但就其贡献而言，主要是益虫。例如，在农田中蜘蛛捕食的大多是农作物的害虫。同时许多中医药文献中，都有用蜘蛛入药的记载。

蜘蛛的生活方式为可定居型，以结网作为固定住所。与一般昆虫相比，蜘蛛是长寿命者，

大多数蜘蛛完成一个生活史，一般为 8 个月至 2 年，雄性蛛是短命的，交尾后不久即死亡。

在交配前，雄蛛织一精网，从生殖孔产一滴含精子的液体到精网上，然后把精子吸入触肢器内。有的在交配时有求偶动作，精子入生殖板后，移入与输卵管相通的受精囊，卵通过输卵管至生殖孔排出的过程中即受精。

有的雌蛛仅交配一次，有的可相继与多个雄体交配，交配后雌蛛产一个卵袋，内有数个到 1000 个卵，或产数个卵袋，其中所含的卵一次比一次少。有的种类在产完最后一个卵袋或照顾幼蛛后即死去。

蜘蛛卵生，不完全变态。蜘蛛蜕皮次数和间隔时间很不一致，小型蛛一生蜕皮 4～5 次；中型蛛约 7～8 次；大型蛛约 11～13 次。

4. 防治

在发生严重时，可喷洒 800～1000 倍 DDV 液体防治，效果佳。

第三篇

铁皮石斛病虫害防控措施

第九章

防控技术

第一节　措施

铁皮石斛病虫害的防控应以"综合治理（integrated pest management，IPM）为核心，实现对病虫害的可持续控制"。人们应该从生物、生态与环境的整体观念出发，本着"预防为主"的指导思想和安全、有效、经济、简易的原则，因地、因时制宜，合理运用植物检疫、农业管理综合措施、物理、生物、化学的措施，以及有效的生态学手段，把病虫害控制在人们可以接受的水平，以保证人、畜健康和增加铁皮石斛产量的目的。

在铁皮石斛种植期间，应该了解本地区常见病虫害种类，掌握它们的发生规律和危害程度。对于任何一种病虫害，应在发生初期采用合适的控制技术，禁止使用高毒性、高残留农药，有限度地使用部分化学农药，以不超过国家规定农药残留指标为准。严格执行中药材规范化生产农药使用原则，控制化学药剂的用药量，掌握用药时间，尽量减少产品中的农药残留；掌握适时用药和交替用药技术是避免或延缓病虫产生抗药性的主要手段。

病虫害的防治必须考虑三个问题：一是经济效益；二是对人体健康无害，对禽畜和天敌无害，不会使害虫和病原菌产生抗性；三是不污染环境。防治方法主要包括检疫、农业、物理、生物和化学措施等，至于哪一种办法更符合上述三个条件，就采用它。一种办法不行，就采用几种办法的综合形式。

一、植物检疫

植物检疫是根据国家颁布的法令，设立专门机构，实行对国外输入和国内输出，以及国内地区之间调运的种子、种苗及农产品等进行检疫，禁止或限制危险性病、虫、杂草的传播危害。

随着我国农业生物领域研究的迅速发展，需要与其它国家开展科技合作，在进行铁皮石斛及其它石斛植物的品种交换、引进之前，应查清引进国家石斛植物的病虫害种类和检疫对象，严格按照国际原则，加强检疫措施的落实，防止国外的一些危险性的病虫害传入我国；同时，也要控制我国具有危险性的铁皮石斛病虫害输出到国外。

目前，我国的铁皮石斛锈病（*Coleosporium zanthoxyli* Dietel & P. Syd.）仅在云南省被发现，这是一种新病害，在云南地区与其它省份的相关单位进行种质资源交易、交换和引种时，各地检疫机构应加强检疫监管，把该病控制在云南地区。

二、农业防治

农业防治是在保证铁皮石斛生长旺盛、高产的前提下，改良栽培措施，创造不利于害虫，而有利于天敌的生态条件，提高天敌作用的效能，达到控制害虫的目的。

在不同季节和不同地区都要根据铁皮石斛栽培管理的需要，结合本园区的实际情况，有目的地创造有利于石斛生长发育，而不利于病虫害发生的微生态环境，以达到抑制病害的目的，被称为管理技术防治措施。其优点是一般不伤害有益微生物和昆虫天敌，能控制多种病虫害，作用时间长，达到经济、安全、有效，符合铁皮石斛有机栽培的原则。缺点是防治效果慢，对暴发性病害的防治效果差，同时管理技术防治的地域性较强，受自然条件的限制较大，如云南、贵州与江苏、浙江的气候条件不同，日常管理措施有差异，应根据当地的气候和地形、地貌采取相应的管理措施；及时清洁栽培地里病株、病叶片和杂草，保持良好的栽培地管理；同时，选育抗病、耐寒的铁皮石斛种质等措施，是建立有机栽培基地的基础条件。

三、物理防治

物理防治措施是古老而又年轻的一类防治手段，是利用简单工具和各种物理因素，如光、热、电、温度、湿度、气味和放射能、声波等防治病虫害的措施。包括最原始、最简单的徒手捕杀或清除，以及近代物理最新成就的运用。人工捕杀昆虫和清除病株、病部及使用简单工具有费时、费力、效率低、不易彻底清除等缺点，但在目前尚无更好防治办法的情况下，仍不失为较好的控制措施。人们常用升高或降低温、湿度，使其超出病虫害的适应范围，达到控制目的。自古以来，就有利用昆虫趋性灭虫的实例；近年来利用黑光灯、高压电网灭虫器、黄板、蓝板的应用广泛，用仿声学原理和超声波防治虫等均在研究、实践之中。原子能治虫主要是用放射能直接杀灭病菌和昆虫，或用放射能照射导致害虫不育等。随着近代科技的发展，近代物理学防治技术将很有发展前途。

1. 控病措施

在铁皮石斛的栽培期间，极端气象条件是造成铁皮石斛非侵染性病害的主要原因之一；在某些情况下，如遇到夏季高温，人们可采取喷水降低温度，以减少对铁皮石斛的影响，而冬季极端低温是人们无法抗拒的因素，可提前采取保温措施。

栽培基质带菌是造成铁皮石斛根部病害发生的主要因素。在大多数的情况下，栽培者对基质的处理均采用加入少量化学农药，以减少病害的发生，此法与当前提倡的铁皮石斛有机栽培理念相违背，作者认为采用夏季高温＋工业乙醇对基质进行消毒是可行的。方法是在夏季高温季节，把栽培基质放在水泥地上，10cm左右一层，喷70%工业酒精，然后再加一层喷酒精，依次类推，上面覆盖塑料薄膜，四周封闭进行高温消毒，内部温度可达70～80℃，维持1～2周，可杀死部分昆虫、昆虫卵和病原菌，去掉塑料薄膜后，酒精自然挥发，不存在残留问题，是真正的无公害栽培使用的基质。

2. 控虫措施

（1）趋颜色性诱杀：

①利用蚜虫对灰色敏感的特性，可在铁皮石斛大棚内挂一些银灰色薄膜，可驱赶蚜虫，避免危害。

②白粉虱、斑潜蝇、蚜虫和蓟马对黄色敏感，可在棚内悬挂黄色机油板进行诱杀，此方法应用广泛。

（2）趋化性诱杀：针对一个地区的主要害虫，可利用昆虫的性激素或聚集激素对成虫进行诱杀，该方法已在浙江许多地区应用，效果很好。

（3）趋光性诱杀：对灯光敏感的昆虫种类中较多，人们利用一些昆虫的这一特性，在大棚周围设置一定数量的黑光灯、频振式灯和紫外线来诱杀鳞翅目的蛾类、同翅目的叶蝉和直翅目的蝼蛄等多种害虫，已在铁皮石斛栽培中普遍使用。

（4）趋味性诱杀：小地老虎（*Agrotis ypsilon* Rottemberg）和种蝇（*Delia platura* Meigen）的趋味性较强，可用糖醋液（糖：醋：水 =1:2:20）加入 0.1% 敌百虫混合后，放在栽培地周围或大棚里面，引诱成虫进行诱杀。

（5）物理屏障阻隔：在每一个铁皮石斛栽培大棚的周围（下部）增加一层 20～30 目的防虫网，可阻止各种昆虫进入棚内危害。

四、生物防治

昆虫天敌或病原微生物本来就是存在于自然生态系统中的一个生态因素，在正常的气候条件下，它们对害虫的影响是永远存在的，即使有变化，也不会太大，整个自然生态系统仍然处于一个相对稳定的状态，但不一定各种天敌都能把害虫控制在不发生经济损失的程度之下；因此，有些昆虫天敌或病原微生物需要人工辅助措施，繁殖一定数量的种群释放到自然界，使它们成为自然生态中的一个组成成分，使种群达到足够控制害虫或病原菌的数量，维持一个小生境的生态平衡，达到长期发挥抑制病虫害的目的。

利用昆虫天敌和有益微生物取代化学防治只是一种策略，这仅注意到问题的一个方面，而不是根本一面；最重要的问题是害虫与天敌，病原菌与生防菌是一对统一体中的两个独立面，不了解天敌就不能了解害虫的发生规律，同样，不了解有益微生物的生物学特性，就不能很好地控制病害及开发利用，病虫害的生物防治就将失去它的理论基础。

铁皮石斛病虫害的生物防治是利用自然界或科研人员分离、筛选出的有益微生物及其产生的代谢产物来抑制或消灭植物病原菌或导致昆虫死亡的一种方法，实际上是一种以虫治虫、以菌治虫、以菌治菌的措施。与化学药剂相比较，优点在于对人、畜相对比较安全，对环境污染比较小，控制病虫害作用时间比较持久；缺点在于当病虫害大发生时不能进行有效控制。控制昆虫和病害主要方法分别如下。

1. 病害控制方法

在铁皮石斛病害的生物防治中，常用的有真菌、细菌和放线菌；作用方式有拮抗和空间竞争两大类。

（1）拮抗作用：拮抗作用（antagonism）是指一种微生物的活动抑制或杀死另一种微生物

的现象，常见的微生物有青霉属（*Penicillium* spp.）、葡萄穗霉属（*Stachybotrys* spp.）、芽孢杆菌属（*Bacillus* spp.）和假单胞杆菌属（*Pseudomonas* spp.）以及放线菌（Actinomycete）（李增波，2006）。

（2）空间竞争：具有空间竞争的真菌，必须具备生长快的特点，其生长速度应该大于病原菌生长速度的 1 倍以上，如木霉属（*Trichoderma* spp.）不同种及以下分类单位的不同菌株具备这个特点，多种生防菌的应用就是以微生物之间的空间竞争为基础的，生长速度快慢是决定防治成功与否的关键因素。

2. 昆虫控制方法

（1）寄生性昆虫：寄生蜂是膜翅目中最常见的一类寄生性昆虫，是从植食性蜂类进化到筑巢性取食的一群肉食性蜂类。主要是细腰亚目（Apocrita）中金小峰科（Pteromalidae）、姬蜂科（Ichneumonidae）、小茧蜂科（Braconidae）和双翅目（Diptera）寄蝇科（Tachinidae），它们靠寄生生活，分别寄生在鳞翅目、鞘翅目、膜翅目和双翅目等昆虫的幼虫、蛹和卵里，能够消灭被寄生的昆虫。

寄生性昆虫分为外寄生和内寄生两大类。前者是指把卵产在寄主体表，让孵化的幼虫从体表取食寄主身体；后者是把卵产在寄主体内，让孵化的幼虫取食害虫体内的组织。内寄生形式者，被认为较为进化。常见的寄生蜂有黑青小蜂（*Dibrachys xavus*）、赤眼蜂（*Trichogramma ostriniae* Pang et Chen）、姬蜂、茧蜂、土蜂等。

（2）捕食性昆虫：捕食性天敌昆虫包括有 19 目 188 科，其中蜻蜓目、螳螂目和脉翅目全部都是捕食性昆虫，半翅目既有捕食性昆虫，也有植食性昆虫。鳞翅目多数是植食性的，少数是捕食性的昆虫。在捕食性昆虫中，还有随着昆虫变态的不同发育阶段而益、害交替的，如芫菁科昆虫的幼虫多为捕食性益虫，而成虫却往往是植食性的害虫；多数食蚜蝇幼虫为捕食性，而成虫则很少捕食。因此，必须充分了解捕食性昆虫的生活习性。

天敌昆虫直接蚕食虫体的一部分或全部，或者刺入害虫体内吸食害虫体液使其死亡。一般情况下，捕食性天敌昆虫比捕猎昆虫体型更大；往往在其幼虫和成虫阶段都是肉食性，独立自由生活。如螳螂目的螳螂和鞘翅目瓢虫的绝大多数种类都是如此。目前国内广泛应用的主要有捕食螨、草蛉、瓢虫等。

（3）昆虫病原微生物：昆虫病原微生物有真菌、细菌和病毒，其中真菌有 100 多个属 700 余种，分属于半知菌亚门、接合菌亚门、鞭毛菌亚门、子囊菌亚门及担子菌亚门中，大部分是兼性或专性病原菌，约有 50 多个属属于半知菌亚门。目前已在生产上得到应用的主要有白僵菌 [*Beauveria bassiana* (Bais.) Vuill.]、卵孢白僵菌 [*B. tenella* (Del.) Siem. = B. densa Lk.]（张继祖和徐金汉，1996）、绿僵菌（*Metarhizium anisopliae* Sorokin）、淡紫拟青霉 [*Paecilomyces lilacinus* (Thorn.) Samson]、粉红拟青霉（*P. fumoso-roseus* Wize）、共胶菌（*Syngliocladium uvella* Krass. = *Sorosporella uvella* Krass. Gd.）、莱氏野村菌 [*Nomuraea rileyi* (Farlow) Samson]、汤普森被毛孢（*Hirsutella thompsonii* Fisher）、蜡蚧轮枝菌（*Verticillium lecanii*）、虫霉菌（*Entomophthora* sp.）等。昆虫病原真菌的入侵机理包括：

①分生孢子附着于寄主体表，产生或不产生附着胞；

②附着的分生孢子产生胞外酶，主要是几丁质酶和蛋白酶类，可分解昆虫的体壁；

③萌发的孢子侵入寄主昆虫体内和菌丝体在虫体内生长，消耗虫体内营养；

④分泌毒素杀死昆虫。

昆虫病原细菌有 90 种以上，大多属于真细菌纲（Eubacteriae）的芽孢杆菌科、假单胞菌科（Pseudomanadaceae）和肠杆菌科（Enterobacteriaceae）；其中应用最广的是苏云金杆菌（*Bacillus thuringiensis*，Bt）、日本金龟子芽孢杆菌（*Bacillus popilliae* Dutky）、缓死芽孢杆菌（*Bacillus lentimorbus*）（张继祖和徐金汉，1996）。

昆虫病毒是指以昆虫为宿主的病毒。既能在脊椎动物体内或高等植物体内增殖，又能在昆虫体内增殖的病毒很多，主要有核多角体病毒（nuclear polyhedrosis viruses，NPV）、质多角体病毒（Cytoplasmic polyhedrosis virus，CPV）、颗粒体病毒（granulosis virus，GV）和昆虫痘病毒（entomopox virus，EPV），它们是昆虫生防常用病毒类群，特别是在防治鳞翅目幼虫阶段使用较多，感染病毒死亡的鳞翅目幼虫症状表现为虫体褐色至黑色，虫体软，无臭味；被细菌感染死亡的幼虫体会有臭味，这一点可区别于昆虫病毒病。

与化学农药相比，生物农药虽然具有环境友好型的特点，但冷静地想一想，并不是没有缺点，只不过比化学农药对人类的危害相对小一些，在一定的范围内，生物农药取代化学农药是完全可以的，在铁皮石斛栽培的过程中，也有成熟的例证。而在病虫害大发生时，要全面取代化学农药，或完全不使用化学农药是不可能的。生物农药和化学农药各有各的优势和缺陷。就好比中药代替不了西药，西医取代不了中医一样，各有千秋。

五、化学防治

使用化学药剂防治植物病害的方法，称为化学防治法（chemical control methods）。从化学农药的产品开始应用至今，在防治病虫害过程中起到巨大作用，特别是在病虫害爆发成灾时更是如此，今后仍不失以化学防治为主。化学防治与保护天敌和有益微生物之间存在着矛盾。关于化学农药的使用，有两种观点：一是既然施用化学农药，就不需要研究天敌和有益微生物的保护利用问题；二是认为化学防治和生物防治都很重要，不可偏离，可以通过科学用药，保护天敌，达到协调目的，这需要农药品种的改良。无论如何，这就是化学农药对害虫作用（杀死）看起来好似是暂时的，但生态环境和有益生物种群的破坏是长期的，生态修复也比较困难。

化学农药发展的方向是研发出有选择性的、高效低毒、低残留农药产品，这是有益生物的保护利用和化学防治之间的一对矛盾，随着研究水平的不断提高。二者可以相互协调，彼此补充，这对矛盾是可以解决的。在植物病虫害发生较严重或爆发性病害时，化学药剂仍是控制病害的唯一措施。

化学防治是目前农林业生产中一项重要的防治措施，它具有作用迅速、效果显著、方法简便等优点。缺点在于化学药剂对所有的生物无选择性，如使用不当，容易造成对环境的污染，伤害有益微生物，破坏自然生态平衡。如果在某一地区或某一农场、公园长时间使用一种杀菌剂，容易诱发病菌产生抗药性，降低杀菌效果。

1. 化学保护剂

具有保护植物健康生长，免受病原菌危害的药剂称为化学保护剂（chemical protection）。该类药剂的使用时间，应该在病原物侵入寄主之前，喷于植物体表面，形成一层保护膜，当病原菌的孢子落到铁皮石斛或其它植物上，当病菌孢子萌发时，即可抑制芽管生长或杀死芽管，阻止病原菌侵染植物，保护植物正常生长。这一类药剂对已侵入到植物体内的病原物无效。最著名的保护剂是波尔多液（Bordeaux mixture，copper calcium hydroxide sulfate），到目前为止，该药剂仍是最经济、效果佳、使用范围最广的农药品种之一。

2. 化学治疗剂（chemical therapy）

化学治疗剂分为内吸杀菌剂和内吸杀虫剂，传导和作用特点相同；可分为局部化学治疗、表面化学治疗和内部化学治疗3种类型。可分为无机和有机杀虫、杀菌剂。内吸杀菌剂（systemic fungicide）可分为无机铜杀菌剂、无机硫杀菌剂、有机硫杀菌剂、有机磷杀菌剂、农用抗菌素等。内吸杀菌剂多具治疗及保护作用（如多菌灵、托布津）。内吸杀虫剂可分为触杀剂、胃毒剂。

当病原物侵入铁皮石斛，并表现症状之后，在植株体表面施药以抑制或杀死体内的病原物，终止病理过程，使植物恢复健康。治疗剂能渗透到植物体内，并被植物吸收，随着铁皮石斛的水分和养分的上下运输，药剂会扩散到整个植株各个器官，不论哪一个部位有病原菌存在，药剂都会起到抑制病原菌生长、扩展的作用，从而起到对病害的治疗作用。

3. 化学免疫剂

能提高植物对病原物抵抗能力的化学物质称为化学免疫剂（chemical therapy）。使用该类化学药能诱导寄主植物产生抗性，减轻病害的发生。化学免疫作用主要是诱导寄主细胞内原有的抗性基因表达，产生能够遗传的高水平抗性，或产生具有杀菌或抑制作用的植物保护素。

4. 农药剂型

化学农药的主要剂型有粉剂、可湿性粉剂、乳油、液剂、颗粒剂、熏蒸剂、混合制剂、烟剂、磷化铝（Al_2P_3）片剂、胶体剂、缓释剂等（武三安，2010；张随榜，2012）。使用方法和功能各异，应根据防治对象进行选择使用。

5. 使用方法

农药品种繁多，加工剂型也多种多样，病原菌的为害部位、方式、环境条件等也各不相同。因此，农药的使用方法也随之多种多样。常使用的方法有：

（1）喷雾：借助于喷雾器将药液均匀地喷洒在植物的表面，是目前生产上最常使用的一种方法。适合于喷雾的剂型有乳油、可湿性粉剂、可溶性粉剂、胶悬剂等。雾滴直径最好控制在 $50 \sim 80 \mu m$ 之间。喷雾时要求均匀周到，在叶片上形成一层雾液体，以不往下滴药液为宜。7~8月的高温季节，喷药时间应掌握在上午10时之前，下午4时之后，不要在中午高温时段喷洒药剂，以防人和植物中毒。

（2）喷粉：适于喷粉的剂型为粉剂。是利用喷粉机械产生的风力将粉尘均匀地喷散在植物表面的一种方法，最适宜于干旱缺水的地区和山区使用。此方法的缺点是用药量大，粉剂黏着性差，受到气象条件限制，如风力过大，叶片表面干燥会影响药剂在植物上的附着时间，易被风吹失和雨水冲刷，对土壤和环境污染重，防治效果远不如同一种药剂的其它剂型好。因此，喷粉时应在早上和晚上，植物体表面有露水或下雨后叶片上潮湿时进行喷散，此时的粉剂易附着在叶面上，提高效果。

（3）熏蒸：冬季棚内通风不佳，湿度大，易发生铁皮石斛灰霉病（*B. cinerea*）和其它病害时，并在病株上产生大量分生孢子，以及一些小型、具有飞行能力昆虫，当自然界的气温在20℃以下的情况下可使用熏蒸方法控制病害的继续蔓延；主要适用于冬季、春季和晚秋季节。

第二节　农药类型

按照原料来源，农药可分为矿物源农药、生物源农药和化学合成农药三大类（武三安，2010；张随榜，2012）。生物农药是今后铁皮石斛病害防治的主要用药，其优点众所周知。

一、矿物源农药

矿物源农药是指用矿物原料加工而成的农药，如硫酸铜、石硫合剂、波尔多液、王铜（碱式氯化铜）、机油乳剂等。优点是原料易获得，价格较便宜；由于它们使用的浓度高，常会使植物产生药害，使用时一定要小心谨慎，选择适宜的植物和天气施药。在铁皮石斛小苗栽培前使用800倍的硫酸铜溶液进行蘸根，具有一定的防病效果。

二、生物源农药

生物源农药是利用天然生物资源开发的农药。根据其性质，分为生物体农药和生物化学农药（喻子牛，2000）。

1. 生物体农药

生物体农药是用来防除病虫害和杂草上有害生物的商品活体生物。

（1）转基因抗病植株：主要指转基因抗有害生物的植物，目前在农作物上研究较多；随着生物科技的不断发展，转基因抗病、虫的植物已被广泛应用，其中转基因抗虫棉就是一个很好的例证。

（2）微生物体农药：某些真菌、细菌、放线菌和病毒的个体本身就具有拮抗或杀死病原菌的能力。使用最多的有哈茨木霉（*Trichoderma harzianum* Rifai）、绿色木霉（*Trichoderma viride* Pers.）、枯草芽孢杆菌 [*Bacillus subtilis* Cohn] 不同菌株、荧光假单胞杆菌（*Pseudomonas fluorescens* Migula）、苏云金芽孢杆菌（*Bacillus thuringiensis* Chigsaki）、球孢白僵菌 [*Beauveria bassiana* Vuillemin]、核多角体病毒（nuclear polyhedrosis viruses）等；这类生物农药具有选择性强，对人、畜、植物和自然环境较安全，在大多情况下，不伤害有益生物，防治对象不易产生抗性。如枯草芽孢杆菌能稳定地在土壤和植物表面定殖、产生抗生素、分泌刺激植物生长的激素，并能诱导寄主产生抗病性，是一种理想的微生物杀菌剂。生物农药代表着植物保护的发展方向，其最大的优势在于能克服化学农药对生态环境的污染和减少在农副产品中农药残留量。在铁皮石斛上已使用了哈茨木霉、寡雄腐霉、苏云金杆菌、枯草芽孢杆菌等。

杂草生物防治就是利用寄主范围较专一的植物病原微生物，将影响人类经济活力的杂草种群控制在经济为害阈值之下。如罗尔夫小核菌（*Sclerotium rolfsii* Sacc.）1401菌株能够有效控制铁皮石斛栽培地里的地钱（*Marchantia polymorpha* L.）和土马鬃（*Polytrichum commune* L. ex Hedw.）蕨类植物，是一种良好的除草剂。

2. 生物化学农药

它是从生物体中分离出来的、具有一定化学结构、对有害生物具有控制作用的生物活性物质。该物质若可人工合成，则合成物结构必须与天然物质完全相同。

（1）植物源生物化学农药（botanical pesticide）：利用植物资源开发的农药，又称植物性农药。植物源农药是生物农药的一个重要组成部分。它是指利用植物某些部位（根、茎、叶、花或果实）所含的稳定有效成分，按一定的方法对受体植物进行使用后，使其免遭或减轻病、虫、杂草危害的植物源制剂。植物源农药所利用的植物资源为有毒植物。所以，植物源农药又被称为"中草药农药"。

植物性农药主要指植物毒素（如印楝素、烟碱等）、防卫素（如豌豆素）等，也就是从植物中提取的活性成分、植物本身或按活性结构合成的化合物及衍生物。主要种类有植物毒素、植物内源激素、植物昆虫激素、植物防卫素、异株克生物质等。按有效成分、化学结构及用途分类为生物碱、萜烯类、黄酮类、精油类、光活化毒素。

（2）微生物源生物化学农药（microbial pesticide）：微生物源农药是指由真菌、细菌、放线菌的代谢产物加工制成的农药。如我国生产的井冈霉素(validamycin)、农抗120 (Nongkang120)、赤霉素(Gibberellin)、春雷霉素(Kasugamycin)、中生霉素(Zhongshengmeisu)等(范瑛阁和曹远银，2005)，用于植物细菌性病害及某些真菌性病害的防治。

三、化学合成农药

化学合成农药是由人工研制合成的农药。合成农药的化学结构非常复杂，品种多，生产量大，应用范围广。现已成为使用最多的一类农药。目前，在我国铁皮石斛病害虫防治过程中使用的大都属于这类农药，如百菌清、多菌灵、甲基托布津、DDV 等。随着我国铁皮石斛植物的大面积栽培，会对这类农药提出更加严格的要求，以高效、低毒、低残留、无污染、无异味的农药品种为主。

四、几种常用杀菌剂简介

按照杀菌剂的性能和功能分为保护性杀菌剂、治疗性杀菌剂和铲除性杀菌剂。保护性杀菌剂要在病原微生物侵入寄主植物之前，把药剂喷洒于植物表面，形成一层保护膜，阻碍病原微生物的侵染，使植物免受危害的药剂，如波尔多液、碱式硫酸铜等。

目前仍在使用的无机杀菌剂中，以波尔多液和石硫合剂应用最多。这是两种古老而又有广谱性的杀菌剂。由于效果好、应用广、取材方便，所以应用至今。这两种药剂通常是自配自用。

1. 波尔多液（Bordeaux mixture）

波尔多液是硫酸铜和生石灰作用（加水）的产物。根据硫酸铜和石灰的用量不同，可分为等量式（1:1）、半量式（1:0.5）、倍量式（1:2）和多量式（1:3）几种。根据植物对铜的敏感性不同，硫酸铜的量可以改变，如石灰多量式和石灰半量式波尔多液（张随榜，2012）。

等量式波尔多液配制方法是先分别用一部分水将硫酸铜和将生石灰化开，然后将稀硫酸铜溶液慢慢倒入生石灰溶液中，并用木棍搅拌均匀即可。配成的波尔多液呈天蓝色的悬浮液，在短时间内不沉淀，呈碱性，黏着能力强，能在植物表面形成一层薄膜，有效期可维持半个月左右。等量式波尔多液的配方为硫酸铜∶生石灰∶水 =1∶1∶100。

注意事项：

①切忌将配制后的波尔多液进行再稀释，这样稀释的波尔多液质量差，易沉淀。

②配制波尔多液的容器以木桶、塑料桶和瓷缸为佳，切忌用铁器。

③必须现配现用，不能保存；不能与酸性农药混用。

2. 代森锌（Zineb）

代森锌是一种保护性杀菌剂，对霜霉病菌、晚疫病菌及炭疽病菌等多种病菌有较强的抑制或杀死作用。其有效成分在水中易被氧化成异硫氰化合物，对病原菌体内含有—SH 基的酶有强烈的抑制作用，并直接杀死病菌孢子，阻止病菌侵入，对作物安全。应掌握发病初期用药，持效期较短。对高等动物低毒，对皮肤、黏膜有刺激作用。制剂类型有 60%、65%、80% 可湿性粉剂。

发病初期，用 80% 可湿性粉剂 500 倍液喷雾，可防治猝倒病、立枯病、叶斑病、枯萎病、炭疽病等多种病害。隔 7 ～ 10 天喷一次药。

注意事项：

①不能与碱性农药及铜制剂混用。

②本剂对人体皮肤、黏膜等有刺激作用，使用时要注意安全保护。

③应贮存于干燥、避光和通风良好的仓库中，以免分解。

3. 百菌清（Tetrachloro isophthalo nitrile）

百菌清是一种广谱性杀菌剂，可替代有机硫和铜制剂，具有预防作用，没有内吸传导作用。其作用机理是与真菌细胞中的 3- 磷酸甘油醛脱氢酶发生作用，与该酶含有的半胱氨酸蛋白结合，破坏病原菌的活力，使真菌细胞的新陈代谢受破坏而丧失生命力。百菌清在植物表面有良好的黏着性，不易受雨水冲刷，药效稳定，残效期长。对高等动物低毒，对鱼类毒性大。制剂类型为 75% 可湿性粉剂，2.5%、3% 烟剂，40% 悬浮剂。

防治石斛炭疽病、疫病及其它叶斑病，在发病初期，用 75% 可湿性粉剂 500 ～ 800 倍液喷雾，隔 7 ～ 10 天后再喷施一次；500 ～ 600 倍液可防治石斛苗期病害。

注意事项：

①不能与强碱性农药混用。

②对鱼类及甲壳类动物毒性较大，避免污染鱼塘、河流等水源。

③对眼睛和皮肤有刺激作用，少数人有过敏反应和引起皮炎。

4. 甲基硫菌灵（甲基托布津，Triophanate–methyl）

甲基硫菌灵是一种高效、低毒、低残留、广谱、内吸性杀菌剂，具有保护和治疗作用。作用机理是当该药喷施于植物表面，并被植物体吸收后，在植物体内，经一系列生化反应，被分解为甲基苯并咪唑-乙 -氨基甲酸酯(即多菌灵)。干扰真菌有丝分裂过程中的纺锤体形成，使病菌孢子萌发长出的芽管扭曲异常，从而使病菌不能正常生长，达到杀菌效果。对高等动物低毒，对皮肤、黏膜刺激性低，对鱼类毒性低，对植物安全。制剂类型为50%和70%可湿性粉剂。

用70%可湿性粉剂500～700倍液。对铁皮石斛炭疽病、叶斑病、灰霉病的预防和治疗效果良好，隔7～10天喷施一次，共喷2～3次，或用70%可湿性粉剂500倍液灌根，防治石斛根腐病、枯萎病也有较好效果。

注意事项：

①可与石硫合剂等碱性农药混用，但不能与含铜制剂混用，或前后紧接使用，也不能长期单独使用。

②贮存于阴凉干燥处。

③石斛采收前14天停止使用。

5. 多菌灵（苯并咪唑44号、棉萎灵，Carbendazol，Carbendazim）

多菌灵是一种广谱、低毒、内吸性杀菌剂，具有保护和治疗作用，其作用机理是干扰病原菌的有丝分裂中纺锤体的形成，从而影响细胞分裂。纯品为白色结晶，可溶于稀盐酸和醋酸中，并形成相应的盐，即为防霉宝或溶菌灵。对高等动物、鱼类、蜜蜂毒性很低，对植物安全。制剂类型有10%、25%、50%可湿性粉剂和40%悬浮剂。

对许多子囊菌和半知菌都有效，对镰刀菌（*Fusarium* spp.）引起的病害特效。防治铁皮石斛枯萎病、茎枯病、炭疽病、灰霉病，叶斑病等多种病害，可用50%可湿性粉剂600～800倍液在发病初期喷雾，隔7～10天喷施一次，共喷2～3次。或用500倍液灌根，防治根部病害。

注意事项：多菌灵可与多种农药混用，但不能与碱性物质及铜制剂混用。

6. 铲除性杀菌剂

对病原微生物有直接强烈杀伤作用和治疗已被侵染的施药部位，可用于消毒，很少直接用于植物上，如福尔马林、高锰酸钾；这类药剂在铁皮石斛生长期不能使用，可用于石斛栽培之前处理基质处理。10%己唑醇乳油（通用名称：hexaconazole）是一种保护和铲除性杀菌剂，具有用药少、效果好的特点。作用机理是抑制病菌体内甾醇脱甲基化。

第三节　农药使用技术

农药的合理使用必须贯彻"经济、安全、有效"的原则，从综合治理的角度出发，运用生态学的观点来使用不同类型的农药，以达到最佳防治效果。农药在生产中的应用应注意以下几点。

一、确定农药使用时间

根据不同病害及病害发生的时节，选择预防、保护和治疗药剂；而对于虫害应在3龄之前防治；在不同季节选择不同的用药时间，如春季、秋季和夏季的用药时间有很大差异，应根据当地病害发生的实际情况，确定最佳使用时间。

二、正确选药

各种农药都有一定的性能和防治对象，即使是采用广谱性杀菌剂或杀虫剂也不可能对所有的病虫害都有效。因此，在施药前，应根据病害发生的不同阶段，病原菌的种类、生物学特性选择合适的药剂品种，切实做到对症下药，避免盲目用药。根据害虫的种类、口器类型选择合适的农药。一些基层管理者，因缺乏病虫害及农药知识，在病虫害发生时，不分是保护剂，还是内吸性的治疗剂，是治虫的，还是治病的，拿过来就使用，结果造成防治效果差，甚至无效。

三、适时用药

用农药防治病虫害必须建立在调查研究和预测预报的基础，掌握病虫害发生发展的规律，抓住有利时机用药。既可节约用药，又能提高效果，而且不易发生药害。如使用化学药剂防治病害时，一些具有保护作用的药剂一定要在寄主发病之前使用，内吸剂要在发病早期使用；除此之外，还要考虑气候条件和铁皮石斛的物候期。

四、适量用药

施用农药时，应根据病虫害发生的严重程度来确定用药量和使用的时间，防治不同铁皮石斛器官上的病虫害用药量有差异；如规定的浓度、单位面积用量等，不可因防治病害心切而任意提高浓度，加大用药量或增减使用次数。这样不仅会浪费农药，增加成本，而且还容易使植物体产生药害，甚至造成人、畜中毒；而使用的浓度低，不能抑制或杀死病原菌或昆虫，达不到防治要求。另外，在用药前，还应搞清楚农药的规格，有效成分的含量，然后再确定用药量。如常用的杀菌剂福星，其规格为10%乳油和40%的乳油，若10%的乳油稀释2000～2500倍，40%的乳油则需稀释8000～10000倍液。

多菌灵（2 - benzo imidazole methyl carbamate）的剂型有25%、50%可湿性粉剂，40%、50%悬浮剂，80%水分散粒剂；防治不同病害使用的浓度有差异，如防治灰霉病，用50%可湿性粉剂600～800倍液喷雾；菌核病，炭疽病，用50%可湿性粉剂500倍液喷雾；十字花科叶斑病，用50%可湿性粉剂700～800倍液喷雾。

五、交互用药

在某一地区或栽培基地长期使用一种农药来防治某种病虫害，易使病菌产生抗药性，降低防治效果，病害越治难度越大。这是因为一种农药在同一种病害上反复使用一段时间后，病原菌或昆虫对该种农药产生了适应性，长期下去药效会明显降低。为了提高防治效果，不得不增加施药浓度、用量和次数，这样反而更加重了病菌和昆虫的抗药性。因此，应尽可能选用不同作用机制的农药交换使用。

六、混合用药

将 2 种或 2 种以上的、对病菌或昆虫具有不同作用机理的农药混合使用，以达到同时兼治几种病虫害，提高防治效果，扩大防治范围和节约劳力的目的。农药之间能否混用，主要取决于农药本身的化学性质。农药混用后，它们之间应不产生化学和物理变化，才可以混用。这是今后农药产业发展的趋势。

1. 杀虫剂混用

灭多威与菊酯类农药混用，有机磷制剂与拟除虫菊酯混用。

2. 杀菌剂与杀虫剂混用

①甲霜灵与代森锰锌混用；

②多菌灵可与腐霉利、白菌清、甲基托布津、乙霉威和拟除虫菊酯混用；

③杀螟杆菌可与代森锰、代森锰锌混用。

七、安全用药

使用农药防治铁皮石斛病虫害的同时，要做到对人、畜、昆虫天敌、植物及其它生物的安全，选择针对某种病害或昆虫的药剂，使用准确的浓度，适当的用药时间。应尽可能使用具有选择性、内吸性和生物类农药，以保护天敌；同时必须严格按照农药使用的操作规程，规范进行工作。做到防止农药中毒，安全保管农药。

第四节　病原菌的抗药性及控制

在一个地区长期连续使用一种药剂防治某种有害生物，会引起有害生物对该药剂抵抗能力的提高，称为有害生物抗药性或获得抗药性。抗药性是通过比较抗性品系的致死重量或半致死浓度的倍数来确定的。对铁皮石斛病害的病原菌来说，若农药的实验室测定倍数提高 2 倍以上，一般认为已经产生抗药性，倍数越大，抗药性程度也就越强。

一、抗性类型

抗药性一般分为多种抗性、交叉抗性、负交叉抗性 3 种类型。多种抗性是指一种病原物（包括真菌、细菌和病毒）对几种药剂均产生抗性；交互抗性是指病原物对一种农药产生抗性后，而对同类的另一种未曾用过的药剂也有抗药性；有病原物对某一种农药产生抗性后，对另一种未曾用过的农药反应特别敏感，这种现象称为负交互抗性。

二、抗药性形成机理

1. 病原菌选择

有些病原菌菌株个体之间存在差异，群体本身就存在着部分具有抗性基因的个体，从敏感菌株到抗性菌株，是对药剂选择的结果。

2. 农药诱导

有些病原菌本身不存在抗性基因，但在药剂长期使用条件下，为了维持种群数量延续，必须适应农药使用的浓度和环境，长期使用较高浓度的农药会诱导病原菌产生基因突变（基因的丢失或增加），抗性基因由少变多，染色体易位或倒位产生改变的酶或蛋白质的变化，从而形成抗性菌株。

三、抗药性的综合控制

在自然界同一种病原菌的种群中，个体之间对药剂的耐受能力大小有差异。一次施药防治后，耐受能力小的病原菌个体会被杀死，而少数耐受能力强的个体不会很快死亡，或者根本就不会被杀死（无中毒现象）。这部分存活下来的病原菌个体能把对农药耐受的能力遗传给后代，当再次施用同一种农药防治时，就会有较多的耐药个体存活下来。如此连续若干年、若干代以后，耐药后代达到一定数量，并形成了强耐药性种群，且耐药能力一代比一代强，以后再使用该农药防治这种强耐药病害时的效果很差，甚至无效。这种长期反复接触同种农药所产生的耐药能力就叫做耐药性。

预防的措施主要通过综合治理、贯彻实施"预防为主，综合防治"植保防治，克服单纯依靠药剂的倾向，综合运用铁皮石斛管理技术、生物调控技术、物理调控技术和化学调控技术等措施；以及轮换用药、混合用药、农药的间断使用或停用和农药中添加增效剂控制病害的发生。

参考文献

白学慧，胡永亮，张洪波，等．德宏地区药用石斛疫病调查初报．现代农业科技，2010（3）:178 转183.

白燕冰，李泽生，赵云翔，等．石斛有机化栽培技术．中华石斛会刊，2013（7）:50-61.

卞光凯，缪倩，秦盛，等．一株拮抗可可球二孢菌放线菌的分离及鉴定．生物技术，2011,21（4）：51-55.

岑湘云，刘延彬．南宁市蔬菜蜗牛种类调查及细钻螺的发生与防治研究[J].广西农业科学，1988（3）:34-36.

陈长才．独角犀的发生与防治．浙江柑橘，2005,22（4）：31.

陈湖，张新生，于丽辰，等．蛞蝓对大棚桃树的危害与防治．河北果树，2005（4）:39-40.

陈捷，Harman Gary G, Comis Alfio, 等．哈茨木霉菌（*Trichoderma harzianum*）和终极腐霉菌（*Pythium ultimum*）对玉米蛋白质组的影响（I）．植物病理学报，2004, 34（4）:319-328.

陈利锋，王静之，徐塞皋．杜鹃茎腐病病原菌的鉴定．植物保护学报，1997（3）：254-256.

陈琪，丁克坚，高智谋．拮抗微生物对灰葡萄孢菌的生物防治作用及其应用前景．安徽农业科学，2004, 32（4）：778-780.

陈其煐译 [Booth C.].镰刀菌属．北京：中国农业出版社，1988,1-319.

陈晓梅，王春兰，杨峻山，等．铁皮石斛化学成分及其分析的研究进展．中国药学杂志，2013, 48（19）：1634-1640.

陈心启，吉占和．中国兰花全书．北京：中国林业出版社，1998.

陈艳丽，章金明，林文彩，等．铁皮石斛生产中蜗牛的绿色防控技术初探．中国植物保护学会学术年会论文集，2014,523-524.

程萍，郑燕玲，黎永坚，等．石斛兰镰刀菌叶斑病的生物防治研究．中国农学通报，2008, 24（9）：357-361.

戴芳澜．中国真菌总汇．北京：科学出版社，1979.

代晓宇．兰属植物根部内生菌真菌及其对种子萌发、苗木生长的效应．北京：北京林业大学，2011.

邓叔群．中国的真菌．北京：科学出版社，1964,728-729.

丁翠珍，赵文军，寸东义，等．兰花褐斑病菌实时荧光 PCR 检测．植物病理学报，2010, 40（3）：235-241.

董芳．几种兰科植物菌根菌的筛选及种子萌发条件研究．北京：北京林业大学，2008.

董诗韬．石斛主要病害及其综合防治技术．林业调查规划，2005, 30（1）：76-79.

段俊．铁皮石斛白绢病及防治方法．http://blog.sciencenet.cn/u/duanjunscib,2013-4-9.

范黎，郭顺星，曹文岑，等．墨兰共生真菌一新种的分离、培养、鉴定及其生物活性．真菌学报，1996, 15（4）:251-255.

范黎，郭顺星．兰科植物菌根真菌的研究进展．微生物学通报，1998, 25（4）：227-230.

范黎，郭顺星，肖培根．十九种兰科植物根的内生担子菌．热带作物学报，1998, 19（4）:77-82.

范瑛阁，曹远银．微生物源农药的研究进展．安徽农业科学，2005, 33（7）:1266-1268.

方敦煌，李天飞，沐应祥．拮抗细菌 GP13 防治烟草黑茎病的田间应用．云南农业大学学报，2003, 18（1）:48-51.

冯玉元．白僵菌防治烟田小地老虎试验．烟草科技，2009（1）:62-64.

符永碧，施振华，利群．引起橡胶和马尾松木材蓝变的真菌——可可球二孢．林业科学研究，1988, 1（2）:195-200.

高芬，吴元华．链格孢属（Alternaria）真菌病害的生物防治研究进展．植物保护,2008,34(3): 1-6.

弓明钦，陈应龙，仲崇禄．菌根研究及应用．北京：中国林业出版社，1994.

古丽君，徐秉良，梁巧兰，等．生防木霉菌 T2 菌株对禾草腐霉病抑菌作用及机制研究．草业学报，2011, 20（2）:46-51.

郭良栋．内生真菌研究进展．菌物系统，2001, 20（1）:148-152.

郭顺星，徐锦堂．真菌在罗河石斛和铁皮石斛种子萌发中的作用．中国医学科学院学报，1991,13（1）:46-49.

韩晓敏，梁良，张争，等．可可毛色二孢菌对白木香产生倍半萜诱导作用．中国中药杂志，2014, 39（2）:192-196.

何新华，段英华，陈应龙，等．中国菌根研究 60 年：过去、现在和将来．中国科学：生命科学,2012,42（6）:431-454.

胡克兴．石斛属药用植物内生真菌多样性的研究．北京：中国协和医科大学，中国医学科学院，2008.

胡永亮，白学慧，张洪波，等．石斛锈病病原初步鉴定及其防治药剂筛选．热带农业科学，2013,33（10）:53-55.

花晓梅．林木菌根研究．北京：中国科学技术出版社，1995.

黄年来．中国大型真菌原色图鉴．北京：中国农业出版社，1998.

吉沐祥，杨敬辉，吴祥，等．草莓炭疽病的生物防治．江苏农业学报，2012, 28（6）:1498-1500.

吉占和．中国石斛的初步研究．植物分类学报，1980, 18（4）:427-449.

计仲武．野蛞蝓危害平菇的生态观察和防治措施研究．中国食用菌，2000, 19（5）:19-20.

贾凯，李娜，高昂，等．蛞蝓危害与防治技术研究概况．安徽农业科学，2011,39（12）:7047-7048,7063.

江泽慧，彭镇华，李晓华，等．石斛兰——资源·生产·应用．北京：中国林业出版社，2007.

金莉莉．蛴螬抗肿瘤活性物质的研究．延吉：延边大学，2006.

金苹，高晓余．白绢病的研究．农业灾害研究，2011, 114-22.

亢志华．不同丝核菌对铁皮石斛的作用研究．南京：南京林业大学，2007.

孔建，王文夕，陈章良．枯草芽孢杆菌 B-903 菌株的研究 I．对植物病原菌的抑制作用和防治实验．中国生物防治，1999,15（4）:154-161.

来航线，杨保伟，邱学礼．9 株芽胞杆菌的初步分离鉴定与拮抗性试验．西北农林科技大学学报（自然科学版），2004, 32（7）:93-96.

蓝莹，赵桂华，郑彭彭．芍药红斑病的研究．南京林学院学报，1984（1）:16-29.

李芳,陈家华,何榕宾.小地老虎天敌应用研究概况.昆虫天敌,2001,23(1):43-49.

李焕宇.煤污病相关真菌属分类及中国种类多样性研究.西安:西北农林科技大学,2012.

李红叶,曹若彬.梅树流胶病病原菌鉴定.植物病理学报,1988(20):234.

李静,张敬泽,吴晓鹏.等.铁皮石斛疫病及其病原菌.菌物学报,2008,27(2):171-176.

李君彦,张硕成.提前接种非致病尖孢镰刀菌防治西瓜枯萎病试验闭.生物防治通报,1990,6(4):165-169.

李满飞,徐国钧,徐珞珊,等.商品石斛的调查及鉴定(II).中草药,1991,22(4):173-176.

李守萍,程玉娥,唐明,等.油松菌根促生细菌——荧光假单胞菌的分离与鉴定.西北植物学报,2009,29(10):2103-2108.

李天飞,张中义.枝孢属 Cladosporiumm 分类研究.云南农业大学学报,1992,7(2):63-70.

李向东,王云强,王卉,等.铁皮石斛软腐病的生物防治.中国药学杂志,2013,48(19):1669-1673.

李向东,王云强,王卉,等.金钗石斛和铁皮石斛软腐病原菌的分离和鉴定.中国药学杂志,2011,46(4):249-252.

李向东,王云强,王卉,郭顺星.铁皮石斛软腐病的生物防治.中国药学杂志,2013,48(19):1669-1673.

李蕊倩.西葫芦根腐病病原菌(Phytophthora nicotianae)的生物学特性研究.山西农业科学,2008,36(12):74-76.

李瑛婕.美花石斛优势内生菌根真菌生物学特性及其分子鉴定.海口:海南大学,2010.

李玉.中国真菌志,黏菌卷二——绒泡菌目,发网菌目.北京:科学出版社,2008,101-131.

李玉萍,王羮,周银莲.树木菌根真菌美味红菇内源激素的提取及鉴定.真菌学报,1988,7(4):239-244.

李增波.一株生防放线菌的抗菌活性及应用研究.杨陵:西北农林大学,2006.

梁艳华,江柏查.聚合外激素对三庆独角仙的生物防治效应.世界热带农业信息,1998(6):15.

梁忠纪.铁皮石斛病害防治.农家之友,2003(5):11-13.

梁子超.马占相思可可球二孢菌溃疡病.广东林业科技,1990(5):7-8.

廖建明.新罗区草莓野蛞蝓的发生特点及防治技术探讨.现代农业科技,2007(3):56-57.

刘君石.日本研制转基因蚕新品种——吐出抗菌丝织成抗菌绸.农民日报,2002-08-31/第006版.

刘明山.蜘蛛养殖与利用技术.北京:中国林业出版社,2005.

刘青林,马伟,郑玉梅.花卉组织培养.北京:中国农业出版社,2003.

刘叶高,肖胜刚,钟连顺,等.竹荪褐发网菌及其防治试验.食用菌,2007(4):533-54.

刘颖,徐庆,陈章良,等.抗真菌肽LP-1的分离纯化与特性分析.微生物学报,1999,39(5):441-447.

龙艳艳,韦继光,曹春梅,等.我国植物病原腐霉的为害与种类.中国食用菌,2005,27(suppl.):77-81.

吕圭源,颜美秋,陈素红.铁皮石斛功效相关药理作用研究进展.中国中药杂志,2013,38(4):489-493.

路亚北,万永红.几种观赏、药用昆虫.大自然,2004(1):8.

陆自强,朱健.江苏农田捕食性隐翅虫种类初记.昆虫天敌,1984,6(1):20-27.

马国祥,徐国钧,徐珞珊,等.商品石斛的调查及鉴定(III).中草药,1996,20(7):370-372.

卯晓岚．中国食用菌种类概况．中国菌物学会主编，全国第五届食用菌学术讨论会论文及论文摘要汇编．郑州：中国菌物学会，1994．

聂少平，蔡海兰．铁皮石斛活性成分及其功能研究进展．食品科学，2012，33（23）：357-361．

宁玲，宋国敏．药用石斛病虫害的发生与防治．思茅师范高等专科学校学报，2008（6）：10-11．

宁沛恩．容县铁皮石斛病虫害发生情况及防治措施初报．广西植保，2012，25（1）：20-23．

潘超美，陈汝民，叶庆生．菌根真菌在墨兰和建兰根中的感染特征及生理特征．土壤与环境，1999，8（4）：287-289．

潘超美，郭庆荣，邱桥姐，等．VA菌根真菌对玉米生长及根际土壤微生态环境的影响．土壤与环境，2000，9（4）：304-306．

裴炎，李先碧，彭红卫，等．抗真菌多肽APS-1的分离纯化与特性．微生物学报，1999，39（4）：348-349．

彭浩民，张叶林．银杏独角仙的发生危害特点及防治对策．广西园艺，2006，17（6）：35-．

彭雪峰．野蛞蝓对叶菜类蔬菜的为害及防治．东南园艺，2014（1）：55-57．

钱周兴．浙江农田贝类．杭州：杭州出版社，2008．

邱道寿，刘晓津，郑锦荣，等．棚栽铁皮石斛的主要病害及其防治．广东农业科学，2011（增刊）：118-120．

邱德文．中国生物农药发展现状与趋势．http://cn.agropages.com/News/NewsDetail---7416.htm，2014-06-18．

曲永昌．苗地野蛞蝓防治方法．云南农业，1997（5）：21．

任国敏，黄世金，周平阳，等．德宏地区石斛疫病的发病规律及综合防治技术．现代农业科技，2013（14）：140-141．

茹水江，王汉荣，王连平，等．白术白绢病病原生物学特性及其防治药剂筛选．浙江农业学报，2007，19（6）：439-443．

桑维钧，李小霞，练启仙，等．赤水金钗石斛黑斑病病菌生物学特性及防治研究．云南大学学报（自然科学版），2007，29（1）：90-93．

孙鸿烈．中国资源科学百科全书．北京：石油大学出版社，2000．

宋大祥，朱明生，陈军．中国蜘蛛．石家庄：河北科技出版社，1999．

邵力平，沈瑞祥，张素轩，等．真菌分类学．北京：中国林业出版社，1984．

石呆，阁丙申．中国鼠类及其防治概述．医学动物防制，2003，19（11）：689-691．

石进校，童爱国，陈义光．几种植物源农药粗提物对菜蚜和蛞蝓的药效研究．湖北农学院学报，2002，22（2）：109-111．

斯金平，俞巧仙，宋仙水，等．北京：中国农业出版社，2014，48-54．

沈伯葵，赵桂华，王国良，等．国槐溃疡病潜伏侵染的研究．南京林学院学报，1985（2）：53-60．

谭伟，郭勇．化学防治野蛞蝓的试验初报．四川林业科技，2001，22（3）：27-29．

谭伟，郭勇．野蛞蝓对灵芝的危害及防治措施研究．食用菌，2002（2）：37-38．

谭著明，傅绍春，周小玲，等．菌根性食用菌栽培研究进展．食用菌学报，2003，10（3）：56-63．

唐丽娟，纪兆林，徐敬友，等．地衣芽孢杆菌W10对灰葡萄孢的抑制作用及其抗菌物质．中国生物防治，2005，21（3）：203-205．

童文君，张礼，薛庆云，等．不同产地美花石斛内生细菌分离及促生潜力比较．植物资源与环境学报，2014，23（1）：16-23．

童蕴慧，徐敬友，陈夕军．番茄灰霉病菌拮抗细菌的筛选和应用．江苏农业研究，2001，22（4）：25-28．

涂玉琴．生物农药的研究和应用进展．江西植保，1998，21（4）：32-35．

王道泽，洪文英，吴燕君，等．铁皮石斛害虫独角仙的生物学特性及防治技术研究．浙江农业学报，2014，26（3）：722-729．

王维民．农用抗生素的应用和开发．国外科技，1985（1）：12-13．

王俏梅，郭德平．植物激素与蔬菜的生长发育．北京：中国农业出版社，2002：1-70．

王秋华，梁慎，王政逸，等．黄瓜尖孢镰刀菌（*Fusarium oxysporium* f. sp. *cucumerinum*）的 REMI 转化和突变体筛选．中国植物病理学会年会学术年会论文集，2006，52．

王仁清，杨晓芳，朱艳花，等．野蛞蝓发生动态及生活习性观察．植保技术与推广，2002，22（2）：13．

王云．菌根研究与食用菌栽培．食用菌，1990（1）：2-3．

王之褆，朱广冀，马德成．应用镰刀菌防治瓜列当．生物防治通报，1985（1）：24-26．

王忠田．韩国昆虫产业"钱"景好．中国绿色时报，2013-01-29／第 003 版．

魏鸿钧，张昭良，王荫长．中国地下害虫．上海：上海科学技术出版社，1989，276．

魏勤，张丽梅，赫晓蕾，等．云南几种热带兰根际真菌调查．云南大学学报（自然科学版），1999，21（3）：222-225．

魏景超．真菌鉴定手册．上海：上海科学技术出版社，1979，515-516．

伍建榕，韩素芬，王光萍，等．兰科植物菌根研究进展．西南林业大学学报，2004，24（3）：76-79．

伍建榕．云南濒危野生兰花与菌根真菌的相互关系．南京：南京林业大学，2005．

吴明德．葡萄孢属植物病原菌真菌病毒研究．武汉：华中农业大学，2012．

武海斌，范昆，辛力，等．昆虫病原线虫对小地老虎的致病力测定及防治效果．植物保护学报，2015，42（2）：244-250．

武三安．园林植物病虫害防治．北京：中国林业出版社，2010．

吴文平，张志铭．炭疽菌属（*Colletotrichum* Corda.）分类学研究 II：种的划分．河北农业大学，1994，17（2）：31-37．

吴文平，张志铭．炭疽菌属（*Colletotrichum* Cda）分类学研究 IV：种的划分特征及评价．河北农业大学学报，1995，18（2）：93-99．

向新华，许艳丽．腐霉菌及其病害研究进展．大豆科技，2012（5）：20-26．

向玉勇．小地老虎性信息素的提取、鉴定及相关生物学研究．贵州：贵州大学，2007．

萧凤回，郭玉姣，王仕玉，等．云南主要药用石斛种植区域调查及适宜性初步评价．云南农业大学学报，2008，23（4）：498-505，518．

小林享夫，张连芹．白绢病．广东林业科技，1986（3）：49-50．

小林享夫．煤污病．广东林业科技，1987（3）：40-41．

谢德志．花房野蛞蝓的观察及防治．内蒙古农业科技，2009（6）：109．

徐锦堂，范黎．天麻种子、原球茎和营养繁殖茎被菌根真菌定殖后的细胞分化．植物学报，2001，43（10）：1003-1010．

徐梅卿,何平勋.中国木本植物病原总汇.哈尔滨:东北林业大学出版社,2008.

颜容.独头兰菌根真菌的研究.北京:北京林业大学,2005.

杨建全,李芳,陈家骅,等.小卷蛾斯氏线虫对小地老虎的侵染性试验.福建农业大学学报,2000,29(2):201-205.

杨云亮,丁春梅,程亚樵,等.河南省园田主要有害软体动物的发生与防治.河南农业,2008(12):57-58.

叶金巧.龙眼焦腐病菌 Lasiodiplodia theobromae 转化体系的建立.福建农林科技大学,2009.

殷晓敏,陈弟,郑服丛.尖镰孢枯萎病生物防治研究进展.广西农业科学,2008,39(2):172-178.

游崇绢.中国鞘锈菌的分类学和分子系统发育研究.北京:北京林业大学,2012.

喻子牛.微生物农药及其产业化.北京:科学出版社,2000.

袁明生,孙佩琼.中国大型真菌彩色图谱.成都:四川科学技术出版社,2007.

曾宋君,刘东明.石斛兰的主要病害及其防治.中药材,2003,26(7):471-474.

曾宋君,刘东明,段俊.石斛兰的主要虫害及其防治.中药材,2003,26(9):619-621

曾晓慧,喻子牛,胡萃.苏云金芽孢杆菌在防治夜蛾科害虫中的应用.昆虫天敌,1999,21(1):38-41.

章士美.寄生性天敌昆虫寄生情况简介.江西植保,1995,18(2):29转32.

张保石,付建英,张锋.中国拟遁蛛属2新种记述(蜘蛛目:巨蟹蛛科).天津师范大学学报(自然科学版).2015,35(2):47-49.

张承德.山东曲阜孔林蜘蛛群落的初步调查.安徽农业科学,2011,39(12):7064-7065.

张继鹏,邢梦玉.海南岛文心兰、石斛兰病虫害调查.华南热带农业大学学报,2007,13(4):24-27.

张继祖,徐金汉.中国南方地下害虫及其天敌.北京:中国农业出版社,1996.

张健.珍贵菌根食用菌的半人工栽培研究进展.农业与技术,2014,34(5):146.

张杰.生物农药与植物保护.农民日报,1999-12-28.

张敬泽,郑小军.铁皮石斛黑斑病病原菌的鉴定和侵染过程的细胞学研究.植物病理学报,2004,34(1):92-94.

张敬泽,方钰蓉,张海松,等.铁皮石斛黑斑病病原菌室内药效试验.植物保护,2005,31(1):44-47.

张随榜.园林植物保护.北京:中国农业出版社,2012.

张天宇.胶孢炭疽菌的菟丝子专化型.真菌学报,1985,4(4):234-239.

张天宇.中国真菌志第十六卷:链格孢属.北京:科学出版社,2003.

张兴,马志卿,李广泽.生物农药评述.西北农林科技大学学报,2002,30(2):142-148.

张延威,康冀川.石斛内生真菌的研究概述.山地农业生物学报,2005,24(5):438-441.

张彦龙.廊坊地区美国白蛾天敌昆虫资源调查及其生物防治.北京:北京林业大学,2008.

张翔,桑维钧,梁郡驿.金钗石斛炭疽病病原鉴定及杀菌剂毒力测定.湖北农业科学,2014,53(14):3307-3309.

张中义.中国真菌志第十四卷:枝孢属,黑星孢属,梨孢属.北京:科学出版社,2003.

赵桂华,宋祯,何文龙.橡胶木变色菌和霉菌的研究 1.菌种的分离、培养和鉴定.热带作物学报,1991a,12(2):63-67.

赵桂华,宋祯.橡胶木兰变菌(*Lasiodiolodia theobromae*)孢子发芽的研究.云南林业科技,1991b,12(3):57-58,95.

赵桂华,何文龙,宋祯.橡胶木兰变菌 *Lasiodiplodia theobromae* 的形态和室内毒性试验的研究.云南林业科技,1992(2):48-50.

赵桂华,何文龙,宋祯.橡胶木变色菌和霉菌的研究.云南林业科技,1993(1):61-64.

赵桂华,李德伟.热带头梗霉在中国 NL351 杨树上的首次发现.西部林业科学,2012,41(1):46-52.

赵慧敏,杨宏宇.AM 真菌种质资源研究进展.河南农业科学,2007(9):10-13.

赵敬钊.中国蜘蛛评介.蛛形学报,1999,8(2):1.

赵晓锋.油松菌根根际放线菌协同外生菌根真菌抗油松猝倒病的研究.杨陵:西北农林科技大学,2010.

赵修复.害虫生物防治.第 3 版.北京:中国农业出版社,1999.

赵忠,刘西平,高崇巍.毛白杨外生菌根麦草菌剂最佳配方的选择.西北林学院学报,1995,10(1):55-58.

郑晓君,叶静,管常东,等.兰科植物种子萌发研究进展.北方园艺,2010(19):206-209.

钟小平,梁子超.湿地松色二孢菌和可可球二孢菌根腐病研究.华南农业大学学报,1990,12(1):43-49.

周传波,林盛.海南热带兰花病害种类与防治.中国热带农业,2007(1):52-53.

周术涛,雷志力,俞巧仙,等.利用活体微生物农药防治铁皮石斛黑斑病研究.现代农业科技,2009(20):166-167 转 173.

周小凤.铁皮石斛内生细菌分布规律的研究.杭州:浙江理工大学,2014.

周又生,杨明,朱平,等.烟草野蛞蝓发生危害规律及其综合防治研究.西南农业大学学报,2003,25(2):98-100.

朱锦红,孙永明,王铁燕,等.细交链孢菌生物学特性研究.山西林业科技,2008(1):1-6.

庄敬华,杨长城,高增贵,等.几种常用土壤杀菌剂对木霉菌防治甜瓜枯萎病效果的影响.中国蔬菜,2005(8):15-17.

卓春宣,詹有青.独角仙对金柑的危害与防治.福建农业科技,1998(4):37-38.

朱廷恒.用喷雾法提高哈茨木霉 1295-22 对草坪草病害的生防效果.国外畜牧学 - 草原与牧草,1999,(2):34-38.

Adandonon Appolinaire, Datinon Binjamin, Baimey Hugues, *et al.* First report of *Lasiodiplodia theobromae* (Pat.) Griffon & Maubl causing root rot and collar rot disease of *Jatropha curcas* L. in Benin. Journal of Applied Biosciences, 2014(79):6873-6877.

Allen M F. The ecology of mycorrhizae. New York: Cambridge University Press, 1991.

Ark P A, Thomas H E. Bacterial leaf spot and bud rot of orchids caused by *Phytomonas cattleyae*. Phytopathology, 1946(36):695-698.

Ark P A, Starr M P. Bacterial diseases of orchids. Plant Dis. Reptr. 1951,35:42-43.

Arx J A von. Die Arten der Gattung *Colletotrichum* Cda.. Phytopathologische Zeitschrift, 1957(29):413-468.

Arx J A von. A revision of the fungi classiied as *Gloeosporium*. Bibliotheca Mycologica 1970（24）: 1-203.

Bending G D. What are the mechanisms and specificity of mycorrhization helper bacteria. New Phytologist, 2007, 174: 705-707.

Brundrett M C. Mycorrhizal associations and other means of nutrition of vascular plants, understanding the global diversity of host plants by resolving conflicting information and developing reliable means of diagnosis. Plant Soil, 2009, 320: 37-77.

Che Jianmei, Liu Bo , Ruan Chuanqing, *et al.* Biocontrol of *Lasiodiplodia theobromae*, which causes black spot disease of harvested wax apple fruit, using a strain of *Brevibacillus brevis* FJAT-0809-GLX. Crop Protection, 2015（67）:178-183.

Chen H C, Brown J H, Morell J L, *et al.* Synthetic magainin analogues with improved antimicrobial activity. FEBS Letter,1988,236:426-466.

Chen S F, Morgan D, Beede R H, *et al.* First Report of *Lasiodiplodia theobromae* Associated with Stem Canker of Almond in California. Plant Disease, 2013, 97（7）:994.

Cristiana S, Monica A, Stefano B. Diversity of culturable bacterial populations associated to *Tuber borchii* ectomycorrhizas and their activity on *T. borchii* mycelial growth. FEMS Microbiology Letters, 2002,
 211（2）:195-201.

Domsch Klaus H, Gams Walter, Anderson Traute-Heidi. Compendium of soil fungi. 2nd edt. Berchtesgadener Anzeiger, Griesstätter, Str. 1, D-83471 Berchtesgaden, 2007.

Duponnois R, Plenchette C. A mycorrhiza helper bacterium enhances ectomycorrhizal and endomycorrhizal symbiosis of Australian Acacia species. Mycorrhiza, 2003,13（2）: 85-91.

Ellis M B. Dematiaceous hyphomycetes. Commonwealth Mycological Institute, Kew, Surrey, England, Longdon, 1971.

Founoune H, Duponnois R, Sall S. Mycorrhiza Helper Bacteria stimulate ectomycorrhizal symbiosis of *Acacia holosericea* with *Pisolithus albus*. New Phytologist, 2002, 153（1）: 81-89.

Freeman Weiss. Anthracnose and *Cladosporium* stem spot of peony. Phytopathology, 1940, 30:409-417.

Frey-Klett P, Chavatte M, Clausse M L, *et al.* Ectomycorrhizal symbiosis affects functional diversity of rhizosphere fluorescent pseudomonads. New Phytologist, 2005, 165（1）, 317-328.

Frey-Klett P, Garbaye J, Tarkka M. The mycorrhiza helper bacteria revisited.The New Phytologist, 2007, 176（1）:22-36.

Garbaye J, Churin J L, Duponnois R. Effects of substrate sterilization, fungicide treatment, and mycorrhization helper bacteria on ectomycorrhizal formation of pedunculate oak（*Quercus robur*）inoculated with *Laccaria laccata* in two peat bare-root nurseries. Biology and Fertility of Soils, 1992,13（1）: 55-57.

Garbaye J. Helper bacteria: a new dimension to the mycorrhizal symbiosis.New Phytologist, 1994, 128（2）: 197-210.

Godfrey S, Monds R D, Lash D T, *et al.* Identification of *Pythium oligandrum* using species-specific ITS r DNA PCR oligonucleotides. Mycol Res, 2003, 107（7）：769-790.

Harley J L. The Biology of Mycorrhiza. Plant science Monographs, London. Leonard Hill. Limited Eden Street, N. W. I., 1959.

Harley J L. The significance of mycorrhiza. Mycological Research, 1989, 92: 129-139.

Huang T C. Characteristics and control of *Pseudomonas cattleyae* causing brown spot of *Phalaenopsis* orchid in Taiwan. Plant Prot. Bull.,1990, 32：327（abstract）.

Koike S T, Gladders P, Paulus A O. Vegetable diseases: a color handbook. Gulf Professional, 2007, 448.

Lehr N A, Schrey S D, Bauer R, Hampp R, *et al.* Suppression of plant defence response by a mycorrhiza helper bacterium. New Phytologist, 2007（174）：892-903.

Li Z, Zhu W, Fan Y-C, *et al.* Effects of pre- and post-treatment with ethephon on gum formation of peach gummosis caused by *Lasiodiplodia theobromae*. Plant Pathology, 2014（63）:1306–1315.

McKendrick S L, Leake J R, Lee Taylor D, Read D J. Symbiotic germination and development of the myco-heterotrophic orchid *Neottia nidusavis* in nature and its requirement for locally distributed *Sebacina* spp.. New Phytologist, 2002（154）:233-247.

Mansfeld-Giese K, Larsen I, Bodker L. Bacterial populations associated with mycelium of the arbuscular mycorrhizal fungus *Glomus intraradices*. FEMS Microbiology Ecology, 2002, 41（2）:133-140.

Martinez C, Levesque C A, Belanger R R. Evaluation of fungicides for the control of carrot cavity spot. Pest Management Science, 2005, 61（8）：767-771.

Meuli L J. *Cladosporium* leaf blotch of peony. Phytopathology, 1937（27）:172-182.

Miriam Fumiko Fujinawa, Nadson de Carvalho Pontes, Erica Santos do Carmo de Souza, *et al.* First report of *Lasiodiplodia theobromae* causing stem rot disease of begonia (*Begoniax elatior* Hort.) in Brazil.Australasian Plant Disease Notes, 2012, 7（1）：163-166.

Monica L E, Elizabeth A D J, Willian E B J. Viability and stability of biological control agents on cotton and snap bean seeds. Pest. Manag. Sci, 2001, 57（8）:695-706.

Morley N J, Morritt D. The effects of the slug biological control a-gent, *Phasmarhabditis hermaphrodita*（Nematoda）, on non-target aquatic mollusks. Journal of Invertebrate Pathology, 2006, 92（2）：112-114.

Nutsugah S K, Kohmoto K, Otani H, *et al.* Production of a host-specific toxin by germinating spores of *Alternaria tenuissima* causing leaf spot of pigeon pea. J. Phytopathology, 1994, 140, 19-30.

Osman Khalil. *Lasiodiplodia theobromae* Associated with Gummosis in *Eucalyptus* spp. in the Sudan. University of Africa Journal of Science, 2010（1）:27-34.

Poole E J, Bending G D, Whipps J M, Read D J. Bacteria associated with *Pinus sylvestris-Lactarius rufus* ectomycorrhizas and their effects on mycorrhiza formation in vitro. New Phytologist, 2001（151）：743-751.

Quimio A J, Tabei H. Identity of the bacterium associated with bacterial brown spot of *Phalaenopsis* orchids. Philipp. Phytopathol. 1979, 15:76-80.

Rae R G，Robertson J F，Wilson M J.Susceptibility and immune response of *Deroceras reticulatum*，*Milax gagates* and *Limax pseudoflavus* exposed to the slug parasitic nematode *Phasmarhabditis hermaphrodita*.Journal of Invertebrate Pathology，2008，97（1）:61-69.

Schley D，Bees M A.The role of time delays in a non－autonomous host-parasitoid model of slug biocontrol with nematodes.Ecological Modelling，2006, 193（3/4）:543-559.

Serfert Keith, Morgan-Jones Gareth, Gams Walter, *et al.* The genera of Hyphomycetes. CBS-KNAW Fungal Biodiversity Centre, Utrecht, The Netherland, 2011, 1-997.

Serrato-Diaz L M, Rivera-Vargas L I, Goenaga R, *et al.* First report of *Lasiodiplodia theobromae* causing inflorescence blight and fruit rot of Longan (*Dimocarpus longan* L.) in Puerto Rico. Plant Disease, 2014, 98（2）: 279.

Suman Saha, Jayangshu Sengupta,Debdulal Banerjee, *et al. Lasiodiplodia theobromae* keratitis: a case report and review of literature. Mycopathologia, 2012, 174（4）:335-339.

Sutton Brian C. The Coelomycetes-fungi imperfect withipycnidia, acervuli and stromata. Commonwealth Mycological Institue, Kew, Surrey, England, 1980, 523-537.

Thomma B P H J. *Alternaria* spp. from general saprophyte to specific parasite. Mol. Plant Pathol., 2003, 4（4）: 225- 236.

Tu C C, Kimbrough J W. Systematics and phylogeny of fungi in the *Rhizoctonia* complex. Botanical Gazette, 1978（139）: 454-466.

Van D J, Plats N. Monograph of the Genus *Pythium*. Netherlands: Academy of Sciences and Letters, 1981.

Wakayama S, shikawa L, Sihik F O. Mycocereinanovel antifungal peptide antibiotic produced by *Bacillus cereus*. Antimicrobial Agents and Chemotherapy,1984, 26（6）:939-940.

Willems A, Goor M, Thielemans S, *et al.* Transfer of several phytopathogenic *Pseudomonas* species to *Acidovorax as Acidovorax avenae* subsp. avenae subsp. nov., comb. nov., A*cidovorax avenae* subsp. citrulli, *Acidovorax avenae* subsp. *cattleyae* and *Acidovorax konjaci*. Int. J. Syst. Bacteriol., 1992（42）:107-119.

Wu M D, Zhang L, Li G, *et al.* Genome characterization of a debilitation-associated mitovirus infecting the phytopathogenic fungus *Botrytis cinerea*. Virology, 2010, 406（1）: 117-126.

Xavier L J C, Germida J J. Bacteria associated with *Glomus clarumspore* influence mycorrhizal activity. Soil Biology and Biochemistry, 2003, 35（3）:471-478.

Xie H-H, Wei J-G, Liu F, *et al.* First report of mulberry root rot caused by *Lasiodiplodia theobromae* in China. Plant Disease, 2014, 98（11）:1581.

Yildiz A, Benlioglu K, Benlioglu H S. First report of strawberry dieback caused by *Lasiodiplodia theobromae*. Plant Disease 2014, 98（11）:1579.

Zhu H, Niu X-Q, Song W-W, *et al.* First report of leaf spot of tea oil Camellia (*Camellia oleifera*) caused by *Lasiodiplodia theobromae* in China. Plant Disease, 2014, 98（10）:1427.